高等学校工程应用型"十二五"系列规划教材

高频电子线路

钮文良 肖 琳 刘朝霞 编著

科学出版社

北 京

内 容 简 介

为了配合应用型人才培养和不同电类专业对高频电子技术的需要，编者根据教育部高等学校电子电气基础课程教学指导分委员会最新制定的课程教学基本要求编写了本书，参考了国内外相关教材，详细讲述了高频电子线路的设计思想、工作原理、工程分析计算及其应用。

全书共 8 章，包括高频电路基础知识，高频小信号放大器，高频功率放大器，正弦波振荡器，振幅调制、解调与混频，角度调制与解调，锁相技术及频率合成，自动调节电路。本书在论述中尽量做到清晰明确，通过实例来理解原理，配有例题和仿真实验，理论与实践充分结合，适合教学和自学。

本书可以作为高等院校电子信息工程、通信工程、自动化等工程应用型本科专业的教材，也可供相关专业的工程技术人员参考。

图书在版编目（CIP）数据

高频电子线路/钮文良，肖琳，刘朝霞编著. —北京：科学出版社，2020.9
（高等学校工程应用型"十二五"系列规划教材）
ISBN 978-7-03-065697-1

Ⅰ. ①高… Ⅱ. ①钮… ②肖… ③刘… Ⅲ. ①高频-电子电路-高等学校-教材 Ⅳ. ①TN710.6

中国版本图书馆 CIP 数据核字（2020）第 125179 号

责任编辑：潘斯斯 张丽花 董素芹 / 责任校对：张小霞
责任印制：张 伟 / 封面设计：迷底书装

科学出版社 出版
北京东黄城根北街 16 号
邮政编码：100717
http://www.sciencep.com
北京中科印刷有限公司 印刷
科学出版社发行 各地新华书店经销
*
2020 年 9 月第 一 版 开本：787×1092 1/16
2021 年 1 月第二次印刷 印张：16 1/4
字数：416 000
定价：59.00 元
（如有印装质量问题，我社负责调换）

前　言

　　"高频电子线路"是高等学校电子信息工程、通信工程、自动化等相关专业的一门重要的专业基础课程,该课程涉及的内容非常丰富,其理论性、工程性都比较强。本书在总结国内外同类教材优点的同时,根据当前学生的知识结构及学习特点,在编写时进行了一定的改革和创新,以期更便于学生理解并应用于实践,提高其工程应用能力。

　　本书在编写中遵循"加强基础、注重功能、精选内容、便于学习"的原则,既充分考虑学科的科学性和系统性,又便于教学,体现教改的创新性和教学的灵活性。本着培养应用型人才的特点,本书在编写过程中广泛吸收经典理论,强调各种电路功能的实现方法,从整体到局部帮助学生掌握通信电路的学习方法;同时在实际例子的运用中更好地理解非线性电路的分析方法,与模拟电子电路相结合,全面掌握电子电路的分析方法。所有章节的知识体系紧密围绕通信系统,在学习过程中理论联系实际,使学生建立系统工程概念。

　　在北京联合大学深化"课程思政"、探索"专业思政"的大背景下,编者结合北京联合大学应用科技学院"课程思政"、"专业思政"教育教学研究与改革专项课题,在本书的结构体系、内容和表现形式上做了一定程度的创新,更加符合应用型人才的需求。

　　本书在内容的取舍和安排上有以下几个特点:

　　(1)加强基本理论和典型分析方法的讨论,充分利用数学分析得出结论,使电路功能更加明确,便于学生对新知识在理论层面上的理解。

　　(2)理论与实践紧密结合,以电路功能和频谱关系为核心讲述几种典型电路,力求建立整机概念。

　　(3)对一些较难的知识点加入例题以便于理解,通过翔实的解题过程,强化对概念和原理的理解,巩固对电路分析规律的认识,达到举一反三、触类旁通的效果。

　　(4)对典型电路加入 PSpice 仿真研究,通过模拟步骤和分析结果,突出在本课程中典型电路的仿真实践。

　　(5)习题较为丰富,目的是增加实用性知识,启发学生去思考研究,从多个角度分析问题,得出自己的看法和观点。

　　(6)在一些重要知识点和实训章节处增加视频讲解,帮助学生理解和掌握知识要点,使得教材更生动、立体。

　　(7)全书重要章节中增加了实训部分,通过仿真、实操等方式,帮助学生培养工程实践能力,突出以学生为中心的教学理念。

　　当前与通信系统相关的电子工业飞速发展,基本电路经历了电子管、晶体管、场效应管、集成电路等不同的实现过程,但基本电路的功能是没有改变的,或者说各个功能电路的输入信号与输出信号的频谱变换关系没有变化,电路构成的基本原理不变。本书以模拟通信系统为研究对象,介绍发送、接收设备所涉及的各个典型高频电子线路的功能、工作原理、性能特点和分析方法,同时加强各功能电路内容之间的联系,对分立元件和集成电路构成的各种功能电路都给予介绍，实践性较强。

全书共 8 章，参考学时为 50～70 学时。第 1 章为高频电路基础知识，对通信系统构成以及相关的知识点进行介绍，使读者能提纲挈领地了解整机构成并对非线性电路的学习方法有所了解。同时重点介绍选频网络与阻抗变换电路，由于谐振回路的基本特性等知识点将在多个电路中适用，在这里进行详尽的介绍。第 2 章为高频小信号放大器，重点介绍小信号谐振放大器的构成和工作原理。第 3 章为高频功率放大器，重点介绍谐振功率放大器的工作原理以及近似计算分析方法，还介绍输出匹配网络以及其他类型的功率放大器和功率合成技术。第 4 章为正弦波振荡器，讨论反馈式振荡器的振荡条件，分别介绍多种振荡器，包括 RC 正弦波振荡器、LC 正弦波振荡器和石英晶体振荡器的工作原理与计算分析方法，对频率稳定度也做了说明。第 5 章为振幅调制、解调与混频，从傅里叶级数分解的角度研究基于线性时变电路的调制和解调原理，通过例题明确分析步骤和解题方法。第 6 章为角度调制与解调，讲述非线性电路在非线性频谱搬移中的应用，将原理解析和电路分析合二为一，重点讲述调频和鉴相电路，引入相关例题，明确分析步骤和计算方法，降低难度。第 7 章为锁相技术及频率合成，重点介绍锁相环及其应用，通过例题讲解频率合成技术。第 8 章为自动调节电路，对自动增益控制电路、自动频率控制电路进行介绍，供技术人员参考使用。

本书在论述中尽量做到清晰明确，引入多种数学方法进行翔实的推导和计算，使获得的公式或结论有据可查。通过实例来讲解原理，便于读者对知识的融会贯通，理论与实践充分结合，适合教学和自学。

本书由钮文良、肖琳、刘朝霞共同编写，其中钮文良负责第 1、8 章的编写工作，肖琳负责第 2～4 章的编写工作，刘朝霞负责第 5～7 章的编写工作。本书所有实训部分由肖琳负责编写，思考题与习题由刘朝霞负责编写，实训部分的视频演示由安屹负责录制，其他视频由刘朝霞录制。

鉴于编者知识水平和教学经验有限，不足之处在所难免，恳请读者批评指正。

编　者

2020 年 2 月

目　　录

第1章　高频电路基础知识

本书以无线通信系统为主要讨论对象，讨论高频电路中所涉及的信号处理技术、高频电路中的有源器件、高频电路中的无源器件及高频电路中的无源组件等。

1.1　无线通信系统

通信的一般含义是发信者和收信者之间消息的传递，但现代意义上的通信系统是指利用电信号或光信号传输消息的系统，这个系统称为通信系统，也称为电信系统。

通信系统的种类很多。按所用信道的不同可分为有线通信系统（电话网络系统、电缆通信系统等）、无线通信系统（广播通信系统、微波通信系统、卫星通信系统、移动通信系统等）、光通信系统（光纤通信系统、光无线通信系统）；按通信业务的不同可分为电话、电报、传真和数据通信系统等。当通信系统中传输的基带信号是模拟信号时，称为模拟通信系统；当基带信号是数字信号时，则称为数字通信系统。

高频电路是通信系统的基础，特别是无线通信系统的基础，是无线通信设备的重要组成部分。它包括发射系统（信源、输入变换器、发送设备）、接收系统（接收设备、输出变换器、信宿）、无线信道、干扰源等，如图1.1.1所示。

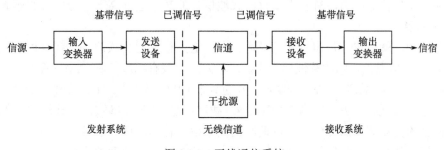

图 1.1.1　无线通信系统

1.1.1　发射系统

无线通信发射系统如图1.1.2所示，其中发送设备主要包括高频振荡器、调制器、高频功率放大器、天线等。发射系统的主要任务是将基带信号变换成适合在信道上传输的高频信号。下面对其主要组成部分做简要的说明。

1. 信源和输入变换器

信源是指需要传送的原始非电物理量（信息源），如语言、音乐、图像、文字等。信源经变换器后转换成电信号。输入变换器的主要任务是将要传递的语言、音乐、图像、文字等消息变换为电信号，该电信号包含了原始消息的全部信息（允许存在一定的误差，或者说信息损失)，由于这类信号的频率一般比较低，因此称其为"基带信号"。基带信号作为通信系统的信号源，不一定适合在信道上传输，因此把基带信号送入调制设备，将其变换成适合在信道上传输的信号，送入信道。

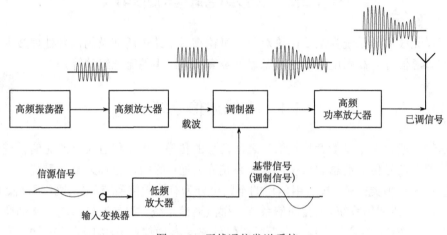

图 1.1.2　　无线通信发送系统

2. 高频振荡器

高频振荡器产生高频正弦信号或脉冲信号，这个信号称为载波信号。载波信号是承载基带信号的高频波，就是说将基带信号"搬"到载波上后进行传输。"搬"的方法一般有调幅、调频、调相。通过高频载波进行通信，有利于减小传输中的噪声，有利于频分复用，有利于提高信号传播距离，有利于接收。载波信号的频率远远高于基带信号的频率。

3. 调制器

所谓调制，就是将基带信号变换成适合在信道上传输的高频信号，就是说将基带信号"搬"到适合在信道上传输的载波信号上。调制方法一般有幅度调制(AM，调幅，如图 1.1.2 信号波形所示)、频率调制(FM，调频)、相位调制(PM，调相)。在连续波调制中，是指用原始电信号(调制信号)去控制高频振荡信号(载波信号)的某一参数，使载波信号的参数随着调制信号的变化规律而变化，经过调制的高频信号称为已调波信号。例如，无线通信发送设备的任务就是将基带信号变换成适合在空间信道中传输的高频信号。

4. 高频功率放大器

高频功率放大器的任务就是将已调波信号的电压和功率进行放大、滤波等处理，使已调波信号具有足够大的功率以便送入信道。

5. 天线

在无线通信系统中，天线的作用是很重要的，它将已调波信号转换成电磁波送入信道。由天线理论可知，要将无线电信号有效地发射出去，天线的长度必须和电信号的波长为同一数量级。例如，音频信号的频率一般在 20kHz 以下，对应波长为 15km 以上，需要的天线长度约为 4km，使用如此长的天线是不可能的。此外，即使这样的天线制造出来，由于各个发射台发射的均为同一频段的低频信号，在无线信道中会互相重叠、干扰，接收设备也无法选出所要接收的信号。因此，为了有效地进行传输，必须采用几百千赫以上的高频信号作为载体,将低频的基带信号"装载"到高频信号上(调制),然后经天线发射出去。采用调制方式以后,由于传送的是高频信号,所需天线尺寸大大下降。同时,不同的发射台可以采用不同频率的载波信号,这样在频谱上就可以互相区分开了。

1.1.2 接收系统

无线通信接收系统如图 1.1.3 所示。接收系统主要设备包括高频放大器、混频器、本地振荡器、解调器等。接收设备的主要任务(选频、放大、解调)是将信道传送过来的已调波信号从众多信号和噪声中选取出来,并且对其进行处理,以恢复出与发送端一致的基带信号。下面对部分主要设备做简要的说明。

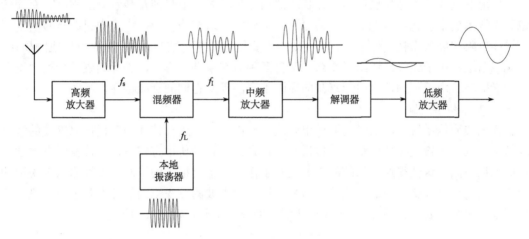

图 1.1.3 无线通信接收系统

1. 高频放大器

高频放大器也称作高频小信号谐振放大器。高频放大器在接收系统中位于系统的第一级,它完成对接收信号的选择(选频)及放大。发送的已调信号经过长距离的传播,会受到很大的衰减,能量受到很大的损失,信号的幅度很小,同时,在传输过程中受到来自各方面的干扰和噪声,使已调信号淹没在噪声中。所以,要通过高频小信号谐振放大器,将淹没在噪声中的微弱已调信号选择出来,并将很微弱的已调信号进行放大,完成选频、放大任务。

2. 混频器

接收系统中的混频器的任务是将接收的信号由一个高频值变换为固定的中频值,混频后的信号保持原有的调制规律。经过混频器的信号变换成中频信号后,可以对中频信号进行较高增益的放大,因为中频是固定的,所以中频放大器是稳定的,在解调(检波)前可以得到足够的放大,使接收机的灵敏度得到很大的提高。

3. 解调器

解调器即调制信号的解调电路,也称为检波电路,是调制的逆过程,完成恢复原基带信号的任务。根据不同的调制,解调形式也是不同的。例如,幅度调制信号可以采用二极管包络检波、同步检波;频率调制信号、相位调制信号分别采用鉴频检波和鉴相检波。

1.1.3　通信系统的信道

　　信道是信号传输的通道,即传输媒介,不同的信道有不同的传输特性。信道包括有线信道和无线信道。有线信道包括架空明线、同轴电缆、波导管和光缆等,无线信道主要指大气层、海水或外层空间。由于无线电波在空间传播的性能和大气结构、高空电离层结构、大地的衰减以及无线电波的频率、传播路径等因素密切相关,因此,不同频段无线电波的传播路径及其受上述各种因素的影响程度也不同。下面对通信系统中信道的基本特性做简单说明。

　　1. 衰减特性

　　信道的衰减特性是指已调信号经长距离信道传输时,信号能量被衰减的程度。有线信道和无线信道中引起信号能量衰减的原因是不同的。对有线信道,电缆中引起衰减的主要是导线电阻和屏蔽损耗;光纤中引起衰减的主要是光纤对光波的散射、吸收所形成的损耗;对无线信道,由于无线信道组成复杂,又受多种自然条件的影响,因此其衰减特性也受多种因素影响。由于不同信道引起衰减的原因不同,因此它们的衰减特性也不同。

　　2. 工作频率范围

　　在无线通信系统中,信号是通过电磁波在自由空间中进行传播的。根据电磁波的波长或频率范围,电磁波在自由空间的传播有多种方式,各种传播方式下信号传输的有效性和可靠性也不同,这使得通信系统的构成及其工作机理也有很大的不同。无线通信中采用的无线电波是一种波长较长的电磁波,习惯上按无线电波的频率范围划分为若干个区段,称作频段或波段。表 1.1.1 列出了无线电波频段划分、主要传播方式和用途。

表 1.1.1　无线电波的频段划分、主要传播方式和用途

波段名称		波长范围	频率范围	频段名称	主要传播方式和用途
极长波(ELW)		10~100Mm	3~30 Hz	极低频(ELF)	架空明线、地波;远距离通信
超长波(SLW)		1~10Mm	30~300 Hz	超低频(SLF)	
特长波(ULW)		100~1000km	0.3~3 kHz	特低频(ULF)	
甚长波(VLW)		10~100km	3~30 kHz	甚低频(VLF)	
长波(LW)		1~10km	30~300kHz	低频(LF)	
中波(MW)		200~1000m	0.3~1.5MHz	中频(MF)	同轴电缆、地波、天波;广播、通信、导航
短波(SW)		10~200m	1.5~30MHz	高频(HF)	同轴电缆、天波、地波;广播、通信
超短波(VSW)		1~10m	30~300MHz	甚高频(VHF)	同轴电缆、直线传播、对流层散射;通信、视广播、调频广播、雷达
微波	分米波(USW)	10~100cm	0.3~3GHz	特高频(UHF)	直线传播、散射传播;通信、中继与卫星通信、雷达、电视广播
	厘米波(SSW)	1~10cm	3~30GHz	超高频(SHF)	波导管、直线传播;中继和卫星通信、雷达
	毫米波(ESW)	1~10mm	30~300GHz	极高频(EHF)	波导管、直线传播;微波、雷达
	亚毫米波(TSW)	0.1~1mm	300~3000GHz	至高频(THF)	波导管、直线传播;微波、雷达

无线电波在空间的传播速率与光速相同，约为 $3 \times 10^8 \mathrm{m/s}$。在真空中 1MHz 的信号波长为 300m，其无线电波的波长、频率和传播速率的关系满足：

$$\lambda = \frac{c}{f} = \frac{3 \times 10^8}{1 \times 10^6} = 300 (\mathrm{m}) \tag{1.1.1}$$

式中，λ 是波长；c 是传播速率；f 是频率。由于无线电波的传播速率固定不变，所以信号频率越高，波长越短。

3. 频率特性

信道的频率特性是指在信道的工作频率范围内，不同频率的信号通过信道引起的幅度衰减和附加相移。它类似于一个滤波器，可以用幅度频率特性和相位频率特性来描述。

4. 时变与时不变特性

传输特性随时间变化的信道，通常称为时变信道，如无线信道。由于时变信道的特性随时间变化，通信系统要适应这种变化，才能保证信号传输质量，因此比较复杂。传输特性不随时间变化的或变化很小的信道，通常称为时不变信道，如电缆信道。时不变信道的基本特性比较稳定，因而通信系统设计比较简单。

5. 干扰特性

无线信道比有线信道受外来干扰的影响要大，所以，不同信道受外来干扰影响的程度不同。在自由空间中，电磁能量是以电磁波的形式传播的，不同频率的电磁波传播方式也不同。电磁波在自由空间中有三种传播途径。

第一种是沿地面传播，称为地波，如图 1.1.4(a) 所示。例如，长波和中波通信频率在 1.5MHz 以下，波长较长，地面的吸收损耗较少，信号可以沿地面远距离传播。

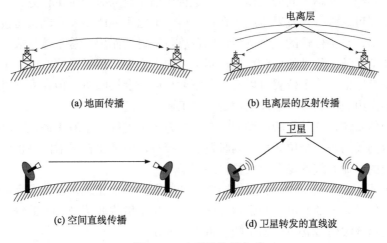

(a) 地面传播　　　　　　　　　(b) 电离层的反射传播

(c) 空间直线传播　　　　　　　　(d) 卫星转发的直线波

图 1.1.4　电磁波传播方式

第二种是依靠电离层的反射传播，称为天波，如图 1.1.4(b) 所示。电磁波到达电离层后，一部分被吸收，一部分被反射和折射到地面。频率越高，被吸收的能量越少，电磁波穿入电离层也越深，但当频率超过一定值后，电磁波就会穿过电离层而不再返回地面。例如，频率范围在 1.5～30MHz 的短波通信，波长较短，地面绕射能力弱，且地面吸收损耗较大，不宜沿地面传播，但短波能被电离层反射到远处，主要靠天空中电离层的折射和反射传播。

第三种是在空间直线传播，称为直线波或者空间波，如图 1.1.4(c)所示。对于频率在 30MHz 以上的超短波，由于其波长较小，不能绕过地面障碍物，并且地面吸收损耗很大，因而不能用地波方式传播；由于超短波能穿透电离层，也不能用天波方式传播，因此只能在空间以直线方式传播。因为地球表面是球形的，它的传播距离有限，故而与发射和接收天线高度有关，当发射和接收天线的高度各为 50m 时，直射传播距离为 50km。例如，移动通信、电视和调频广播等均可以采用直线波传播方式。

卫星通信是用一个离地面几万公里的卫星作为地面信号的转发器，其示意图如图 1.1.4(d)所示。显然，其传输距离可以大大增加。

1.1.4　通信系统的类型

通信系统的种类很多。通信系统的类型可以根据不同的方法来划分。按照所用信道的不同，可以分为有线通信系统和无线通信系统。按照业务(即所传输的信息种类)的不同，可以分为电话、电报、传真和数据通信系统等。按照通信系统中信道传输的基带信号不同，可以分为模拟通信系统、数字通信系统。

按照通信系统中关键部分的不同特性，可以分为以下一些类型。

(1)按照工作频段或传输手段分类，有中波通信、短波通信、超短波通信、微波通信和卫星通信等。所谓工作频率，主要指发射与接收的射频(RF)频率。射频实际上就是"高频"的广义语，它是指适合无线电发射和传播的频率。无线通信的一个发展方向就是开辟更高的频段。

(2)按照通信方式来分类，主要有单工、半双工和全双工方式。

单工通信系统，又称单向的工作方式。这种通信系统只有一种工作方式，只接收或只发射。一个位置可以有一台发射机或一台接收机，但它不能既是发射端又是接收端。商业电台或电视广播是单工传输的一个例子，电台总是发射端而用户总是接收端。

半双工通信系统，信号的传输可以在两个方向上出现，但不是同时的。半双工系统有时称为双向交替通信。一个位置可以有一台发射机或一台接收机，但在同一时间内只能是两者之一，如民用波段和警察波段电台是半双工通信的例子。

全双工通信系统，信号传输可以同时在两个方向上进行。全双工系统有时称为同时双向、双工或双向线路。一个位置可以同时发射和接收，但是正在发射的站也必须是正在接收的站。标准的电话系统就是全双工传输的例子。

(3)按照调制方式来分类，有调幅通信、调频通信、调相通信以及混合调制通信等。调幅是指载波信号 $u(t)$ 的幅度随基带信号变化；调频是指载波信号 $u(t)$ 的频率随基带信号变化；调相是指载波信号 $u(t)$ 的相位随基带信号变化。

(4)按照传送的消息的类型分类，有模拟通信和数字通信，也可以分为话音通信、图像通信、数据通信和多媒体通信等。

各种不同类型的通信系统，其系统组成和设备的复杂程度都有很大不同。但是组成设备的基本电路及其原理都是相同的，遵从同样的规律。本书将以模拟通信为重点来研究这些基本电路，认识其规律。这些电路和规律完全可以推广应用到其他类型的通信系统中。

1.2　高频电路中的无源器件

在高频电路中使用的元器件分为无源器件和有源器件。高频电路中无源器件主要包括电阻、电容、电感和二极管；有源器件主要包括双极晶体管、场效应管和集成电路，它们主要完成信号的放大、非线性变换等功能。本节将对无源器件在高频电路中存在的分布参数进行讨论，关注它们的高频特性。

1.2.1　电阻

电阻可以分成三种基本类型：绕线式、薄膜式、合成式。电阻的精度及等效电路取决于电阻的类型和生产工艺。一个实际的电阻，在低频时主要表现为电阻特性，电阻是导体由欧姆定律所决定的电学参数，式(1.2.1)表示了电流与电压的关系：

$$U = RI \qquad (1.2.1)$$

对于工程中的电阻元件，在高频使用时不仅表现出电阻特性的一面，还表现出电抗特性的一面。电阻的电抗特性反映的就是其高频特性。一个电阻 R 的高频等效电路如图 1.2.1 所示，等效电路适合大多数情况。其中，C_R 为分布电容，L_R 为引线电感(除绕线电阻)。由于容抗为 $Z_C=1/(\omega C)$，感抗为 $Z_L=\omega L$，其中 $\omega=2\pi f$ 为角频率，可知容抗与频率成反比，感抗与频率成正比。分布电容和引线电感越小，表明电阻的高频特性越好。电阻器的高频特性与制作电阻的材料、电阻的封装形式和尺寸大小有密切关系，一般来说，金属膜电阻比碳膜电阻的高频特性要好，而碳膜电阻比绕线电阻的高频特性要好，表面贴装(SMD)电阻比引线电阻的高频特性要好，小尺寸的电阻比大尺寸的电阻的高频特性要好。

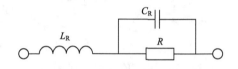

图 1.2.1　电阻的高频等效电路

频率越高，电阻的高频特性表现越明显。在实际使用时，要尽量减小电阻高频特性的影响，使之表现为纯电阻。根据电阻的等效电路图，可以方便地计算出整个电阻的阻抗：

$$Z_R = \mathrm{j}\omega L_R + \cfrac{1}{\mathrm{j}\omega C_R + \cfrac{1}{R}} \qquad (1.2.2)$$

图 1.2.2 描绘了电阻的阻抗绝对值与频率的关系，低频时电阻的阻抗是 R，然而当频率升高并超过一定值时，寄生电容的影响成为主要的，它引起电阻阻抗的下降。当频率继续升高时，由于引线电感的影响，总的阻抗上升。

表 1.2.1 表示一个 1/2W 碳膜电阻在不同频率时的阻抗和相位的测量值。标称电阻值是 1MΩ，注意在 500kHz 时阻抗幅度为 560kΩ，相位角为 –34°，因此容抗变得很重要。

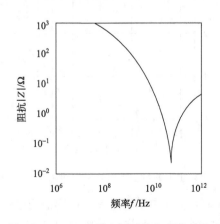

图 1.2.2　1kΩ 碳膜电阻阻抗与频率的关系

表 1.2.1　1MΩ、1/2W 的碳膜电阻在不同频率时阻抗的测量值

频率/kHz	阻抗		频率/kHz	阻抗	
	幅度/kΩ	相位角/(°)		幅度/kΩ	相位角/(°)
1	1000	0	200	750	−23
9	1000	−3	300	670	−28
10	990	−3	400	610	−32
50	920	−11	500	560	−34
100	860	−16			

1.2.2　电容

电容器常按它的介质材料来分类，不同类型电容器的性能不同，适用于不同的应用。一个实际的电容器，在低频时表现的阻抗特性，可用下面的关系式说明：

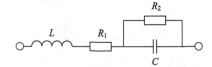

图 1.2.3　电容的高频等效电路

$$Z_C = \frac{1}{j\omega C} \qquad (1.2.3)$$

但实际上一个电容器的高频特性要用高频等效电路描述，如图 1.2.3 所示，其中，L 是等效串联电感，来自引线和电容器，小容量电容器的引线电感是其重要组成部分。引线导体损耗用一个串联的等效电阻 R_1 表示。R_2 是并联泄漏电阻，是电介质损耗电阻。一个典型的电容器的阻抗与频率的关系如图 1.2.4 所示。由于存在介质损耗和有限长的引线，电容显示出与电阻同样的谐振特性。每个电容器都有一个自身谐振频率。当工作频率小于自身谐振频率时，电容器是电容特性，电容器的阻抗随频率的升高而降低；但当工作频率大于自身谐振频率时，电容器是电感特性，电容器的阻抗随频率升高而增大。

根据电容的高频等效电路图，可以方便地计算出整个电容的阻抗：

$$Z_C = j\omega L + R_1 + \frac{1}{j\omega C + \frac{1}{R_2}} \qquad (1.2.4)$$

图 1.2.4 表示了 0.1μF 纸质电容器的阻抗随频率的变化，可以看出这个电容的自身谐振频率在 2.5MHz 附近，任何外部导线或 PCB 走线都会降低谐振频率。

表面贴装电容器，由于尺寸小没有导线，比有导线电容器电感显著降低，因此，它们是

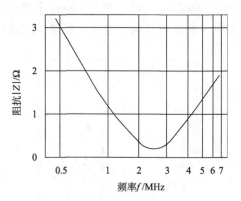

图 1.2.4　0.1μF 纸质电容器频率对阻抗的影响

更有效的高频电容器。一般电容器封装尺寸越小，电感越低。典型的表面贴装电容器的电感在 1~2nH 范围内。具有 1nH 电感的 0.01μF 表面贴装电容器的自身谐振频率为 50.3MHz。特殊的封装设计、多股绞合导线，可以把电容器的等效电感降低到几百微微亨。

1.2.3　电感

电感通常由导线在圆导体柱上绕制而成，因此电感除了考虑本身的感性特征外，还需要考虑导线的电阻以及相邻线圈之间的分布电容。电感的高频等效电路模型如图 1.2.5 所示。

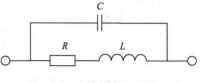

图 1.2.5　电感的高频等效电路

寄生旁路电容 C 和串联电阻 R 分别是考虑到分布电容和导线电阻的综合效应而加的。与电阻和电容相同，电感的高频特性同样与理想电感的预期特性不同，如图 1.2.6 所示。首先，当频率接近谐振点时，高频电感的阻抗迅速提高；然后，当频率继续提高时，寄生电容 C 的影响成为主要的因素，线圈阻抗逐渐降低。

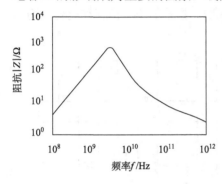

图 1.2.6　电感的阻抗与频率的关系

根据电感的高频等效电路图，可以方便地计算出整个电感的阻抗：

$$Z_{\mathrm{L}} = \frac{(R + \mathrm{j}\omega L) / (\mathrm{j}\omega C)}{R + \mathrm{j}\left(\omega L - \dfrac{1}{\omega C}\right)} \tag{1.2.5}$$

从以上分析可以看出，在高频电路中，电阻、电容、电感连同导线这些基本无源器件的特性明显与理想元件特性不同。电阻在低频时阻值显示恒定，在高频时显示出谐振的二阶系统响应。电容在低频时电容值显示出与频率成反比，在高频时电容中的电介质产生了损耗，显示出电容的阻抗特性。电感在低频时阻抗响应随频率的增加而线性增加，在高频时显示出电容特性。这些无源器件在高频的特性都可以通过品质因数描述，对于电容和电感来说，为了达到调谐的目的，通常希望得到尽可能高的品质因数。

1.2.4　二极管

在高频电路中二极管主要用于调制、检波、解调、混频及锁相环等非线性变换电路。工作在不同的状态，二极管中电容产生的影响效果也不同。二极管的电容效应在高频电路中不能忽略。要正确使用二极管，可参考半导体器件手册中给出的不同型号的二极管参数。

1. 二极管的电容效应

二极管具有电容效应，它包括势垒电容 C_{B} 和扩散电容 C_{D}。二极管呈现出的总电容 C_{j} 相当于两者的并联，即 $C_{\mathrm{j}} = C_{\mathrm{B}} + C_{\mathrm{D}}$。当二极管工作在高频时，其 PN 结电容(包括扩散电容和势垒电容)不能忽略。当频率高到某一程度时，电容的容抗小到使 PN 结短路。导致二极管失去单向导电性，不能工作。PN 结面积越大，电容也越大，越不能在高频情况下工作。

二极管是一个非线性器件，而对于非线性电路的分析和计算是比较复杂的。为了使电路的分析简化，可以用线性元件组成的电路来模拟二极管。考虑到二极管的电阻和门限电压的影响，实际二极管可用图 1.2.7 所示的电路来等效。在二极管两端加直流偏置电压和二极管工作在交流小信号的条件下，可以用简化的电路来等效，如图 1.2.7(b)所示。图中，r_{s} 为二极管 P 区和 N 区的体电阻，r_{j} 为二极管 PN 结的结电阻。

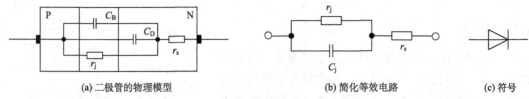

(a) 二极管的物理模型　　　　　　　　　　　　(b) 简化等效电路　　　　(c) 符号

图 1.2.7　二极管的等效电路

例 1.2.1　二极管 PN 结分布参数特性分析。

解：在仿真软件中选择一个二极管，并连接成图 1.2.8 所示的电路。

仿真时把信号源的输入偏置电压设置成 1V(高于二极管结压降)，选择幅度为 1V 的方波，仿真结果如图 1.2.9 所示。可以看到，输入的方波电压在输出端发生了变化，形成了上升阶段和下降阶段的过冲，以及其后的放电效应，这说明二极管的 PN 结存在电容，而这个电容在低频阶段(方波的平坦区域)时没有起作用。

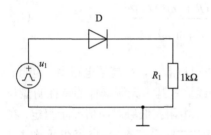

图 1.2.8　二极管频率特性测量电路

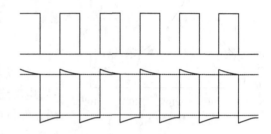

图 1.2.9　二极管 PN 结电容的作用

观察二极管的频率响应特性，如图 1.2.10 所示。

图 1.2.10 说明，二极管中确实存在电容。

(1)当输入信号的频率低于 10MHz 时，输入和输出电压相差一个二极管的结压降(输出电压低于输入电压)。

(2)输入信号的频率超过 10MHz 后，二极管两端压降开始减少。

(3)当频率高到一定程度后(如 100MHz)，就会出现二极管完全导通、没有压降的结果。

根据电路理论可知，图 1.2.10 恰好是图 1.2.11 所示高通电路的频率特性。

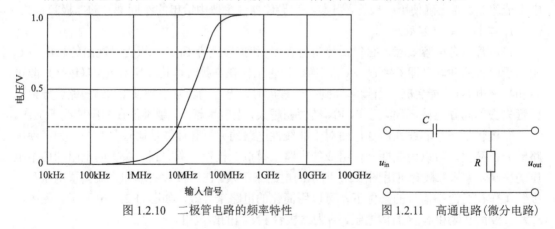

图 1.2.10　二极管电路的频率特性　　　　　　　图 1.2.11　高通电路(微分电路)

2. 变容二极管

在高频电路中，变容二极管主要应用在许多需要改变电容参数的电路中。利用二极管的电容效应，制成了变容二极管。变容二极管是一种非线性电容元件，PN 结的电容包括势垒电容和扩散电容两部分，变容二极管主要利用的是势垒电容。变容二极管在正常工作时处于反偏状态，其特点是等效电容随偏置电压变化而变化，且此时基本上不消耗能量，噪声小，效率高。由于变容二极管的这一特点，可以将其用在许多需要改变电容参数的电路中，从而构成电调谐器、自动调谐电路、压控振荡器等。此外，具有变容效应的某些微波二极管(微波变容管)还可以进行非线性电容混频、倍频。下面讨论变容二极管的特性。

PN 结在反向电压作用下的工作状态如图 1.2.12 所示。当外加反向电压建立的外电场与 PN 结的内电场方向一致时，结区总电场将增加。这时，空间电荷数目增加，结区宽度增加，阻止了多数载流子的扩散，电荷集聚于 PN 结结区两边，中间为高阻绝缘层(耗尽层)，因而 PN 结成为一个充有电荷的电容器，其电容量由结区宽度决定。而结区宽度又取决于 PN 结的接触电位差(势垒电位差)和外加反向电压。当外加反向电压较小时，结区较窄，电容量较大，如图 1.2.12(b)所示。当外加反向电压增加时，结区较宽，电容量减小，如图 1.2.12(c)所示。当外加反向电压接近 PN 结反向击穿电压 U_{BR} 时，变容管呈现的电容趋于最小值 C_{min}，通常称 C_{min} 为变容管的最小结电容。变容管电容量的变化率随反向电压值的不同而不同，在零电压附近变化率最大，反向电压越大，变化率越小。变容管等效电容与外加反向电压的关系可用指数为 γ 的函数近似表示，即

$$C_{j} = \frac{\mathrm{d}q}{\mathrm{d}u_{r}} = C_{min}\left(\frac{U_{BR} + U_{\varphi}}{u_{r} + U_{\varphi}}\right)^{\gamma} \tag{1.2.6}$$

式中，u_{r} 为外加控制电压；U_{φ} 为 PN 结的接触电压(势垒电位差)，其值取决于变容二极管的掺杂剖面(一般硅管约等于 0.7V，锗管约等于 0.2V)；U_{BR} 为反向击穿电压；γ 为结电容变化指数(结灵敏度)，它取决于 PN 结的结构和杂质分布情况，其值随半导体掺杂浓度和 PN 结的结构不同而变化。当 PN 结为缓变结时，$\gamma = 1/3$；当 PN 结为突变结时，$\gamma = 1/2$；当 PN 结为超突变结时，$\gamma = 1 \sim 4$，最大可达 6 以上。图 1.2.13 所示是假定各管的 C_{j0}、U_{φ} 均相同时，γ 为不同值的变容二极管 C_{j}-u_{r} 曲线。

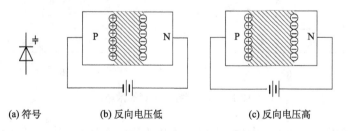

(a) 符号　　　　　(b) 反向电压低　　　　　(c) 反向电压高

图 1.2.12　PN 结在反向电压作用下的工作状态

将式(1.2.6)改写为

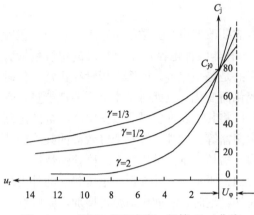

图 1.2.13　不同 γ 值的变容二极管 C_j-u_r 曲线

$$C_j = \frac{C_{\min}}{U_\varphi^\gamma}\left(\frac{U_{BR} + U_\varphi}{u_r / U_\varphi + 1}\right)^\gamma$$

$u_r = 0$ 时的变容二极管结电容为 C_{j0}，令
$C_{j0} = \dfrac{C_{\min}}{U_\varphi^\gamma}\left(U_{BR} + U_\varphi\right)^\gamma$，得

$$C_j = \frac{C_{j0}}{\left(1 + \dfrac{u_r}{U_\varphi}\right)^\gamma} \tag{1.2.7}$$

式(1.2.7)是描述变容管等效电容 C_j 与外加反向电压 u_r 的一种常用表示式。

当 $\dfrac{u_r}{U_\varphi} \gg 1$ 时，描述变容管等效电容 C_j 与外加反向电压 u_r 的关系式可简化为

$$C_j = \frac{dq}{du_r} = C_{j0}U_\varphi^\gamma u_r^{-\gamma} \tag{1.2.8}$$

由式(1.2.8)可知，加于变容二极管的反向电压与其结电容呈非线性关系。变容二极管所呈现的非线性电容特性，在本质上反映了电压 u 与其感应电荷 q 的非线性关系。正是这种关系的存在，才使放大、倍频、混频等功能得以实现。

变容二极管的等效电路如图 1.2.14(a)所示，图中 C_j 是可变耗尽层电容，C_p 是管壳电容，R_s 是串联接触杂散电阻，L_s 是合成管壳电感，VD 是二极管结(在 PN 结反偏时可等效成一个方向电阻 R_p)，如图 1.2.14(b)所示。

要注意的是：①在正电压摆动时变容二极管还存在整流效应，所以二极管的作用需要考虑；②在实际应用中可认为串联电阻 R_s 是常数，但实际上 R_s 是与工作电压和工作频率有关的函数；③变容二极管的等效电路忽略了一些线性寄生参数，但由于接近接地的原因，这些线性寄生参数在包含分布线封装模型和一些电容的微波应用中，还是需要考虑的。

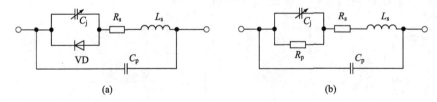

(a)　　　　　　　　　　　　　　　(b)

图 1.2.14　变容二极管等效电路

变容二极管必须工作在反向偏压状态，所以工作时需加负的静态直流偏压 U_Q。若信号电压为 $u_c(t) = U_Q + U_{cm}\cos\Omega t$，则变容二极管上的控制电压为

$$u_r(t) = U_Q + U_{cm}\cos\Omega t \tag{1.2.9}$$

代入式(1.2.7)后，可以得到

$$C_{\mathrm{j}} = \frac{C_{\mathrm{j}0}}{\left(1 + \dfrac{U_{\mathrm{Q}} + U_{\mathrm{cm}}\cos\Omega t}{U_{\varphi}}\right)^{\gamma}} = \frac{C_{\mathrm{jQ}}}{\left(1 + m\cos\Omega t\right)^{\gamma}} \tag{1.2.10}$$

式中，　$m = \dfrac{U_{\mathrm{cm}}}{U_{\mathrm{Q}} + U_{\varphi}}$ 为电容调制度；　$C_{\mathrm{jQ}} = \dfrac{C_{\mathrm{j}0}}{\left(1 + \dfrac{U_{\mathrm{Q}}}{U_{\varphi}}\right)^{\gamma}}$ 为当偏置为 U_{Q} 时变容二极管的电

容量。

式(1.2.10)说明，变容二极管的电容量 C_{j} 受信号 $U_{\mathrm{cm}}\cos\Omega t$ 的控制，控制的规律取决于电容变化指数 γ，控制深度取决于电容调制度 m。

变容管的典型最大电容值为几皮法至几百皮法，可调电容范围($C_{\mathrm{jmax}} : C_{\mathrm{jmin}}$)约为3 : 1。有些变容管的可调电容范围可高达 15 : 1，这时的可控频率范围可接近 4 : 1。经常使用的变容管压控振荡器的频率可控范围约为振荡器中心频率的±25%。

为了说明变容二极管的特性，引用变容二极管的品质因数 Q_{j}(考虑变容二极管结电容 C_{j} 实际上比管壳电容 C_{p} 大)，定义如下：

$$Q_{\mathrm{j}} = \frac{1}{\omega C_{\mathrm{j}} R_{\mathrm{s}}} = \frac{1}{2\pi f C_{\mathrm{j}} R_{\mathrm{s}}} \tag{1.2.11}$$

式中，f 是变容二极管的工作频率。

变容二极管品质因数随 R_{s} 的增加而减小，在低反向偏压时，突变变容二极管的品质因数 Q_{j} 比超突变变容二极管要大。不过，在高一些的反向偏压时，超突变变容二极管的品质因数变得大一些，这是超突变变容二极管电容的更快速减小所造成的。如图 1.2.15 所示，一般在 1~10V 反向偏压的线性谐振范围内，超突变变容二极管的 Q_{j} 较小。变容二极管的功耗很大，带有超突变变容二极管的压控振荡器(VCO)的输出功率变小。

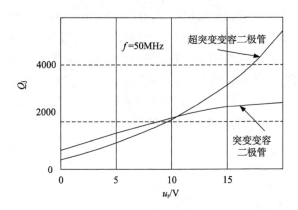

图 1.2.15　变容二极管品质因数与偏置电压的关系

3. 几种经常使用的高频二极管

在高频电路中，二极管工作在低电平时，主要用点接触式二极管和表面势垒二极管(又称肖特基二极管)。两者都利用多数载流子导电机理，它们的结面积小、极间电容小、工作

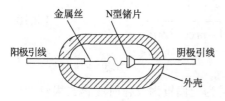

图 1.2.16　点接触式二极管结构

频率高。常用的点接触式二极管(如 2AP 系列)，工作频率可达 100~200MHz，而表面势垒二极管，工作频率可高至微波范围。图 1.2.16 为点接触式二极管结构。

　　肖特基二极管在结构原理上与 PN 结二极管有很大区别，图 1.2.17 为肖特基二极管结构。它的内部由阳极金属(用钼或铝等材料制成的阻挡层)、二氧化硅(SiO_2)电场消除材料、N^-外延层(砷材料)、N 型基片、N^+阴极层及阴极金属等构成，如图 1.2.17(a)所示。在 N 型基片和阳极金属之间形成肖特基势垒。当在肖特基势垒两端加上正向偏压(阳极金属接电源正极，N 型基片接电源负极)时，肖特基势垒层变窄，其内阻变小；反之，若在肖特基势垒两端加上反向偏压时，肖特基势垒层则变宽，其内阻变大。

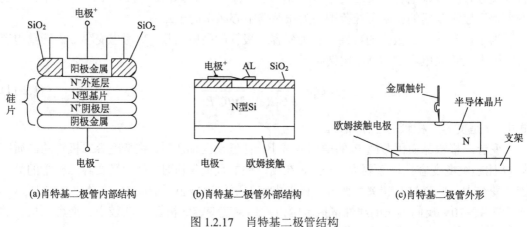

(a)肖特基二极管内部结构　　　　(b)肖特基二极管外部结构　　　　(c)肖特基二极管外形

图 1.2.17　肖特基二极管结构

　　在高频电路中，经常使用 PIN 二极管。PIN 二极管是一种以 P 型半导体、N 型半导体和本征(I)型半导体构成的三种半导体 PIN 二极管，它具有较强的正向电荷储存能力。它的高频等效电阻受正向直流电流的控制，是一个可调电阻。由于其结电容很小，二极管的电容效应对频率特性的影响很小。PIN 二极管可工作在几十兆赫到几千兆赫频段上，常应用于高频开关(即微波开关)、移相、调制、限幅等电路中。图 1.2.18(a) 表示了 PIN 二极管结构。图 1.2.18(b)、(c)表示 PIN 二极管等效模型。

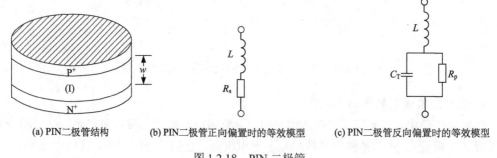

(a) PIN二极管结构　　　(b) PIN二极管正向偏置时的等效模型　　　(c) PIN二极管反向偏置时的等效模型

图 1.2.18　PIN 二极管

1.3 高频电路中的有源器件

高频电路中的有源器件包括晶体管、场效应管及集成电路，这些器件的物理机制和工作原理在模拟电路课程中已详细讨论过。但这些有源器件工作在高频范围内时，对其性能要求会更高。随着半导体和集成电路技术的高速发展，能满足高频应用要求的器件越来越多，同时出现了一些专门用途的高频半导体器件，在高频电路中完成信号的放大、非线性变换等功能。

1.3.1 晶体管等效模型及参数

高频晶体管有两大类型：一类是做小信号放大的高频小功率管，对它们的主要要求是高增益和低噪声；另一类是高频功率放大管，除了增益外，要求它在高频时有较大的输出功率。目前双极型小信号放大管的工作频率可达几千兆赫，噪声系数为几分贝。在高频大功率晶体管方面，在几百兆赫以下的频率，双极型晶体管的输出功率可达十几瓦至上百瓦。在分析高频放大器时，要考虑晶体管频率特性及晶体管在高频时的等效模型。晶体管等效模型有混合 π 等效模型、晶体管 Y 参数等效模型。其中混合 π 等效模型反映了晶体管中的物理过程，也是分析晶体管高频时的基本等效模型，而 Y 参数等效模型是把晶体管视为一个二端口网络，列出电流、电压方程式，拟定满足方程的网络模型。由于混合 π 等效模型中各元件的数值不易测量，电路的计算比较麻烦，直接用混合 π 等效模型分析高频放大器性能时很不方便。因此在分析高频小信号放大器时，采用 Y 参数等效模型进行分析是比较方便的。同一晶体管的各种等效电路之间是互相等效的，且可以相互转换，因此本书重点介绍 Y 参数等效模型。

利用晶体管的 Y 参数等效模型进行分析可以不了解晶体管内部的工作过程，晶体管的 Y 参数通常可以用仪器测出，有些晶体管的手册或数据单上也会给出这些参数量(一般是在指定的频率及电流条件下的值)。

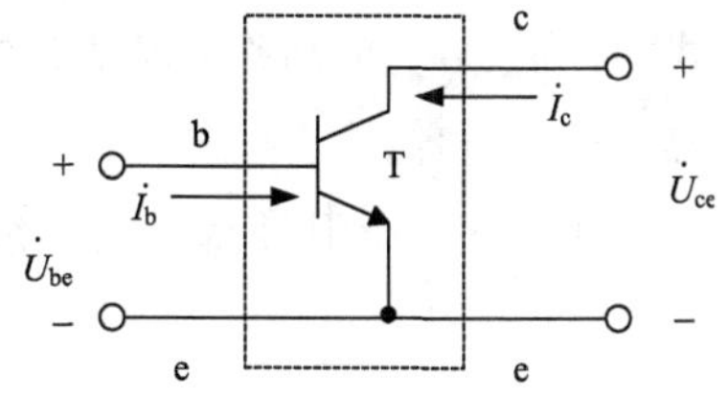

一个晶体管可以看成有源四端网络，如图 1.3.1 所示。取输入电压 $\dot{U}_{be}$ 和输出电压 $\dot{U}_{ce}$ 作为自变量。取输入电流 $\dot{I}_b$ 和输出电流 $\dot{I}_c$ 作为因变量。根据四端网络的理论，可以得到晶体管的 Y 参数的网络方程为

图 1.3.1 晶体管共发射极电路

$$\dot{I}_b = Y_{ie}\dot{U}_{be} + Y_{re}\dot{U}_{ce}$$
$$\dot{I}_c = Y_{fe}\dot{U}_{be} + Y_{oe}\dot{U}_{ce}$$

(1.3.1)

令 $\dot{U}_{ce} = 0$ ，由晶体管的 Y 参数的网络方程得

$$Y_{ie} = \frac{\dot{I}_b}{\dot{U}_{be}}\bigg|_{\dot{U}_{ce}=0}$$ ——晶体管输出端短路时的输入导纳

$$Y_{fe} = \frac{\dot{I}_c}{\dot{U}_{be}}\bigg|_{\dot{U}_{ce}=0}$$ ——晶体管输出端短路时的正向传输导纳

Y_{ie} 反映了晶体管放大器输入电压对输入电流的控制作用，其倒数是电路的输入阻抗。Y_{ie} 参数是复数，因此 Y_{ie} 可表示为 $Y_{ie} = g_{ie} + j\omega C_{ie}$，其中 g_{ie}、C_{ie} 分别称为晶体管的输入电导和输入电容(下标"i"表示输入，"e"表示共射组态)。

Y_{fe} 是晶体管输出端短路时的正向传输导纳。Y_{fe} 反映晶体管输入电压对输出电流的作用(下标"f"表示正向)。在一定条件下可把它看成晶体管混合 π 等效电路的跨导 g_m。Y_{fe} 参数是复数，因此，Y_{fe} 可表示为 $Y_{fe} = |Y_{fe}| \angle \varphi_{fe}$。

令 $\dot{U}_{be} = 0$，由晶体管的 Y 参数的网络方程得

$$Y_{re} = \left.\frac{\dot{I}_b}{\dot{U}_{ce}}\right|_{\dot{U}_{be}=0} \qquad \text{——晶体管输入端短路时的反向传输导纳}$$

$$Y_{oe} = \left.\frac{\dot{I}_c}{\dot{U}_{ce}}\right|_{\dot{U}_{be}=0} \qquad \text{——晶体管输入端短路时的输出导纳}$$

Y_{re} 反映了晶体管输出电压对输入电流的影响，主要是电容引起的晶体管内部反馈作用。Y_{re} 对放大器来讲是有害的影响，在实际应用中应该尽量减小或消除。Y_{re} 参数是复数，因此，可表示为 $Y_{re} = |Y_{re}| \angle \varphi_{re}$ (下标"r"表示反向)。

Y_{oe} 反映了晶体管输出电压对输出电流的作用，其倒数是电路的输出阻抗。Y_{oe} 是复数，因此，可表示为 $Y_{oe} = g_{oe} + j\omega C_{oe}$。其中 g_{oe}、C_{oe} 分别称为晶体管的输出电导和输出电容(下标"o"表示输出)。

根据以上分析，并由晶体管的 Y 参数的网络方程式(1.3.1)，可得晶体管 Y 参数等效电路，见图 1.3.2(a)。图中 Y_{ie}、Y_{oe} 可用 g_{ie}、C_{ie}、g_{oe}、C_{oe} 表示：

$$
\begin{aligned}
Y_{ie} &= g_{ie} + j\omega C_{ie} \\
Y_{oe} &= g_{oe} + j\omega C_{oe} \\
Y_{re} &= |Y_{re}| \angle \varphi_{re} \\
Y_{fe} &= |Y_{fe}| \angle \varphi_{fe}
\end{aligned}
\tag{1.3.2}
$$

式中，g_{ie}、g_{oe} 分别称为晶体管的输入电导、输出电导；C_{ie}、C_{oe} 分别称为晶体管的输入电容、输出电容。

在实际应用中将 g_{ie}、C_{ie}、g_{oe}、C_{oe} 都画在 Y 参数等效电路中，得图 1.3.2(b)。

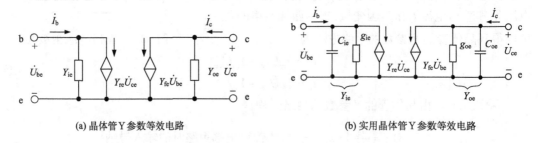

(a) 晶体管 Y 参数等效电路　　　　　　　　(b) 实用晶体管 Y 参数等效电路

图 1.3.2　晶体管 Y 参数等效电路及实用晶体管 Y 参数等效电路

1.3.2　场效应管等效模型及参数

MOS 场效应管的结构示意图如图 1.3.3 所示。从控制方式和信号相互作用的角度看,场效应管的分析模型与三极管的电路分析模型相似。使用场效应管时,和一般晶体管一样,也可用 Y 参数进行设计和计算。Y 参数的定义也与晶体管的相同。所不同的是,MOS 场效应管栅极的输入电流几乎为零,因此,可以认为 MOS 场效应管的输入电阻是无限大。

在高频应用时,场效应管有下列特点。

(1)场效应管在正常工作时,栅极电流几乎为零,具有较高的输入阻抗,一般在 $10^7\Omega$ 以上,在用作高频放大器时,抗干扰能力强。

(2)由于场效应管具有十分接近平方律的转移特性,因此能减小交调、互调和各种组合频率干扰。

(3)场效应管在饱和区的输出电阻比一般晶体管放大区的输出电阻大,其值为 $100\text{k}\Omega\sim 1\text{M}\Omega$。输入电阻和输出电阻较大是有利的,当场效应管用作调谐放大器时,能提高其选择性。

(4)场效应管是多数载流子控制器件,多数载流子在电场作用下做漂移运动,受核辐射影响小,所以对核辐射的抵抗能力强。

(5)场效应管的正向传输导纳远小于晶体管,因此增益比晶体管小。

与三极管一样,在分析高频小信号放大器时,采用 Y 参数等效模型进行分析是比较方便的。一个场效应管可以看成有源四端网络,如图 1.3.4 所示。取电压 $\dot{U}_{gs}$ 和 $\dot{U}_{ds}$ 作为自变量,取电流 $\dot{I}_g$ 和 $\dot{I}_d$ 作为因变量。

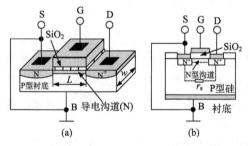

图 1.3.3　MOS 场效应管的结构示意图

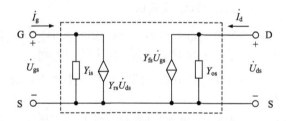

图 1.3.4　MOS 场效应管 Y 参数等效模型

根据四端网络的理论,可以得到场效应管的 Y 参数的网络方程为

$$\begin{aligned}\dot{I}_g &= Y_{is}\dot{U}_{gs} + Y_{rs}\dot{U}_{ds} \\ \dot{I}_d &= Y_{fs}\dot{U}_{gs} + Y_{os}\dot{U}_{ds}\end{aligned} \tag{1.3.3}$$

令 $\dot{U}_{ds} = 0$,由场效应管的 Y 参数的网络方程得

$$Y_{is} = \frac{\dot{I}_g}{\dot{U}_{gs}}\bigg|_{\dot{U}_{ds}=0}\qquad\text{——输出端短路时的输入导纳}$$

$$Y_{fs} = \frac{\dot{I}_d}{\dot{U}_{gs}}\bigg|_{\dot{U}_{ds}=0}\qquad\text{——输出端短路时的正向传输导纳}$$

Y_{is} 是场效应管输出端短路时的输入导纳(下标"i"表示输入,"s"表示共源组态)。Y_{is} 的倒数是电路的输入阻抗。

Y_{fs} 是场效应管输出端短路时的正向传输导纳(下标"f"表示正向)。在一定条件下可把它看成场效应管等效电路的跨导 g_m。

令 $\dot{U}_{gs}=0$,由场效应管的 **Y** 参数的网络方程得

$$Y_{rs}=\left.\frac{\dot{I}_g}{\dot{U}_{ds}}\right|_{\dot{U}_{gs}=0}\qquad\text{——输入端短路时的反向传输导纳}$$

$$Y_{os}=\left.\frac{\dot{I}_d}{\dot{U}_{ds}}\right|_{\dot{U}_{gs}=0}\qquad\text{——输入端短路时的输出导纳}$$

Y_{rs} 是场效应管输入端短路时的反向传输导纳(下标"r"表示反向)。Y_{rs} 会对放大器产生有害的影响,在实际应用中应尽量减少或消除。

Y_{os} 是场效应管输入端短路时的输出导纳(下标"o"表示输出)。Y_{os} 的倒数是电路的输出阻抗。

1.4　高频电路中的无源组件

选频电路

高频电路中的无源组件或无源网络主要有高频振荡(谐振)回路、高频变压器、谐振器与滤波器等,它们完成信号的传输、频率选择及阻抗变换等功能。无源高频振荡回路主要有 LC 串联谐振回路、LC 并联谐振回路、谐振回路的耦合连接回路等。

1.4.1　LC 串联谐振回路

信号源与电感线圈、电容器串联组成的电路称为 LC 串联回路。如图 1.4.1 所示,图中与电感线圈 L 串联的电阻 r 代表线圈的损耗,电容 C 的损耗不考虑。$\dot{U}_s$ 为信号电压源,为了分析方便,在分析电路时也暂时不考虑信号源内阻的影响。下面分析串联谐振回路的特性。

例 1.4.1　串联谐振回路如图 1.4.1 所示。电路图中 L 为电感,C 为电容,电感线圈中损耗电阻为 r,$\dot{U}_s$ 为激励信号电压源,激励信号的频率为 f_0。试分析串联谐振回路的以下特性。

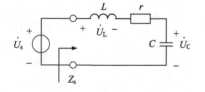

图 1.4.1　例 1.4.1 串联谐振回路

(1)串联谐振回路阻抗的频率特性。
(2)串联谐振回路谐振电流的频率特性。
(3)串联谐振回路的品质因数。
(4)串联谐振回路的特性曲线。
(5)串联谐振回路的通频带。

解:(1)串联谐振回路阻抗的频率特性。

当激励电压 $\dot{U}_s$ 为正弦电压时,串联回路阻抗为

$$Z_s(j\omega)=Z_1+Z_2+Z_3$$

式中，$Z_1 = r$；$Z_2 = j\omega L$；$Z_3 = \dfrac{1}{j\omega C}$。

$$Z_s(j\omega) = r + j\omega L + \frac{1}{j\omega C} = r + j\left(\omega L - \frac{1}{\omega C}\right) \tag{1.4.1}$$
$$= r + jX(\omega) = \left|Z_s(j\omega)\right| e^{j\varphi_s(\omega)}$$

式中

$$X(\omega) = \omega L - \frac{1}{\omega C}$$

$$\left|Z_s(j\omega)\right| = \sqrt{r^2 + \left(\omega L - \frac{1}{\omega C}\right)^2}$$

$$\varphi_s(\omega) = \arctan \frac{\omega L - \dfrac{1}{\omega C}}{r}$$

$\left|Z_s(j\omega)\right|$ 为回路阻抗；$\varphi_s(\omega)$ 为回路辐角。

串联谐振回路阻抗的频率特性曲线、串联谐振回路电抗的频率特性曲线、串联谐振回路辐角的频率特性曲线，如图 1.4.2 所示。

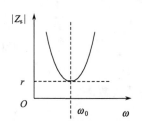 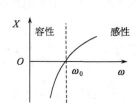 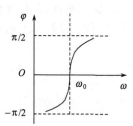

(a) 串联谐振回路阻抗的频率特性曲线　(b) 串联谐振回路电抗的频率特性曲线　(c) 串联谐振回路辐角的频率特性曲线

图 1.4.2　串联谐振回路的频率特性曲线

当 $\omega < \omega_0$ 时，串联谐振回路总阻抗呈电容性，阻抗 $|Z_s| > r$。

当 $\omega > \omega_0$ 时，串联谐振回路总阻抗呈电感性，阻抗 $|Z_s| > r$。

当 $\omega = \omega_0$ 时，感抗与容抗相等，阻抗 $|Z_s|$ 最小，呈纯电阻 $|Z_s| = r$，此时称串联谐振回路产生了谐振。

当串联谐振回路谐振时，谐振回路的频率可以由式 (1.4.1) 求出：

$$X(\omega_0) = \omega_0 L - \frac{1}{\omega_0 C} = 0$$

得

$$\omega_0 = \frac{1}{\sqrt{LC}} \qquad 或 \qquad f_0 = \frac{1}{2\pi\sqrt{LC}} \tag{1.4.2}$$

(2) 串联谐振回路谐振电流的频率特性。

在谐振回路两端加激励信号 $\dot{U}_s$，流过串联谐振回路的电流为

$$\dot{I} = \frac{\dot{U}_s}{\dot{Z}_s} = \frac{\dot{U}_s}{r + j\omega L + \dfrac{1}{j\omega C}} \tag{1.4.3}$$

其模为

$$I = \frac{U_s}{|Z_s|} = \frac{U_s}{\sqrt{r^2 + \left(\omega L - \dfrac{1}{\omega C}\right)^2}} \tag{1.4.4}$$

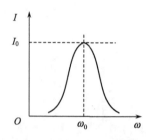

图 1.4.3　串联谐振回路
谐振电流的频率特性

由式(1.4.4)可见，在激励信号 U_s 一定的情况下，串联谐振回路谐振电流的频率特性如图 1.4.3 所示。

在回路谐振时，即 $\omega = \omega_0$ 时，回路阻抗最小，流过电路的电流最大，其值为

$$\dot{I}_0 = \frac{\dot{U}_s}{r} \tag{1.4.5}$$

在 $\omega < \omega_0$、$\omega > \omega_0$ 区域，流过电路的电流随频率的变化逐渐减少。

(3) 串联谐振回路的品质因数。

串联谐振回路谐振时的感抗或容抗值与线圈中串联的损耗电阻 r 之比，称为串联谐振回路的品质因数，用 Q_0 表示：

$$Q_0 = \frac{\omega_0 L}{r} = \frac{1}{\omega_0 C r} = \frac{1}{r}\sqrt{\frac{L}{C}} = \frac{\rho}{r} \tag{1.4.6}$$

式中，$\rho = \sqrt{\dfrac{L}{C}}$ 称为特性阻抗；Q_0 为 LC 串联谐振回路的空载品质因数。

串联谐振回路在谐振时阻抗(谐振电阻)可以用 Q_0 表示：

$$Z_s = r = \frac{\omega_0 L}{Q_0} = \frac{1}{\omega_0 C Q_0} \tag{1.4.7}$$

式(1.4.7)说明：串联谐振回路在谐振时，阻抗等于感抗或容抗的 $\dfrac{1}{Q_0}$ 倍，阻抗与 Q_0 成反比。

(4) 串联谐振回路的特性曲线。

在任意频率下回路电流 $\dot{I}$ 与谐振时电流 $\dot{I}_0$ 之比为

$$
\frac{\dot{I}}{\dot{I}_0} = \frac{\dfrac{\dot{U}}{Z_s}}{\dfrac{\dot{U}}{r}} = \frac{r}{Z_s} = \frac{1}{1 + j\dfrac{\omega L - \dfrac{1}{\omega C}}{r}} = \frac{1}{1 + j\dfrac{\omega_0 L \dfrac{\omega}{\omega_0} - \dfrac{1}{\omega_0 C}\dfrac{\omega_0}{\omega}}{r}}
$$

$$
= \frac{1}{1 + j\dfrac{\omega_0 L}{r}\left(\dfrac{\omega}{\omega_0} - \dfrac{\omega_0}{\omega}\right)} = \frac{1}{1 + jQ\left(\dfrac{\omega}{\omega_0} - \dfrac{\omega_0}{\omega}\right)} \tag{1.4.8}
$$

其模为

$$\frac{I}{I_0} = \frac{1}{\sqrt{1 + Q^2 \left(\dfrac{\omega}{\omega_0} - \dfrac{\omega_0}{\omega} \right)^2}} \tag{1.4.9}$$

根据式(1.4.9)可以画出串联谐振回路的谐振曲线，如图 1.4.4 所示。由图可知，回路的品质因数越高，谐振曲线越尖锐，回路的频率选择性越好。因此，回路品质因数的大小可以说明回路频率选择性的好坏。

(5)串联谐振回路的通频带。

在实际应用中，外加信号的频率 ω 与回路谐振频率 ω_0 之差 $\Delta\omega = \omega - \omega_0$ 表示频率偏离谐振的程度，称为失谐。在谐振频率附近，可近似地认为 ω 与 ω_0 很接近，即 $\omega \approx \omega_0$，$\omega + \omega_0 = 2\omega$。推导式(1.4.8)中的分母部分：

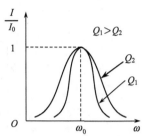

图 1.4.4 串联谐振回路的谐振频率

$$\frac{\omega}{\omega_0} - \frac{\omega_0}{\omega} = \frac{\omega^2 - \omega_0^2}{\omega\omega_0} = \frac{(\omega + \omega_0)(\omega - \omega_0)}{\omega\omega_0} = \left(\frac{\omega + \omega_0}{\omega} \right) \cdot \left(\frac{\omega - \omega_0}{\omega_0} \right) \approx \frac{2\Delta\omega}{\omega_0} = 2\frac{\Delta f}{f_0} \tag{1.4.10}$$

令

$$\xi = 2Q_0 \frac{\Delta\omega}{\omega_0} = 2Q_0 \frac{\Delta f}{f_0} \tag{1.4.11}$$

ξ 称为广义失谐。式(1.4.9)可简写成

$$\frac{I}{I_0} \approx \frac{1}{\sqrt{1 + \xi^2}} \tag{1.4.12}$$

当保持外加信号的幅度不变而改变其频率时，将回路电流值下降为谐振值的 $1/\sqrt{2}$ 时对应的频率范围称为回路的通频带，也称回路带宽，通常用 $\mathrm{BW_{0.707}}$ 来表示通频带，简写为 $\mathrm{BW_{0.7}}$。

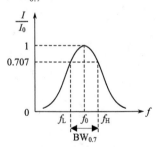

图 1.4.5 串联谐振回路的
幅频特性曲线

令式(1.4.12)等于 $1/\sqrt{2} \approx 0.707$，则可推得 $\xi = \pm 1$，根据式(1.4.11)可得通频带为

$$\mathrm{BW_{0.7}} = 2\Delta f = \frac{f_0}{Q_0} \tag{1.4.13}$$

由式(1.4.13)可见，回路的通频带与空载 Q_0 值成反比，Q_0 越高，通频带 $\mathrm{BW_{0.7}}$ 就越窄，曲线越尖锐，回路的选择性越好，如图 1.4.5 所示。

注意，式中品质因数是空载 Q_0，当回路有载时用 Q_{L} 表示，其中的电阻 r 应为考虑负载后的总的损耗电阻。

1.4.2 LC 并联谐振回路

信号源与电感线圈和电容器并联组成的电路，称为 LC 并联回路，如图 1.4.6(a)所示。图中与电感线圈 L 串联的电阻 r 代表线圈的损耗，电容 C 的损耗不考虑。i_{s} 为激励信号电流源。为了分析方便，在分析电路时也暂时不考虑信号源内阻的影响。下面分析并联谐振回路的特性。

例 1.4.2 并联谐振回路如图 1.4.6 所示。电路图中 L 为电感，C 为电容，电感线圈中损耗电阻为 r，$\dot{i}_s$ 为信号电流源，激励信号的频率为 f_0。试分析并联谐振回路的以下特性。

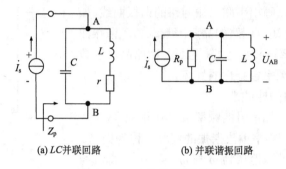

(a) LC 并联回路　　　　　　　(b) 并联谐振回路

图 1.4.6　LC 并联谐振回路

(1)并联谐振回路阻抗的频率特性。

(2)并联谐振回路端电压频率特性。

(3)并联谐振回路的谐振频率。

(4)并联谐振回路的品质因数。

(5)并联谐振回路谐振曲线、通频带及选择性。

(6)并联谐振回路中的电流。

(7)信号源内阻及负载对谐振回路的影响。

解：(1)并联谐振回路阻抗的频率特性。

为了分析方便，在分析电路时也暂时不考虑信号源内阻的影响。其 LC 并联回路阻抗表达式为

$$Z_p = \frac{Z_1 \cdot Z_2}{Z_1 + Z_2} \tag{1.4.14}$$

式中，$Z_1 = r + \mathrm{j}\omega L$；$Z_2 = 1/(\mathrm{j}\omega C)$。

$$Z_p = \frac{(r + \mathrm{j}\omega L)\dfrac{1}{\mathrm{j}\omega C}}{r + \mathrm{j}\omega L + \dfrac{1}{\mathrm{j}\omega C}} \tag{1.4.15}$$

实际应用中，在谐振频率 f_0 附近，通常满足 $\omega L \gg r$，故

$$Z_p \approx \frac{\dfrac{L}{C}}{r + \mathrm{j}\left(\omega L - \dfrac{1}{\omega C}\right)} = \frac{1}{\dfrac{rC}{L} + \mathrm{j}\left(\omega C - \dfrac{1}{\omega L}\right)} \tag{1.4.16}$$

由式(1.4.16)得，阻抗的模和阻抗相角为

$$|Z_p| = \frac{1}{\sqrt{\left(\dfrac{rC}{L}\right)^2 + \left(\omega C - \dfrac{1}{\omega L}\right)^2}} \tag{1.4.17}$$

$$\varphi_{\mathrm{p}}(\omega) = -\arctan \frac{\omega C - \dfrac{1}{\omega L}}{\dfrac{rC}{L}} \tag{1.4.18}$$

下面讨论并联回路阻抗的频率特性。

当 $\omega = \omega_0$ 时，并联回路中感抗等于容抗，即 $\omega L - \dfrac{1}{\omega C} = 0$，并联回路在 ω_0 处谐振，并且并联谐振回路的阻抗可达到最大值，如图 1.4.7 所示，回路的阻抗为一个纯电阻，阻抗相角为零，即 $\varphi_{\mathrm{p}}(\omega) = 0$。由式(1.4.16)得

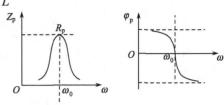

图 1.4.7　并联谐振回路的特性曲线

$$Z_{\mathrm{p}} = R_{\mathrm{p}} = \frac{L}{rC} \tag{1.4.19}$$

式中，R_{p} 称为谐振电阻，并联谐振回路相当于一个纯电阻电路，阻抗必须为实数。

在 $\omega \neq \omega_0$ 时，并联回路失谐，回路总阻抗有下面的特性：当 $\omega < \omega_0$ 时，并联回路总阻抗呈电感性，总阻抗小于谐振电阻，即 $Z_{\mathrm{p}} < R_{\mathrm{p}}$；当 $\omega > \omega_0$ 时，并联回路总阻抗呈电容性，总阻抗小于谐振电阻，即 $Z_{\mathrm{p}} < R_{\mathrm{p}}$。

利用导纳分析并联谐振回路及等效电路是比较方便的，为此引入并联谐振回路的导纳 Y。由式(1.4.16)得

$$Y = \frac{rC}{L} + \mathrm{j}\left(\omega C - \frac{1}{\omega L}\right) = G_{\mathrm{p}} + \mathrm{j}B = \frac{1}{Z_{\mathrm{p}}} \tag{1.4.20}$$

式中，$G_{\mathrm{p}} = \dfrac{rC}{L} = \dfrac{1}{R_{\mathrm{p}}}$ 为电导；$B = \omega C - \dfrac{1}{\omega L}$ 为电纳。

图 1.4.6(b) 是利用式(1.4.20)得出的，这是我们常用的并联谐振回路的表达形式。

(2) 并联谐振回路端电压频率特性。

并联回路两端的电压为

$$U_{\mathrm{AB}} = I_{\mathrm{s}}\left|Z_{\mathrm{p}}\right| = \frac{I_{\mathrm{s}}}{\sqrt{\left(\dfrac{rC}{L}\right)^2 + \left(\omega C - \dfrac{1}{\omega L}\right)^2}} \tag{1.4.21}$$

$$\varphi_{\mathrm{p}}(\omega) = -\arctan \frac{\omega C - \dfrac{1}{\omega L}}{\dfrac{rC}{L}} \tag{1.4.22}$$

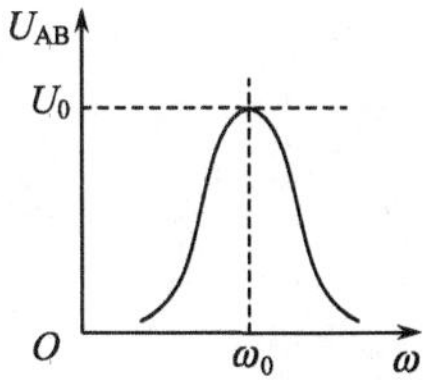

当 $\omega = \omega_0$ 时并联回路谐振，谐振回路两端的电压为

$$U_{\mathrm{AB}} = U_0 = I_{\mathrm{s}}\frac{L}{rC} = I_{\mathrm{s}}R_{\mathrm{p}} \tag{1.4.23}$$

图 1.4.8　电压–频率特性曲线

由此可见，在信号源电流 I_{s} 一定的情况下，并联回路端电压 U_{AB} 的频率特性与阻抗频率特性相似，如图 1.4.8 所示。

(3) 并联谐振回路的谐振频率。

在实际应用中，并联谐振回路频率可以由式(1.4.16)近似求出，即 $\omega_0 L - \dfrac{1}{\omega_0 C} = 0$：

$$\omega_0 = \frac{1}{\sqrt{LC}} \quad \text{或} \quad f_0 = \frac{1}{2\pi\sqrt{LC}} \tag{1.4.24}$$

当 $\omega L \gg r$ 条件不满足时，并联回路准确的谐振角频率可以根据式(1.4.15)求出。由式(1.4.25)得

$$Z_{\mathrm{p}} = \frac{(r + \mathrm{j}\omega L)\dfrac{1}{\mathrm{j}\omega C}}{r + \mathrm{j}\omega L + \dfrac{1}{\mathrm{j}\omega C}} = \frac{L}{rC} \frac{1 - \mathrm{j}\dfrac{r}{\omega L}}{1 + \mathrm{j}\left(\dfrac{\omega L}{r} - \dfrac{1}{r\omega C}\right)}$$

在谐振时，上式必须为实数，分母中的虚数部分和分子中的虚数部分必须相抵消，即

$$-\frac{r}{\omega_0 L} = \frac{\omega_0 L}{r} - \frac{1}{r\omega_0 C}$$

由此解得准确的并联回路谐振角频率为

$$\omega_0 = \sqrt{\frac{1}{LC} - \frac{R^2}{L^2}} = \frac{1}{\sqrt{LC}}\sqrt{1 - \frac{1}{Q^2}} \tag{1.4.25}$$

由于我们不研究低 Q 并联回路，因此这个公式很少使用。Q 值较高时式(1.4.25)近似与式(1.4.24)一致，因此只要记住式(1.4.24)就可以了。

(4) 并联谐振回路的品质因数。

与串联谐振回路类似，并联回路谐振时的感抗或容抗值与线圈中串联的损耗电阻 r 之比，定义为并联谐振回路的品质因数，以 Q_0 表示：

$$Q_0 = \frac{\omega_0 L}{r} = \frac{1}{r\omega_0 C} = \frac{1}{r}\sqrt{\frac{L}{C}} = \frac{\rho}{r} \tag{1.4.26}$$

式中，$\rho = \sqrt{\dfrac{L}{C}}$ 称为特性阻抗；Q_0 为 LC 并联谐振回路的空载 Q 值。

并联谐振回路的谐振电阻可以用 R_{p} 表示：

$$R_{\mathrm{p}} = \frac{L}{Cr} = Q_0 \omega_0 L = \frac{Q_0}{\omega_0 C} \tag{1.4.27}$$

式(1.4.27)说明：电阻等于感抗或容抗的 Q 倍。

(5) 并联谐振回路谐振曲线、通频带及选择性。

将式(1.4.21)与式(1.4.23)相比得

$$\frac{U}{U_0} = \frac{1}{\sqrt{1 + \left(\dfrac{\omega L - 1/(\omega C)}{r}\right)^2}} \tag{1.4.28}$$

定义 $\xi = \dfrac{\omega L - 1/(\omega C)}{r}$ 为广义失谐。式(1.4.28)可简写成

$$\frac{U}{U_0} = \frac{1}{\sqrt{1+\xi^2}} \tag{1.4.29}$$

由式(1.4.29)可以绘出并联回路谐振曲线，如图 1.4.9 所示。该曲线适用于任何 *LC* 并联谐振回路。

对 ξ 进行变换：

$$\xi = \frac{\omega L - \dfrac{1}{\omega C}}{r} = \frac{\omega_0 L \dfrac{\omega}{\omega_o} - \dfrac{1}{\omega_0 C}\dfrac{\omega_0}{\omega}}{r} = Q_0\left(\frac{\omega}{\omega_0} - \frac{\omega_0}{\omega}\right)$$

在谐振频率附近，可近似地认为 $\omega \approx \omega_0$，$\omega + \omega_0 = 2\omega$，则

$$\xi = Q_0\frac{(\omega+\omega_0)(\omega-\omega_0)}{\omega\omega_0} \approx Q_0\frac{2(\omega-\omega_0)}{\omega_0} = Q_0\frac{2\Delta\omega}{\omega_0} = Q_0\frac{2\Delta f}{f_0} \tag{1.4.30}$$

式中，$\Delta f = f - f_0$，得

$$\frac{U}{U_0} = \frac{1}{\sqrt{1+\left(Q_0\dfrac{2\Delta f}{f_0}\right)^2}} \tag{1.4.31}$$

从式(1.4.31)可以看出，在谐振点 $\Delta f = 0$，$U/U_0 = 1$。随着 $|\Delta f|$ 的增大，U/U_0 将减小。对于同样的偏离值 Δf，Q 越高，U/U_0 值衰减就越多，谐振曲线就越尖锐，如图 1.4.10 所示。

下面利用谐振曲线求出通频带。

由式(1.4.31)，令 $U/U_0 = 0.707$，如图 1.4.11 所示，可得回路的通频带 $\text{BW}_{0.7}$ 为

$$\text{BW}_{0.7} = 2\Delta f_{0.7} = \frac{f_0}{Q_0} \tag{1.4.32}$$

由式(1.4.32)可见，回路的通频带与空载 Q_0 值成反比，Q_0 越高，通频带就越窄，曲线越尖锐，回路的选择性越好，如图 1.4.10 所示。

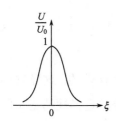　　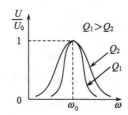　　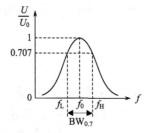

图 1.4.9　并联回路谐振曲线　　　图 1.4.10　幅频特性曲线图　　　图 1.4.11　通频带

我们希望谐振回路有一个很好的选择性，同时要有一个较宽的通频带，这是矛盾的。为了保证较宽的通频带只能牺牲选择性。

(6)并联谐振回路中的电流。

并联回路谐振时，流过 R_p、C、L 中的电流如下：

$$\dot{I}_{R_P}(\omega_0) = \frac{\dot{U}}{R_\text{p}} = \dot{U}G_\text{p} = \dot{I}_\text{s}(\omega_0) \tag{1.4.33}$$

$$\dot{I}_L(\omega_0) = \frac{\dot{U}}{\mathrm{j}\omega_0 L} = \frac{\dot{U}}{R_\mathrm{p}}\frac{R_\mathrm{p}}{\mathrm{j}\omega_0 L} = -\mathrm{j}\dot{I}_\mathrm{s}(\omega_0)Q_0 \tag{1.4.34}$$

$$\dot{I}_C(\omega_0) = \frac{\dot{U}}{(\mathrm{j}\omega_0 C)^{-1}} = \frac{\dot{U}}{R_\mathrm{p}}\frac{R_\mathrm{p}}{(\mathrm{j}\omega_0 C)^{-1}} = \mathrm{j}\dot{I}_\mathrm{s}(\omega_0)Q_0 \tag{1.4.35}$$

由式(1.4.33)～式(1.4.35)可见，并联回路谐振时，谐振电阻 R_p 上的电流就等于信号源的电流。电感支路上的电流、电容支路上的电流等于信号源电流的 Q 倍。因此，在谐振时，信号源电流 I_s 不大，但电感、电容支路上电流却很大，是信号源电流的 Q 倍，所以说并联谐振也叫电流谐振。

(7)信号源内阻及负载对谐振回路的影响。

考虑 R_s 和 R_L 后的并联谐振回路如图 1.4.12 所示，利用电导的形式来分析电路。

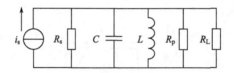

图 1.4.12　考虑信号源内阻 R_s 和 R_L 后的并联谐振回路

$$g_\mathrm{s} = \frac{1}{R_\mathrm{s}}, \qquad g_\mathrm{p} = \frac{1}{R_\mathrm{p}}, \qquad g_\mathrm{L} = \frac{1}{R_\mathrm{L}}$$

谐振回路的总电导为 $G_\Sigma = g_\mathrm{s} + g_\mathrm{p} + g_\mathrm{L}$。

谐振回路的空载 Q 值为 $Q_0 = \dfrac{1}{\omega_0 L g_\mathrm{p}}$，谐振回路的有载 Q 值为

$$Q_\mathrm{L} = \frac{1}{\omega_0 L G_\Sigma} = \frac{1}{\omega_0 L(g_\mathrm{s} + g_\mathrm{p} + g_\mathrm{L})}$$

根据上两式，可以得出 Q_L 与 Q_0 的关系：

$$Q_\mathrm{L} = \frac{Q_0}{1 + \dfrac{R_\mathrm{p}}{R_\mathrm{s}} + \dfrac{R_\mathrm{p}}{R_\mathrm{L}}} \tag{1.4.36}$$

因为 $G_\Sigma > g_\mathrm{p}$，所以 $Q_\mathrm{L} < Q_0$。由于 R_s 和 R_L 是并联连接在谐振回路两端的，这导致回路的 Q 值降低。R_s 和 R_L 越小，则 Q 值下降越多，通频带就越宽，回路的选择性越差。也就是说，信号源电阻和负载内阻对回路的旁路作用显得越严重。

1.4.3　谐振回路的耦合连接、接入系数

信号源内阻或负载直接并联在回路两端，将直接影响回路的 Q 值，影响负载上的功率输出及影响回路的谐振频率。为了解决这个问题，我们可用阻抗变换电路，将它们折算到回路两端，改善对回路的影响。

1)变压器的耦合连接

变压器的耦合连接电路如图 1.4.13(a)所示。变压器的初级是一个谐振回路的电感线

圈。次级接到负载 R_L 上,将负载折合到谐振回路后的等效负载为 R_L',见图 1.4.13 (b)。设初级圈数为 N_1,次数圈数为 N_2。

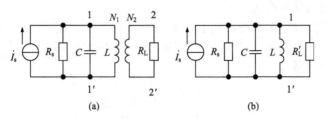

图 1.4.13 变压器的耦合连接

在变压器紧耦合时,负载电阻 R_L 上的功率 P_2 和等效负载 R_L' 上的功率 P_1 为

$$P_2 = \frac{U_2^2}{R_L}, \qquad P_1 = \frac{U_1^2}{R_L'}$$

因为负载电阻 R_L 上的功率 P_2 与等效负载 R_L' 上的功率 P_1 相等,即 $P_2 = P_1$,所以

$$\frac{U_2^2}{R_L} = \frac{U_1^2}{R_L'}, \qquad \frac{R_L'}{R_L} = \left(\frac{U_1}{U_2}\right)^2$$

根据变压器的电压变换关系,U_1 与 U_2 之比应等于圈数 N_1 与 N_2 之比,则有

$$\frac{R_L'}{R_L} = \left(\frac{U_1}{U_2}\right)^2 = \left(\frac{N_1}{N_2}\right)^2$$

得

$$R_L' = \left(\frac{N_1}{N_2}\right)^2 R_L \tag{1.4.37}$$

令 $n = \dfrac{N_2}{N_1}$ 为接入系数,得

$$R_L' = \left(\frac{N_1}{N_2}\right)^2 R_L = \frac{1}{n^2} R_L \tag{1.4.38}$$

例 1.4.4 变压器的耦合电路如图 1.4.13 所示。已知 $R_L = 1k\Omega$,圈数比为 $N_1 / N_2 = 2$。求等效负载 R_L',分析等效负载 R_L' 的特性。

解:根据式 (1.4.37) 得

$$R_L' = \left(\frac{N_1}{N_2}\right)^2 R_L = 4 \times 1 = 4(k\Omega)$$

接入系数为

$$n = \frac{N_2}{N_1} = \frac{1}{2}$$

说明:如果 1kΩ 的电阻直接接到谐振回路,对回路影响较大。如果将 1kΩ 的电阻通过变压器再折合到回路中,回路就相当于接上一个 4kΩ 的电阻,4kΩ 的电阻对并联谐振回路的影响就显著减弱了。调节 n 的大小，可以改变折合电阻 R'_L 的数值。n 越小，R'_L 数值越大，折合电阻 R'_L 对回路的影响越小，R_L 接入回路的影响越小。

2) 自耦变压器的耦合连接

自耦变压器的耦合连接电路如图 1.4.14(a) 所示，N_1 是总线圈数，N_2 是自耦变压器的抽头部分线圈数。负载电阻 R_L 折合到谐振回路后的等效电阻为 R'_L，见图 1.4.14(b)。根据折合前后电路的功率相等得

$$R'_L = \left(\frac{N_1}{N_2}\right)^2 R_L = \frac{1}{n^2} R_L \tag{1.4.39}$$

式中，$n = \dfrac{N_2}{N_1}$ 为接入系数。

自耦变压器的电路同样也可完成阻抗变换作用。它的好处是：绕制方法简单，省了一些导线。缺点是负载与回路之间有直流通过，当需要隔直流时，还要采用隔直电路。

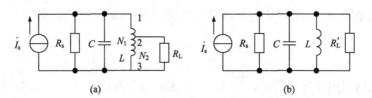

图 1.4.14　自耦变压器的耦合连接

调节接入系数 n 的大小，可以改变折合电阻 R'_L 的数值。n 越小，R_L 接入回路的部分越少，折合电阻 R'_L 对回路的影响越小，R'_L 数值减大。当 $n=1$ 时，表示电路完全接入，$R_L = R'_L$，折合电阻 R'_L 对回路的影响最明显；当 $n<1$ 时，表示电路部分接入，R_L 与回路的连接部分减少；当 $n=0$ 时，R_L 与回路脱离联系，对回路毫无影响。

3) 变压器自耦变压器的耦合连接

变压器自耦变压器的耦合连接电路如图 1.4.15(a) 所示。本电路是将信号源的电流源 I_s、内阻 R_s 和负载电阻 R_L 折合到谐振回路中，如图 1.4.15(b) 所示。根据折合前后电路的功率相等特性，计算折合后的 R'_L、R'_s 和 I'_s，注意使用正确的接入系数。

信号源的电流源 I_s、内阻 R_s 折合到谐振回路 LC 中，使用的接入系数为

$$n_1 = \frac{N_{12}}{N_{13}} \tag{1.4.40}$$

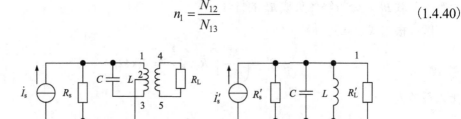

图 1.4.15　变压器自耦变压器的耦合连接

负载电阻 R_L 折合到谐振回路中，使用的接入系数为

$$n_2 = \frac{N_{45}}{N_{13}} \tag{1.4.41}$$

R_L 和 R_s 折合到谐振回路后的电阻为 R_L' 和 R_s'：

$$R_L' = \left(\frac{1}{n_2}\right)^2 R_L, \quad R_s' = \left(\frac{1}{n_1}\right)^2 R_s \tag{1.4.42}$$

电流源 I_s 折合到谐振回路后的电流源 I_s' 为

$$I_s' = n_1 I_s$$

4）双电容抽头耦合电路

双电容抽头耦合电路如图 1.4.16(a) 所示。回路的电容支路由 C_1 和 C_2 串联组成，回路电容值为 $C = \frac{C_1 C_2}{C_1 + C_2}$。根据功率相等的方法求得 R_L 折合到谐振回路后的电阻 R_L' 为

$$R_L' = \left(\frac{C_1 + C_2}{C_1}\right)^2 R_L \tag{1.4.43}$$

由于 $\frac{C_1 + C_2}{C_1} > 1$，所以 $R_L' > R_L$。双电容抽头耦合电路虽然多了一个电容元件，但是避免了绕变压器线圈的麻烦，使调整工作更方便，也保证了隔直流作用。在频率较高时，可以把一部分分布电容作为这种电路的电容，这种方法应用得比较广泛。

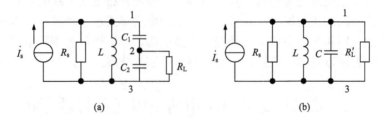

图 1.4.16　双电容抽头耦合电路

双电容抽头耦合电路的接入系数 n 可用下式表示：

$$n = \frac{C_1}{C_1 + C_2}$$

5）双电感抽头耦合电路

双电感抽头耦合电路如图 1.4.17 所示。回路中的电感支路由 L_1 和 L_2 串联组成，电路中 L_1 和 L_2 各自屏蔽，它们没有耦合。串联组成的回路电感 $L=L_1+L_2$。根据功率相等的方法求得 R_L 折合到谐振回路后的电阻 R_L' 为

$$R_L' = \left(\frac{L_1 + L_2}{L_2}\right)^2 R_L \tag{1.4.44}$$

双电感抽头耦合电路的接入系数 n 可表示为

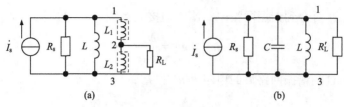

图 1.4.17 双电感抽头耦合电路

$$n = \frac{L_2}{L_1 + L_2} \tag{1.4.45}$$

本电路应用不广泛,主要是绕组线圈麻烦,在使用时调整工作不方便。

1.5 本书的研究对象和内容

本书以无线通信系统为主要讨论对象,讨论通信系统的发送与接收设备中所涉及的信号处理技术及典型电路。发送设备的主要任务是把基带信号变换到适合在信道中传输的形式,接收设备的主要任务是把经过信道传输的已调信号复原成基带信号。这里涉及信号变换的理论和技术及实现这些变换功能的电路等。基带信号的预处理、多路复用技术与电路以及通信系统中的一些专用技术不在本书中讨论。

目前,在通信系统中使用信号的频率范围很宽,从几赫兹甚至到几万吉赫兹。对于不同频段的信号,所用的电路、电路的工作原理与分析方法不同,使用的信道也不同。本书将限于能用集总参数电路处理的信号频率范围,不涉及分布参数电路的内容。

考虑到通信电路的类型很多,完成同一功能的电路形式也多种多样,本书将侧重电路完成功能的原理说明和一些完成基本功能的典型电路,不罗列各种不同电路的形式,侧重主要功能的实现方法以及实际应用,不对电路做过细的分析。

1.6 实训:高频电路中的电阻元件特性分析

1.6 实训

电子设计自动化(EDA)技术,使电子线路的设计人员能在计算机上完成电路的功能设计、逻辑设计、性能分析、时序测试直至印制电路板的自动设计。本节利用 OrCAD 10.5 中的 PSpice 仿真技术来完成对高频电路中的电阻阻抗进行测试及分析。

1. 了解 PSpice 电路仿真的基本流程

PSpice 电路仿真的基本流程如图 1.6.1 所示。

2. 创建新的仿真项目

(1)安装 OrCAD 10.5 版本,在程序组中启动 "Capture CIS"。

(2)执行 "File" → "New" → "Project" 命令或者单击工具按钮 ,出现 "New Project" 窗体。其中 "Name" 是项目名字,即产生 DSN 文件的名字,通常用英文字母及数字表示,本实训命名为 "ch1"。"Location" 是项目路径,可以单击 "Browse" 按钮修改项目文件存放路径。因为本书只用该软件进行电路仿真,因此在 "Create a new project using" 中选择 "Analog or Mixed-signal Circuit" 选项,即数/模混合仿真设计项目,单击 "OK" 按钮。

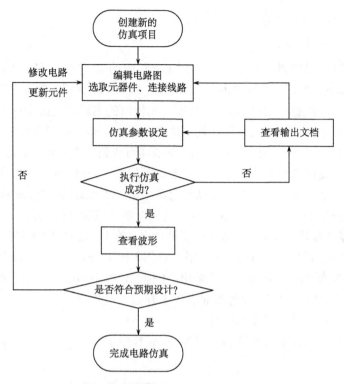

图 1.6.1　PSpice 电路仿真的基本流程

（3）弹出"Create PSpice Project"窗体，选择"Create a blank project"选项，单击"OK"按钮。

（4）项目创建成功，跳出该项目的文件管理器，展开文件树如图 1.6.2 所示。

（5）双击图 1.6.2 中的"PAGE1"打开电路文件编辑窗口，可以看到两个新增的工具栏，如图 1.6.3 所示。

（6）如果是新装的 OrCAD，需要添加元件库：单击右侧工具栏中的 按钮，打开"Place Part"窗口，单击"Add Library"按钮，选择库文件目录："OrCAD\OrCAD_10.5\tools\capture\library\ pspice"，将其中的元件库全部添加进来。此时可以看到"Libraries"窗口中出现很多库文件名称。

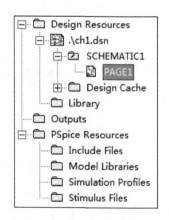

图 1.6.2　仿真项目文件树结构

图 1.6.3　新增工具栏

3．编辑电路图，选取元器件、连接线路

电路图如图 1.6.4 所示。

（1）选择元器件（以电阻为例）：单击右侧工具栏中的 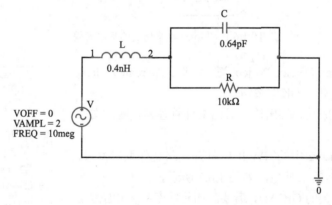 按钮，打开"Place Part"窗口，在"Part"一栏输入："R"，选择"Part List"的"R/ANALOG"，单击"OK"按钮，即可调出一个电阻元件。注意：ANALOG 是 R 所在元件库的名称，它必须在"Libraries"列表中存在，如果列表中没有这个元件库，则单击"Add Library"按钮添加。

（2）放置元器件：选择并调出元器件后，单击即可放置一个元器件，连续单击可以放置多个该元器件，若要停止放置该元器件，可右击并执行"End Mode"命令（或者按键盘上的"Esc"键）。选中元器件并右击，可以对元器件进行水平翻转（Mirror Horizontally）、垂直翻转（Mirror Vertically）以及旋转（Rotate），也可以进行删除（Delete）。

（3）修改元器件参数：电阻 R 从元件库里调出后有默认的名称（R1）和阻值（1kΩ），按照图 1.6.4 所示的电路图要求进行修改，双击"R1"调出"Display Properties"窗口，在"Value"处将电阻的名称改为"R"，双击"1k"调出"Display Properties"窗口，在"Value"处将电阻的阻值改为"10kΩ"。在设置参数时有以下几点注意事项。

①设置各个参数时单位可以不填写。

②仿真软件对字母大小写不敏感，即 M 和 m 都表示 10^{-3}，用 meg 表示 M 或 10^{6}。

图 1.6.4　10kΩ 电阻的高频等效模型（L 为引线电感，C 为寄生电容）

③用 u 表示 μ 或 10^{-6}。

（4）用同样的方法调出并放置电路中其他元器件：电感（L/ANALOG）、电容（C/ANALOG）、正弦交流电压源（VSIN/SOURCE），并按照图中要求设置各元器件参数。正弦交流信号源 VSIN 各参数意义如下。

VOFF：直流基准电压。

VAMPLE：幅度电压（峰值）。

FREQ：交流信号源频率。

（5）地线的选择：单击右侧工具栏中的 按钮，打开"Place Ground"窗口，在"Symbol"一栏输入：0，选择"0/SOURCE"选项，单击"OK"按钮，即可调出一个地线。放置方法与放置元器件相同。

(6)连接线路：将电路图中元器件、地线放置完成后，单击右侧工具栏中的⌐按钮，即可进行连线。如果要停止连线，可右击并执行"End Mode"命令(或者按键盘上的"Esc"键)。连线的旋转和删除与元器件相同。

(7)根据图 1.6.4 完成元器件参数设置和连线后，单击顶端工具栏中的🖫按钮保存电路文件。在执行分析以前最好养成存档习惯，先存档一次，以防万一。

4. 交流分析

1)仿真参数设定

交流分析主要针对电路因信号频率改变而发生某些参数改变所做的分析，本实训利用交流分析观察高频电路中电阻阻抗与频率的关系。

(1)单击工具栏中的🔲按钮或者从菜单中执行"PSpice"→"New Simulation Profile"命令，弹出"New Simulation"窗口，在"Name"文本框中填写"Test1"，单击"Create"按钮创建名为"Test1"的仿真配置文件，弹出"Simulation Settings"窗口。

(2)在"Simulation Settings"窗口选择"Analysis"标签，在"Analysis Type"下拉列表里面选择"AC Sweep"(交流分析)→"General Settings"选项。

(3)在"AC Sweep Type"(交流扫描类型)中有"Linear"(线性扫描)、"Logarithmic"(对数型扫描)两种，在"Logarithmic"下又有"Octave"(倍频程扫描)、"Decade"(十倍频程扫描)两种类型。现选用"Decade"类型。

(4)选择"Decade"，设置"Start Frequency"(仿真起始频率)为"1MegHz"，"End Frequency"(仿真终止频率)为"100GHz"，设置"Points/Decade"(十倍频程扫描记录)为"1000"点。单击"OK"按钮保存本次仿真参数设定。

2)执行仿真、检查错误、查看波形

(1)单击工具栏中的▶按钮执行仿真。如果电路连接和仿真参数设定都没有错误，仿真结束后会弹出波形显示窗口。由于前面步骤中忽略了一个参数设置，本次执行仿真将不会成功，单击左侧工具栏中的🔲按钮，查看输出文档里面是否出现"Warning"(警告)或"Error"(错误)的提示，根据提示修改错误。

```
**** 06/16/15 16:50:37 ******* PSpice 10.5.0 (Jan 2005) ******* ID# 0 ********
** Profile: "SCHEMATIC1-test1"  [ E:\gp\ch1-pspicefiles\schematic1\test1.sim ]
****      CIRCUIT DESCRIPTION              (以星号开头的都是注释)
********************************************************************************
** Creating circuit file "test1.cir"
** WARNING: THIS AUTOMATICALLY GENERATED FILE MAY BE OVERWRITTEN BY SUBSEQUENT
SIMULATIONS
*Libraries:
* Profile Libraries :
* Local Libraries :
* From [PSPICE NETLIST] section of C:\OrCAD\OrCAD_10.5\tools\PSpice\PSpice.ini
file:
.lib "nom.lib"                          (模拟元件库目前只有 nom.lib)
```

```
*Analysis directives:
.AC DEC 1000 1meg 100g
.PROBE V(alias(*)) I(alias(*)) W(alias(*)) D(alias(*)) NOISE(alias(*))
.INC "..\SCHEMATIC1.net"
**** INCLUDING SCHEMATIC1.net ****        （以下是描述元件的连接情况）
* source CH1
R_R        0 N00758  10k
V_V          N00081 0
+SIN 0 2 10meg 0 0 0
C_C        N00758 0  0.64pF
L_L        N00081 N00758  0.4nH
**** RESUMING test1.cir ****
.END
```
下面是仿真输出结果
```
**** 06/16/15 16:50:37 ******* PSpice 10.5.0 (Jan 2005) ******* ID# 0 ********
** Profile: "SCHEMATIC1-test1"  [ E:\gp\ch1-pspicefiles\schematic1\test1.sim ]
****     SMALL SIGNAL BIAS SOLUTION      TEMPERATURE =    27.000 DEG C
*************************************************************************
NODE VOLTAGE  NODE  VOLTAGE  NODE  VOLTAGE    NODE  VOLTAGE
(N00081)    0.0000 (N00758)    0.0000       （各节点电压）
   VOLTAGE SOURCE CURRENTS                   （流出电压源的电流）
   NAME        CURRENT
   V_V         0.000E+00
   TOTAL POWER DISSIPATION   0.00E+00  WATTS

WARNING -- No AC sources -- AC Sweep ignored       （警告：没有交流分析源）
      JOB CONCLUDED
**** 06/16/15 16:50:37 ******* PSpice 10.5.0 (Jan 2005) ******* ID# 0 ********
** Profile: "SCHEMATIC1-test1"  [ E:\gp\ch1-pspicefiles\schematic1\test1.sim ]
****    JOB STATISTICS SUMMARY
*************************************************************************
  Total job time (using Solver 1)  =       0.00
```

（2）根据以上提示，可以看出没有设置交流分析的 AC 源，回到电路图窗口，双击正弦交流信号源"V"，弹出"Property Editor"（属性编辑器）窗口，可以看到信号源"V"的"AC"一项没有数值，现将其设置为"2V"。关闭"Property Editor"窗口，重新执行仿真。此时仿真执行成功，弹出波形窗口。在波形窗口中，除了 X 轴变量已经按照我们在"AC Sweep"的设置为"1MegHz～100GHz"之外，Y 轴变量则等待着我们的选择输入。

（3）从菜单中选择"Trace"→"Add Trace"选项，弹出"Add Trace"窗口，在"Trace Expression"栏处用鼠标选择或直接由键盘输入完成这样的字符串"V(V:+)/I(V:+)"（用回路电压与电流的比值表示阻抗）。再单击"OK"按钮退出"Add Trace"窗口。这时将出现如图 1.6.5(a)所示曲线。选择"Plot"→"Axis Settings"选项，弹出"Axis Settings"(坐标轴设置)窗口，选择"Y Axis"标签，将"Scale"设置为"Log"，也就是选择对数坐标，得到图 1.6.5(b)所示曲线。

　3)分析波形读取数值

　(1)根据图 1.6.5 可以看出，10kΩ 电阻在高频电路中由于存在引线电感和寄生电容，其阻抗的大小随频率的变化而变化，频率较低时，阻抗以电阻 R 为主，为 10kΩ，随着频率升高，寄生电容的影响成为主要因素，引起电阻阻抗下降，直到降到一个最低值后，随着频率继续升高，引线电感的影响成为主要因素，电阻阻抗又开始上升。与图 1.6.5(b)所示曲线类似，仿真结果正确。

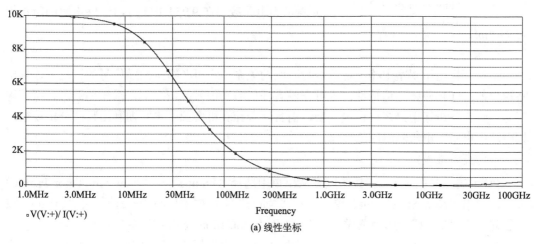

(a) 线性坐标

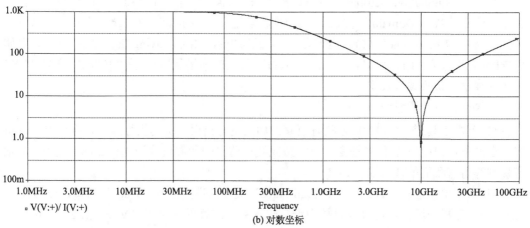

(b) 对数坐标

图 1.6.5　10kΩ 电阻在高频电路中阻抗与频率的关系曲线

　(2)读取阻抗最低值坐标：单击工具栏中的 ![btn] 按钮，可以看到后面的工具栏由灰色锁定状态变为可用的状态，同时也会弹出一个显示光标所在的坐标数据的小窗口("Probe Cursor")。工具栏各个按钮的用途如下。

　![icon]：定位波形的下一个最高点。

Ⅴ：定位波形的下一个最低点。

Ⴌ：定位波形的最大斜率点。

⚒：定位波形最小值。

木：定位波形最大值。

```
Probe Cursor
A1 =    9.954G,    71.400m
A2 =    1.0000M,    9.992K
dif=    9.953G,    -9.992K
```

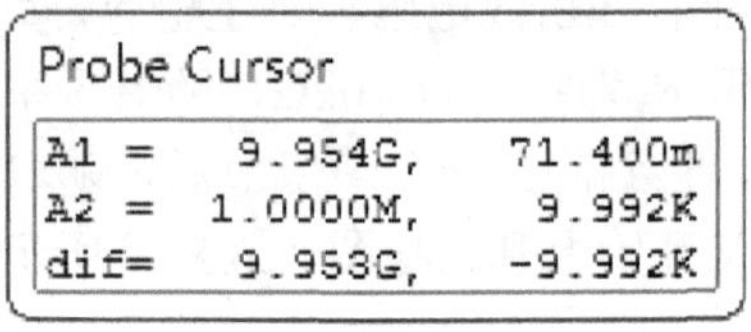

图 1.6.6　Probe Cursor 窗口

：标注波形上下一个点的信息。

单击 ⚒ 按钮将光标定位在波形最小值处，"Probe Cursor"显示如图 1.6.6 所示，图中"A1"表示最小值的横纵坐标，"A2"表示左下角参考点的横纵坐标，"dif"表示两个坐标之间的差值。因此可以读出，波形的最小值表示当电路频率在 9.954GHz 时，10kΩ 电阻的阻抗值为 71.4mΩ。

5. 瞬态分析

瞬态分析用于观察电路中各信号与时间的关系，它可在给定激励信号的情况下，求电路输出的时间响应、延迟特性；也可在没有任何激励信号的情况下，求振荡波形、振荡周期等。瞬态分析运用最多，也最复杂，而且耗费计算机资源。本实训利用瞬态分析观察高频电路中电阻上电压随时间的变化。

1）仿真参数设定

(1) 单击工具栏中的 按钮或者从菜单中选择"PSpice"→"New Simulation Profile"选项，弹出"New Simulation"窗口，在"Name"文本框中填写 Test2，单击"Create"按钮创建名为"Test2"的仿真配置文件，弹出"Simulation Settings"窗口。

(2) 在"Simulation Settings"窗口选择"Analysis"标签，在"Analysis Type"下拉列表里面选择"Time Domain"(Transient)(瞬态分析)→"General Settings"选项。

(3) 将"Run to time"(仿真运行时间)设置为 2μs，"Start saving data after"(开始存储数据时间)设置为"1μs"，"Maximum step size"(最大时间增量)设置为"100ns"。单击"OK"按钮保存本次仿真参数设定。

2）执行仿真、查看波形

(1) 单击工具栏中的 ▶ 按钮执行仿真。如果没有错误，仿真执行成功，将弹出波形窗口。在波形窗口中，除了 X 轴变量已经按照我们前面的参数设置为"1～2μs"之外，Y 轴变量则等待着我们的选择输入。

(2) 从菜单中选择"Trace"→"Add Trace"选项，弹出"Add Trace"窗口，在"Trace Expression"栏处用鼠标选择或直接由键盘输入完成这样的字符串"V(R:1,R:2)"。再单击"OK"按钮退出"Add Trace"窗口。这时将出现如图 1.6.7(a)所示曲线，它表示信号源的时域波形。但仔细观察该波形，发现有一定程度的失真，这是最大时间增量设置过大造成的，单击左侧的 按钮，弹出"Simulation Settings"窗口，修改"Maximum step size"为"1ns"。重新运行仿真，查看波形，得到图 1.6.7(b)所示曲线，此时的时域波形几乎没有失真。

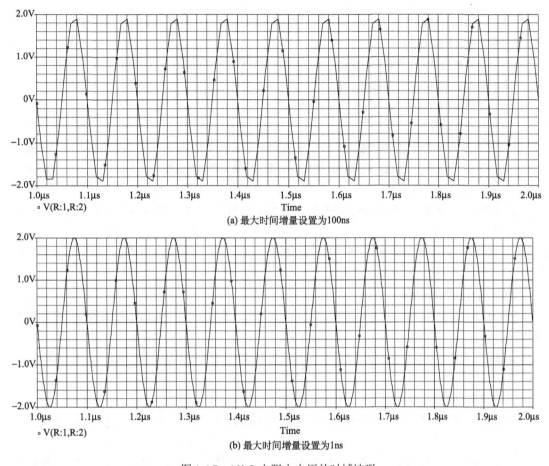

(a) 最大时间增量设置为100ns

(b) 最大时间增量设置为1ns

图 1.6.7　10kΩ 电阻上电压的时域波形

3) 分析波形、读取数值

（1）根据图 1.6.7 可以看出，10kΩ 电阻在固定频率的高频电路中其上的电压不会随时间发生变化。

（2）读取电压波峰值：单击工具栏中的 ![] 按钮，再单击 ![] 按钮可以将光标定位在下一个最大值即波峰位置，通过 "Probe Cursor" 窗口读出此时波峰值为 1.9990V，与电压源 2V 基本相等，仿真完成。

思考题与习题

1.1　画出无线通信收发信机的原理框图，并说出各部分的功用。

1.2　无线通信为什么要用高频信号？"高频"信号指的是什么？

1.3　无线通信为什么要进行调制？如何进行调制？

1.4　无线电信号的频段或波段是如何划分的？各个频段的传播特性和应用情况如何？

1.5　正弦波的什么属性可以改变？每一种产生什么类型的调制？

1.6　分别画出在高频电路中，无源器件（电阻器、电容器和电感器）的电路模型，指出与理想电阻、理想电容和理想电感的性能有何不同，为什么？

1.7　用仿真软件对电阻器、电容器和电感器电路进行仿真分析。改变输入信号的参数值(幅度、频率)，观察其电路性能的变化。

1.8　参考电阻器、电容器和电感器的高频模型，指出这三种模型的异同，为什么?

1.9　请简述变容二极管在高频电路中的主要作用。

1.10　画出高频电路模型，与理想电路性能进行比较。

(1)电阻的高频模型。

画出两个不同阻值的电阻器串联的高频模型，与理想电阻串联电路性能进行比较,有何不同,为什么?

画出两个不同阻值的电阻器并联的高频模型，与理想电阻并联电路性能进行比较,有何不同,为什么?

(2)电阻与电感的高频模型。

画出电阻器与电感器串联电路的高频模型,和理想电阻与理想电感串联电路性能进行比较,有何不同,为什么?

画出电阻器与电感器并联电路的高频模型,和理想电阻与理想电感并联电路性能进行比较,有何不同,为什么?

(3)电阻与电容的高频模型。

画出电阻器与电容器串联电路的高频模型,和理想电阻与理想电容串联电路性能进行比较,有何不同,为什么?

画出电阻器与电容器并联电路的高频模型,和理想电阻与理想电容并联电路性能进行比较,有何不同,为什么?

(4)电感与电容的高频模型。

画出电感器与电容器串联电路的高频模型,和理想电感与理想电容串联电路性能进行比较,有何不同,为什么?

画出电感器与电容器并联电路的高频模型,和理想电感与理想电容并联电路性能进行比较,有何不同,为什么?

1.11　利用仿真软件对以上各题的电路进行仿真分析。改变元件参数值，观察其电路性能变化。

1.12　说明下列频率范围的频段(频带)名称和范围。

(1)3～30kHz;　　　　(2)0.3～3MHz;　　　　(3)3～30GHz;

(4)UHF;　　　　(5)ELF;　　　　(6)SHF。

1.13　已知并联谐振回路的 $L=1\mu H$, $C=20pF$, $Q_0=100$，求该并联回路的谐振频率 f_p、谐振电阻 R_p 及通频带 $BW_{0.7}$。

1.14　已知并联谐振回路 $f_p=10MHz$, $C=50pF$, $BW_{0.7}=150kHz$，求回路的 L 和 Q_p，以及 $\Delta f=600kHz$ 时的电压衰减倍数。若将通频带加宽为300kHz，应在回路两端并接一个多大的电阻?

1.15　串联谐振回路如习题图1.15所示。图中 L 为电感，C 为电容，电感线圈中损耗电阻为 r, $\dot{U}_s$ 为激励信号电压源，激励信号的频率为 f_0。试分析串联谐振回路的以下特性:

(1)串联谐振回路阻抗的频率特性;

(2)串联谐振回路谐振电流的频率特性;

(3)串联谐振回路的品质因数;

(4)串联谐振回路的通频带。

1.16　并联谐振回路如习题图1.16所示。图中 L 为电感，C 为电容，电感线圈中损耗电阻为 r, $\dot{i}_s$ 为信号电流源，激励信号的频率为 f_0。试分析并联谐振回路的以下特性：

(1) 并联谐振回路阻抗的频率特性；

(2) 并联谐振回路的品质因数；

(3) 并联谐振回路谐振曲线、通频带及选择性；

(4) 并联谐振回路中的电流；

(5) 信号源内阻及负载对谐振回路的影响。

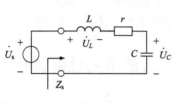

习题图 1.15

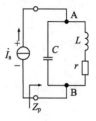

习题图 1.16

第2章 高频小信号放大器

在通信系统中，信号放大器可分为大信号放大器和小信号放大器。大信号放大器用于发射机的中间级和末级功率放大，小信号放大器用于接收机的高频放大和中频放大。小信号放大器的主要性能要求是增益高、通频带宽、噪声低、选择性好和工作稳定性高等。本章主要介绍通信电路中高频小信号放大器的电路原理、主要参数和性能。

2.1 高频小信号放大器的主要性能指标

在无线通信中，发射与接收的信号应当适合在空间传输。所以，被通信设备处理和传输的信号是经过调制处理的高频信号。这种信号通过长距离的通信传输，信号受到衰减和干扰，到达接收设备的信号是非常弱的高频窄带信号，在做进一步处理之前，应当经过放大和限制干扰的处理，这就要通过高频小信号放大器。而这种小信号放大器是一种谐振放大器。这种放大器同时也可用于混频器的输出，作为中频放大器对已调信号进行放大。

高频小信号放大器广泛用于广播、电视、通信、测量仪器等设备中。高频小信号放大器可分为两类：一类是以谐振回路为负载的谐振放大器；另一类是以滤波器为负载的集中选频放大器。它们的主要功能是从接收的众多电信号中，选出有用信号并加以放大，同时对无用信号、干扰信号、噪声信号有抑制作用，以提高接收信号的质量和抗干扰能力。谐振放大器常由晶体管等放大器件与 LC 并联谐振回路或耦合谐振回路构成，它可分为调谐放大器和频带放大器，前者的谐振回路需对外来不同的信号频率进行调谐，后者的谐振回路的谐振频率固定不变。集中选频放大器是把放大和选频两种功能分开，放大作用由多级非谐振宽频带放大器承担，选频作用由 LC 带通滤波器、晶体滤波器、陶瓷滤波器和声表面波滤波器等承担。目前广泛采用集中选频放大器。

高频小信号放大器的主要性能指标包括增益、通频带、选择性、噪声系数及工作稳定性等。

2.1.1 电压增益和功率增益

高频小信号放大器的增益可以用电压增益或功率增益来表示。放大器的电压增益是指放大器的输出电压与输入电压之比，记为 A_u。放大器的功率增益是指放大器的输出功率与输入功率之比，记为 A_p。通常 A_u 和 A_p 用分贝数(dB)表示，即

$$A_u = \frac{U_o}{U_i}, \quad A_u(\text{dB}) = 20\lg\frac{U_o}{U_i}$$

$$A_p = \frac{P_o}{P_i}, \quad A_p(\text{dB}) = 10\lg\frac{P_o}{P_i}$$

(2.1.1)

图 2.1.1(a)是放大器的幅频特性曲线，描述了相对电压增益 A_u/A_{u0} 与工作频率 f 的关系。

其中 A_{u0} 称为谐振电压增益，是指当高频小信号放大器工作于谐振频率 f_0 时所对应的电压增益，此时放大器的电压增益达到最大。

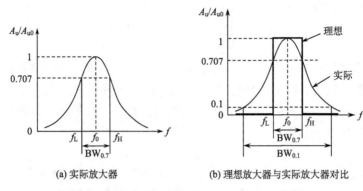

(a) 实际放大器　　　　　　　　(b) 理想放大器与实际放大器对比

图 2.1.1　理想放大器和实际放大器的幅频特性曲线

高频信号放大器的增益要适中，过大会使下级的输入太大，产生失真。但为了减少放大器级数，抑制后面各级的噪声对系统的影响，其增益又不能太小。放大器的增益大小取决于所采用的晶体管、要求的通频带宽度、是否良好匹配和稳定工作等。

2.1.2　通频带

通信电路所传输的信号，一般都是经过调制后具有一定频带宽度的高频信号。因此，高频小信号放大器必须具备一定的通频带，以便让有用的频谱分量通过放大器。放大器的通频带是指信号频率偏离放大器的中心谐振频率 f_0 时，放大器的电压增益 A_u 下降到谐振电压增益 A_{u0} 的 $1/\sqrt{2} \approx 0.707$ 时，所对应的频率范围。一般用 $\mathrm{BW}_{0.7}$ 或 $2\Delta f_{0.7}$ 表示，有时也称为 3dB 带宽，如图 2.1.1 (a) 所示。

$$\mathrm{BW}_{0.7} = f_H - f_L \qquad (2.1.2)$$

式中，f_L 称为下限截止频率；f_H 称为上限截止频率，它们分别是指在信号频率下降或上升时，放大器的电压增益 A_u 下降到谐振电压增益 A_{u0} 的 $1/\sqrt{2} \approx 0.707$ 时所对应的频率。通频带越宽，表明放大电路对不同频率信号的适应能力越强。通频带越窄，表明放大电路对通频带中心频率 f_0 的选择能力越强。在不同的通信系统中，由于所传输的信号带宽不同，所需要的放大器的通频带差异很大。一般调幅广播收音机的通频带约为 8kHz，调频广播收音机的通频带约为 200kHz，电视接收机的通频带则为 6～8MHz。

2.1.3　选择性

放大器的选择性是指放大器从各种不同频率的信号(包括有用信号和无用信号)中选出有用信号，抑制无用或干扰信号的能力。通常用矩形系数和抑制比两个技术指标来衡量放大器选择性的好坏。

1. 矩形系数

放大器在理想情况下，应该对通频带内的所有信号频谱分量进行等比例放大，而对通频带外的无用或干扰信号完全抑制(即电压增益为 0)。其幅频特性曲线应为矩形，但实际的放大器幅频特性曲线则与理想情况有一定差距，如图 2.1.1(b)所示。因此为了衡量实际放大器的幅频特性曲线与理想曲线的接近程度，引入了矩形系数的概念。

矩形系数通常用 $K_{r0.1}$ 或 $K_{r0.01}$ 表示，定义为

$$K_{r0.1} = \frac{BW_{0.1}}{BW_{0.7}}, \quad K_{r0.01} = \frac{BW_{0.01}}{BW_{0.7}} \tag{2.1.3}$$

式中，$BW_{0.7}$ 是放大器的通频带；$BW_{0.1}$ 和 $BW_{0.01}$ 是相对电压增益值下降到 0.1 和 0.01 时的频带宽度。显然，$K_{r0.1}$ 或 $K_{r0.01}$ 的值越接近 1，说明放大器的谐振特性曲线就越接近矩形，也就是越接近于理想曲线，放大器的选择性就越好，抑制干扰的能力就越强。通常，放大器的矩形系数在 2~5 范围内。

2. 抑制比

抑制比是指谐振增益 A_{u0} 与通频带以外某一特定频率上的电压增益 A_u 的比，用 d(dB)表示，如式(2.1.4)所示，抑制比越大说明对该频率的抑制能力越强。

$$d(dB) = 20\lg\left(\frac{A_{u0}}{A_u}\right) \tag{2.1.4}$$

例 2.1.1　某放大器谐振频率 f_0=10MHz，谐振增益 A_{u0} =100。该放大器在 f_1=5MHz 上的电压增益为 A_{u1} =1，在 f_2=15MHz 上的电压增益为 A_{u2} =10，求该放大器对频率 f_1 和 f_2 的抑制比。

解：f_1 = 5MHz 时，d_1(dB)=20lg(A_{u0}/A_{u1})=20lg(100/1)=40(dB)

f_2=15MHz 时，d_2(dB)=20lg(A_{u0}/A_{u2})=20lg(100/10)=20(dB)

则该放大器对频率为 5MHz 的干扰信号的抑制能力比对频率为 15MHz 的干扰信号的抑制能力强。

2.1.4　噪声系数

放大器的内部噪声是影响放大器性能的重要因素之一，因而在设计放大器的时候力求使它的内部噪声越小越好。放大器的内部噪声的大小通常用噪声系数来描述。放大器的噪声系数是指输入端的信噪比 P_{si}/P_{ni} 与输出端的信噪比 P_{so}/P_{no} 两者的比值，用 F 表示：

$$F = \frac{(S/N)_i}{(S/N)_o} = \frac{P_{si}/P_{ni}}{P_{so}/P_{no}} \quad 或 \quad F(dB) = 10\lg\left(\frac{P_{si}/P_{ni}}{P_{so}/P_{no}}\right) \tag{2.1.5}$$

式中，P_{si} 为放大器输入端的信号功率；P_{ni} 为放大器输入端的噪声功率；P_{so} 为放大器输出端的信号功率；P_{no} 为放大器输出端的噪声功率。

它反映了信号通过放大器后信噪比变坏的程度。噪声系数越小，说明信号通过放大器后引入的噪声越少。若放大器是一个理想的无噪声线性网络，那么噪声系数为

$$F = \frac{P_{si}/P_{ni}}{P_{so}/P_{no}} = 1 \quad 或 \quad F(dB) = 10\lg\left(\frac{P_{si}/P_{ni}}{P_{so}/P_{no}}\right) = 10\lg 1 = 0 \ (dB)$$

因此，在设计放大器的时候希望其噪声系数 F 越接近于 1 越好。为了使放大器的噪声系数小，通常在设计和制作放大器的时候选用低噪声管、正确地选择工作点电流、选择合适的线路等方法。

2.1.5　工作稳定性

　　放大器的工作稳定性是指当放大器的工作状态(直流偏置)、晶体管参数、电路元件参数等发生可能的变化时，放大器的主要性能指标的稳定程度。通常会发生的不稳定情况包括增益变化、中心谐振频率偏移、通频带变化、幅频特性曲线变形等。极端的不稳定情况是产生放大器自激，致使放大器不能工作。为了避免放大器不稳定情况的发生，通常会采用一些措施来增加放大器的稳定性，如限制每级增益、选择内部反馈较小的晶体管、采用中和法或失配法或在工艺上采取一定的措施(如元件排列、接地、屏蔽等)，从而使放大器尽可能地不产生自激，并且保证放大器的主要性能指标在允许的范围内变化。

　　高频小信号放大器的各项性能指标之间既相互联系又相互矛盾，因此在设计放大器时应根据设计要求，衡量各项性能指标的重要性，分清主次进行分析和讨论。

2.2　高频小信号谐振放大器

　　小信号谐振放大器类型很多。按调谐回路区分，有单调谐回路谐振放大器、双调谐回路谐振放大器和参差调谐回路谐振放大器。按晶体管连接方法区分，有共基极、共发射极和共集电极放大器等。本节将以一种常用的调谐放大器——共发射极单调谐回路谐振放大器为例，来讨论单调谐回路谐振放大器，再简单介绍一下多调谐谐振放大器。

2.2.1　单级单调谐回路谐振放大器

　　单调谐回路谐振放大器是由单调谐谐振回路作为交流负载的放大器，本节将以共发射极单调谐回路谐振放大器为例来介绍单调谐回路谐振放大器的工作原理。共发射极单调谐回路谐振放大器的电路图如图 2.2.1 所示。收音机的高频放大器电路基本上就是这样的。

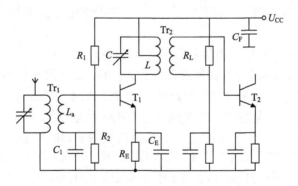

图 2.2.1　共发射极单调谐回路谐振放大器

　　图中 T_1 和 T_2 分别是前后两级放大电路中的晶体管。以第一级放大电路为例，R_1、R_2 是放大器的偏置电阻，R_E 是直流负反馈电阻，C_1、C_E、C_F 是直流高频旁路电容，它们起稳定放大器静态工作点的作用。LC 组成并联谐振回路，它与晶体管一起对输入信号进行选频和放大。为了防止三极管的输出与输入导纳直接并入 LC 谐振回路，影响回路参数，以及为防止电路的分布参数影响谐振频率，同时也为放大器的前后级匹配，本电路采用部分接入方式。实际电路中的调谐放大器通常按照图 2.2.1 这样的方式级联下去，形成多级调谐放大器。这里我们先讨论单级单调谐回路谐振放大器的工作原理及其性能指标，然后讨论多级单调谐回路谐振放大器的级联问题。

例 2.2.1 在图 2.2.1 所示的共发射极单调谐回路谐振放大电路中，假定晶体管 T_1 和 T_2 的参数相同，其直流工作点是 $U_{CE} = +8V$、$I_E = 2mA$，调谐回路中 $L_{13} = 4\mu H$、$Q_0=100$、$C=61.8pF$，其抽头为 $N_{12} = 5$ 圈，$N_{13} = 20$ 圈，$N_{45} = 5$ 圈，试分析计算放大电路的谐振频率 f_0、电压增益 $\dot{A}_{u0}$、功率增益 A_{p0}、通频带 $BW_{0.7}$ 及矩形系数 $K_{r0.1}$。晶体管 T_1 和 T_2 在 $U_{CE} = 8V$、$I_E = 2mA$ 时参数如下：$g_{ie} = 2860\mu S$；$C_{ie} = 19pF$；$g_{oe} = 200\mu S$；$C_{oe} = 7pF$；$|Y_{fe}| = 45mS$；$\varphi_{fe} = -54°$；$|Y_{re}| = 0.31mS$；$\varphi_{re} = -88.50°$。

解：1）对电路进行等效化简

（1）先将电路简化为只包括高频信号的交流通路。化简后的交流通路如图 2.2.2 所示，

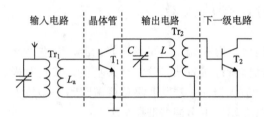

该交流通路包含三个部分：晶体管本身、输入电路和输出电路。晶体管是谐振放大器的重要组件，高频情况下，晶体管可用第 1 章中所介绍的 Y 参数等效模型来分析。输入电路是由电感 L_a 与天线回路耦合(Tr_1)而成的，通过天线接收来的高频信号通过输入电路加到晶体管的输入端。输出电路是由 L 与 C 组

图 2.2.2 单级单调谐回路谐振放大器的交流通路

成的并联谐振回路，通过互感耦合(Tr_2)将放大后的信号加载到下一级放大电路(或其他电路，如检波器等)的输入端。

如果把 LC 并联谐振回路调谐在放大器的工作频率上，则放大器的增益就很高；如果偏离这个频率，放大器的放大作用就下降。这样，放大器能放大的频带宽度，就局限于 LC 并联谐振回路的谐振频率附近。可见调谐放大器频带响应在很大程度上取决于 LC 谐振回路的特性。

（2）将电路中晶体管用 Y 参数等效模型代替。根据第 1 章所介绍的晶体管 Y 参数等效模型可将图 2.2.2 所示的单级单调谐回路谐振放大器的交流通路转化为图 2.2.3 (a) 所示的高频等效电路，其中晶体管 T_1 和 T_2 的参数相同。考虑到晶体管的反向传输导纳 Y_{re} 对放大电路是有害的，因此在实际电路中会采取相应的措施减小或消除它(本题中 $|Y_{re}| = 0.31mS$，非常小，可忽略)，所以在理论分析时通常不考虑 Y_{re} 的影响，电路进一步简化为图 2.2.3 (b)。对于晶体管 T_1 的 Y 参数等效模型而言，输入端电压 $\dot{U}_{be}$ 对输出端的控制作用反映在右边的压控电流源 $Y_{fe}\dot{U}_{be}$ 上，用 $\dot{i}_s$ 表示，因此我们仅分析右边的电路即可。对于晶体管 T_2 的 Y 参数等效模型而言，其输入端电压 $\dot{U}_{be}$ 对下一级电路的影响不在本级放大电路的讨论范围内，因此我们仅分析左边电路即可，而晶体管 T_2 的 $\dot{U}_{be}$ 则由第一级放大电路的输出电压提供，用 $\dot{U}_o$ 表示。电路可进一步简化为图 2.2.3 (c)。将晶体管 T_1 的输出导纳 Y_{oe} 用输出电导 g_{oe} 和输出电容 C_{oe} 并联表示，晶体管 T_2 的输入导纳 Y_{ie} 用输入电导 g_{ie} 和输入电容 C_{ie} 并联表示，同时根据第 1 章 LC 并联谐振回路的分析，考虑 LC 并联谐振回路的谐振电阻 g_p，电路可进一步变换为图 2.2.3 (d)。其中

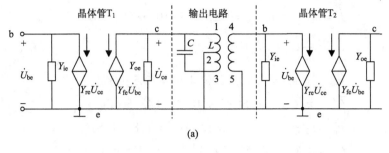

(a)

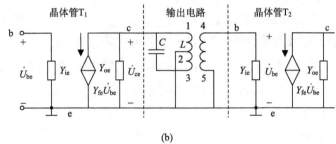

(b)

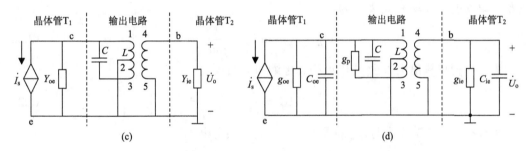

(c)　　　　　　　　　　　　　　　　(d)

图 2.2.3　单级单调谐回路谐振放大器的 Y 参数等效电路

$$g_p = \frac{1}{Q_0}\sqrt{\frac{C}{L}} = \frac{1}{100} \times \sqrt{\frac{61.8 \times 10^{-12}}{4 \times 10^{-6}}} = \frac{1}{100} \times \sqrt{\frac{61.8}{4}} \times 10^{-3} = 39.3(\mu S)$$

(3) 完成阻抗变换等效电路。根据第 1 章中 LC 并联谐振回路的部分接入等效折算关系，可将 $\dot{I}_s$、g_{oe}、C_{oe}、g_{ie}、C_{ie} 及 $\dot{U}_o$ 折算到 LC 并联谐振回路两端，如图 2.2.4 所示。折算后的电路参数与原参数关系为

$$\dot{I}_s' = n_1 \dot{I}_s = n_1 Y_{fe} \dot{U}_{be}, \quad \dot{U}_o' = \frac{1}{n_2}\dot{U}_o$$

$$g_{oe}' = n_1^2 g_{oe}, \quad C_{oe}' = n_1^2 C_{oe} \tag{2.2.1}$$

$$g_{ie}' = n_2^2 g_{ie}, \quad C_{ie}' = n_2^2 C_{ie}$$

式中，n_1 和 n_2 是接入系数，满足

$$n_1 = \frac{N_{12}}{N_{13}} = \frac{5}{20} = 0.25, \quad n_2 = \frac{N_{45}}{N_{13}} = \frac{5}{20} = 0.25 \tag{2.2.2}$$

将式 (2.2.2) 计算的 n_1 和 n_2 值代入式 (2.2.1)，得

$$\dot{I}_s' = n_1 \dot{I}_s = n_1 Y_{fe} \dot{U}_{be} = 0.25 \times 45 \times 10^{-3} \times \dot{U}_{be} = 0.01125 \dot{U}_{be}$$

$$\dot{U}_o' = \frac{1}{n_2} \dot{U}_o = \frac{1}{0.25} \dot{U}_o = 4 \dot{U}_o$$

$$g_{oe}' = n_1^2 g_{oe} = 0.25^2 \times 200 \times 10^{-6} = 12.5 (\mu S)$$

$$C_{oe}' = n_1^2 C_{oe} = 0.25^2 \times 7 \times 10^{-12} = 0.4375 (pF)$$ \hfill (2.2.3)

$$g_{ie}' = n_2^2 g_{ie} = 0.25^2 \times 2860 \times 10^{-6} = 178.75 (\mu S)$$

$$C_{ie}' = n_2^2 C_{ie} = 0.25^2 \times 19 \times 10^{-12} = 1.1875 (pF)$$

（4）得出最终的等效电路。将图 2.2.4 中 g_{oe}'、g_p、g_{ie}' 合并得 g_Σ，将 C_{oe}'、C、C_{ie}' 合并得 C_Σ，这样可将图 2.2.4 简化为图 2.2.5 所示的等效电路。其中：

$$g_\Sigma = g_{oe}' + g_p + g_{ie}' = 12.5 \times 10^{-6} + 39.3 \times 10^{-6} + 178.75 \times 10^{-6} = 228.55 (\mu S)$$

$$C_\Sigma = C_{oe}' + C + C_{ie}' = 0.4375 \times 10^{-12} + 61.8 \times 10^{-12} + 1.1875 \times 10^{-12} = 63.4 (pF)$$ \hfill (2.2.4)

$$\dot{I}_s' = 0.01125 \dot{U}_{be}$$

$$L = L_{13} = 4\mu H$$

则整个电路的总导纳 Y_Σ 可表示为

$$Y_\Sigma = g_\Sigma + j\omega C_\Sigma + \frac{1}{j\omega L} \tag{2.2.5}$$

进一步得出输出电压 $\dot{U}_o'$ 与电流和总导纳的关系式：

$$\dot{U}_o' = -\frac{\dot{I}_s'}{Y_\Sigma} \tag{2.2.6}$$

再根据式（2.2.3）中 $\dot{I}_s'$ 与 $\dot{U}_{be}$ 以及 $\dot{U}_o'$ 与 $\dot{U}_o$ 的关系得出

$$\dot{U}_o = n_2 \dot{U}_o' = -\frac{n_2 \dot{I}_s'}{Y_\Sigma} = -\frac{n_1 n_2 Y_{fe} \dot{U}_{be}}{g_\Sigma + j\omega C_\Sigma + \frac{1}{j\omega L}} \tag{2.2.7}$$

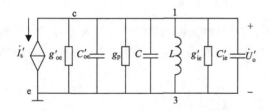
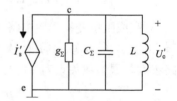

图 2.2.4　部分接入等效电路　　　　　　　　图 2.2.5　合并后的高频等效电路

2）计算各项性能指标

通过以上对单级单调谐回路谐振放大器的等效分析，我们基本掌握了分析高频小信号放大器的基本方法，接下来对单级单调谐回路谐振放大器的主要性能指标进行计算。

（1）计算谐振频率 ω_0 及 f_0。

$$\omega_0 = \frac{1}{\sqrt{L_{13}C_\Sigma}} = \frac{1}{\sqrt{4\times10^{-6}\times63.4\times10^{-12}}} = 62.8\times10^6 = 62.8(\text{Mrad/s})$$

$$f_0 = \frac{1}{2\pi\sqrt{L_{13}C_\Sigma}} = \frac{1}{2\times3.14\times\sqrt{4\times10^{-6}\times63.4\times10^{-12}}} = 10\times10^6 = 10(\text{MHz})$$

$$(2.2.8)$$

(2) 计算电压增益 A_{u0}。根据放大器电压增益的定义，单级单调谐回路谐振放大器的电压增益可表示为

$$\dot{A}_u = \frac{\dot{U}_o}{\dot{U}_i} = \frac{\dot{U}_o}{\dot{U}_{be}} \tag{2.2.9}$$

将式(2.2.7)代入式(2.2.9)得

$$\dot{A}_u = -\frac{n_1 n_2 Y_{fe}}{g_\Sigma + j\omega C_\Sigma + \dfrac{1}{j\omega L}} \tag{2.2.10}$$

定义 Q_L 为回路的有载品质因数：

$$Q_L = \frac{\omega_0 C_\Sigma}{g_\Sigma} = \frac{1}{\omega_0 L g_\Sigma} \tag{2.2.11}$$

式中，ω_0 是单级单调谐回路谐振放大器的谐振频率。将式(2.2.11)代入式(2.2.10)，并进行如下化简：

$$\begin{aligned}
\dot{A}_u &= -\frac{n_1 n_2 Y_{fe}}{g_\Sigma + j\omega C_\Sigma + \dfrac{1}{j\omega L}} = -\frac{n_1 n_2 Y_{fe}}{g_\Sigma\left(1 + \dfrac{j\omega C_\Sigma}{g_\Sigma} + \dfrac{1}{j\omega L g_\Sigma}\right)} \\
&= -\frac{n_1 n_2 Y_{fe}}{g_\Sigma\left(1 + j\dfrac{\omega}{\omega_0}Q_L - j\dfrac{\omega_0}{\omega}Q_L\right)} = -\frac{n_1 n_2 Y_{fe}}{g_\Sigma\left[1 + jQ_L\left(\dfrac{\omega}{\omega_0} - \dfrac{\omega_0}{\omega}\right)\right]} \\
&= -\frac{n_1 n_2 Y_{fe}}{g_\Sigma\left(1 + jQ_L\dfrac{\omega^2 - \omega_0^2}{\omega_0\omega}\right)} = -\frac{n_1 n_2 Y_{fe}}{g_\Sigma\left(1 + jQ_L\dfrac{(\omega + \omega_0)(\omega - \omega_0)}{\omega_0\omega}\right)}
\end{aligned} \tag{2.2.12}$$

在高频情况下，工作频率 ω 与谐振频率 ω_0 满足 $\omega+\omega_0\approx 2\omega$，并令 $\omega-\omega_0=\Delta\omega$，则式(2.2.12)化简为

$$\dot{A}_u \approx -\frac{n_1 n_2 Y_{fe}}{g_\Sigma\left(1 + jQ_L\dfrac{2\Delta\omega}{\omega_0}\right)} = -\frac{n_1 n_2 Y_{fe}}{g_\Sigma\left(1 + jQ_L\dfrac{2\Delta f}{f_0}\right)} \tag{2.2.13}$$

电压增益的模为

$$\left|\dot{A}_\mathrm{u}\right| \approx \left|-\frac{n_1 n_2 Y_\mathrm{fe}}{g_\Sigma\left(1+\mathrm{j}Q_\mathrm{L}\dfrac{2\Delta f}{f_0}\right)}\right| = \frac{n_1 n_2 \left|Y_\mathrm{fe}\right|}{g_\Sigma\sqrt{1+\left(\dfrac{2Q_\mathrm{L}\Delta f}{f_0}\right)^2}} \tag{2.2.14}$$

当放大器工作在工作频率 f_0 时，即 $f=f_0$ 时，$\Delta f=0$，则放大器此时的谐振电压增益为

$$\dot{A}_{\mathrm{u}0} = -\frac{n_1 n_2 Y_\mathrm{fe}}{g_\Sigma} \tag{2.2.15}$$

其模为

$$\left|\dot{A}_{\mathrm{u}0}\right| = \frac{n_1 n_2 \left|Y_\mathrm{fe}\right|}{g_\Sigma} \tag{2.2.16}$$

根据前面的计算结果和已知条件，得

$$\left|\dot{A}_{\mathrm{u}0}\right| = \frac{n_1 n_2 \left|Y_\mathrm{fe}\right|}{g_\Sigma} = \frac{0.25\times0.25\times45\times10^{-3}}{228.55\times10^{-6}} \approx 12.3 \tag{2.2.17}$$

谐振放大器谐振时电压增益达到最大，且与回路总电导 g_Σ 成反比，与晶体管的正向传输导纳 Y_fe 成正比。式(2.2.15)中的负号，表示放大器输入电压与输出电压反向(有 $180°$ 的相位差)，但由于 Y_fe 本身也是一个复数，也存在一个相角 φ_fe，因此准确地说，在放大器调谐时，输出电压与输入电压之间的相位差并不是 $180°$，而是 $180°+\varphi_\mathrm{fe}=180°+(-450°)=-270°$。

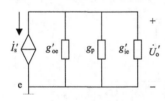

图 2.2.6　调谐放大器谐振时的高频等效电路

(3)计算功率增益。对于调谐放大器而言，电路非谐振时的功率增益计算比较复杂且用处不大，因此我们一般只讨论电路谐振时的功率增益。电路谐振时，电路中的电容和电感的作用相互抵消，电路呈现纯电阻特性。因此，根据图 2.2.4 可得出调谐放大器谐振时的高频等效电路，如图 2.2.6 所示。

根据放大器功率增益的定义，电路谐振时的功率增益为

$$A_{\mathrm{p}0} = \frac{P_\mathrm{o}}{P_\mathrm{i}} \tag{2.2.18}$$

式中，P_i 是放大器的输入功率；P_o 是输出端上获得的功率，本例题输出端即为下一级晶体管的输入端，因此根据图 2.2.6 及式(2.2.1)、式(2.2.5)和式(2.2.6)，可得

$$P_\mathrm{i} = U_\mathrm{be}^2 g_\mathrm{ie}$$
$$P_\mathrm{o} = U_\mathrm{o}'^2 g_\mathrm{ie}' = \left(-\frac{n_1 Y_\mathrm{fe} U_\mathrm{be}}{g_\Sigma}\right)^2 n_2{}^2 g_\mathrm{ie} = \left(-\frac{n_1 n_2 Y_\mathrm{fe}}{g_\Sigma}\right)^2 U_\mathrm{be}{}^2 g_\mathrm{ie} \tag{2.2.19}$$

将式(2.2.19)代入式(2.2.18)，并根据式(2.2.9)得

$$A_{\mathrm{p}0} = \left(A_{\mathrm{u}0}\right)^2 \tag{2.2.20}$$

将式(2.2.17)的结果代入式(2.2.20)，得谐振时功率增益的模为

$$\left|A_{\mathrm{p}0}\right| = \left|A_{\mathrm{u}0}\right|^2 = 12.3^2 = 151.29 \tag{2.2.21}$$

(4)计算通频带 $\mathrm{BW}_{0.7}$。由式(2.2.14)和式(2.2.16)可得到单调谐回路谐振放大器的幅频

特性曲线表达式：

$$\left|\frac{\dot{A}_{\mathrm{u}}}{\dot{A}_{\mathrm{u0}}}\right| = \frac{1}{\sqrt{1 + \left(\dfrac{2Q_{\mathrm{L}}\Delta f}{f_0}\right)^2}} \tag{2.2.22}$$

根据放大器通频带的定义可知，单调谐回路谐振放大器的通频带应为信号频率偏离放大器的中心谐振频率 f_0 时，放大器的电压增益 A_{u} 下降到谐振电压增益 A_{u0} 的 $1/\sqrt{2}\approx 0.707$ 时所对应的频率范围。也就是

$$\left|\frac{\dot{A}_{\mathrm{u}}}{\dot{A}_{\mathrm{u0}}}\right|_{\mathrm{BW_{0.7}}} = \frac{1}{\sqrt{1 + \left(\dfrac{2Q_{\mathrm{L}}\Delta f_{0.7}}{f_0}\right)^2}} = \frac{1}{\sqrt{2}} \tag{2.2.23}$$

根据式 (2.2.23) 可得到放大器的通频带为

$$\mathrm{BW_{0.7}} = 2\Delta f_{0.7} = \frac{f_0}{Q_{\mathrm{L}}} \tag{2.2.24}$$

将式 (2.2.11) 及式 (2.2.4) 的计算结果代入式 (2.2.24) 得

$$\mathrm{BW_{0.7}} = \frac{f_0}{Q_{\mathrm{L}}} = \frac{f_0 g_\Sigma}{\omega_0 C_\Sigma} = \frac{228.55 \times 10^{-6}}{2\pi \times 63.4 \times 10^{-12}} \approx 574 (\mathrm{kHz}) \tag{2.2.25}$$

由上面的分析可知，单调谐回路谐振放大器的通频带取决于回路的谐振频率 f_0 和有载品质因数 Q_{L}，当谐振频率 f_0 确定时，Q_{L} 越低，通频带越宽，如图 2.2.7 所示。可见，减小 Q_{L} 可加宽单调谐回路谐振放大器的通频带。

由式 (2.2.11) 可知，回路的有载品质因数 Q_{L} 与回路的总电导 g_Σ 成反比，因此要展宽频带，可以想办法降低 Q_{L}，也就是增加回路总电导 g_Σ。通常在 LC 并联谐振回路两端并入一个电阻 R_3，如图 2.2.8 所示。R_3 的并入增加了回路总电导 g_Σ，降低了放大器输出端调谐回路的品质因数 Q_{L}，从而展宽了放大器的通频带。通常称 R_3 为降 Q 电阻。

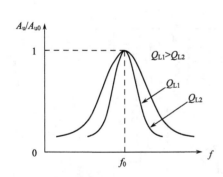

图 2.2.7 调谐放大器的通频带与 Q_{L} 的关系

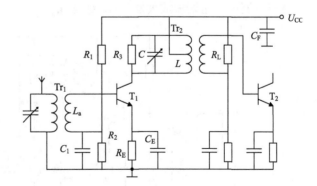

图 2.2.8 展宽调谐放大器的通频带的方法

进一步由式 (2.2.11)、式 (2.2.16) 及式 (2.2.24) 可得

$$\left|\dot{A}_{\mathrm{u0}}\right|\mathrm{BW_{0.7}} = \frac{n_1 n_2 \left|Y_{\mathrm{fe}}\right|}{g_\Sigma} \cdot \frac{f_0}{Q_{\mathrm{L}}} = \frac{n_1 n_2 \left|Y_{\mathrm{fe}}\right|}{2\pi C_\Sigma} \tag{2.2.26}$$

由式(2.2.26)可以看出，当放大器的 n_1、n_2、C_Σ、Y_{fe} 确定时，谐振放大器的谐振增益与通频带的乘积为一个常数，也就是说，通频带越宽，则增益就越小；反之，增益越大。因此我们在 LC 并联谐振回路两端并入电阻 R_3 来展宽放大器的通频带，是以降低放大器的谐振电压增益为代价的。

(5)确定矩形系数 $K_{r0.1}$。放大器的选择性主要用矩形系数和抑制比来衡量，这里主要讨论矩形系数 $K_{r0.1}$。根据单调谐回路谐振放大器的幅频特性曲线表达式(式(2.2.22))，可根据式(2.2.27)计算 $BW_{0.1}$。

$$\left|\frac{\dot{A}_u}{\dot{A}_{u0}}\right|_{BW_{0.1}} = \frac{1}{\sqrt{1+\left(\dfrac{2Q_L\Delta f_{0.1}}{f_0}\right)^2}} = 0.1 \qquad (2.2.27)$$

根据式(2.2.27)得

$$BW_{0.1} = 2\Delta f_{0.1} = \sqrt{10^2-1}\frac{f_0}{Q_L} \qquad (2.2.28)$$

式(2.2.28)与式(2.2.24)相比，得矩形系数 $K_{r0.1}$：

$$K_{r0.1} = \frac{BW_{0.1}}{BW_{0.7}} = \sqrt{10^2-1} = \sqrt{99} \approx 9.95 \qquad (2.2.29)$$

式(2.2.29)说明，单调谐回路谐振放大器的矩形系数与电路其他参数无关，为一个常数 9.95，且远大于 1，谐振曲线与矩形相差太远，故单级单调谐回路谐振放大器的选择性较差，且无法通过调整电路参数来改善其选择性。

2.2.2 多级单调谐回路谐振放大器

为了改善单级单调谐回路的选择性，可以将多个单级单调谐回路谐振放大器级联，就可得到多级单调谐回路谐振放大器，图 2.2.9 就是一个双级单调谐回路谐振放大器。下面分析多级单调谐回路谐振放大器的性能指标。

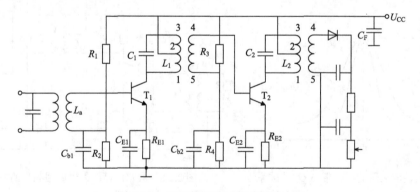

图 2.2.9 双级单调谐回路谐振放大器

1. 电压增益

设有 n 级参数相同的单调谐回路谐振放大器相互级联，则各级的电压增益和谐振电压

增益应相同，即

$$A_{u1} = A_{u2} = A_{u3} = \cdots = A_{un}$$
$$A_{u10} = A_{u20} = A_{u30} = \cdots = A_{un0}$$

$(2.2.30)$

那么级联后放大器总的电压增益和谐振电压增益可表示为

$$|A_u| = |A_{u1}| \cdot |A_{u2}| \cdot |A_{u3}| \cdots \cdots |A_{un}| = |A_{u1}|^n$$
$$|A_{u0}| = |A_{u10}| \cdot |A_{u20}| \cdot |A_{u30}| \cdots \cdots |A_{un0}| = |A_{u10}|^n$$

$(2.2.31)$

将式 $(2.2.14)$ 代入式 $(2.2.31)$ 得到多级单调谐回路谐振放大器总的电压增益和谐振电压增益：

$$|A_u| = |A_{u1}|^n = \frac{(n_1 n_2)^n |Y_{fe}|^n}{\left[g_\Sigma \sqrt{1 + \left(\dfrac{2Q_L \Delta f}{f_0} \right)^2} \right]^n}$$

$(2.2.32)$

$$|A_{u0}| = |A_{u10}|^n = \frac{(n_1 n_2)^n |Y_{fe}|^n}{g_\Sigma^{\ n}}$$

$(2.2.33)$

将式 $(2.2.32)$ 和式 $(2.2.33)$ 相比可得到多级单调谐回路谐振放大器的幅频特性曲线表达式为

$$\left| \frac{A_u}{A_{u0}} \right| = \frac{1}{\left[1 + \left(\dfrac{2Q_L \Delta f}{f_0} \right)^2 \right]^{\frac{n}{2}}}$$

$(2.2.34)$

　　从式 $(2.2.34)$ 可以看出，级联后的总电压增益是单级电压增益的 n 次方。图 2.2.10 中 $n=1$ 是单级单调谐回路谐振放大器电压增益谐振曲线；$n=2$ 是双级单调谐回路谐振放大器电压增益谐振曲线；$n=3$ 是三级单调谐回路谐振放大器电压增益谐振曲线。

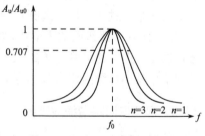

图 2.2.10　多级单调谐回路谐振放大器的幅频特性曲线

2. 通频带

　　根据通频带的定义，令式 $(2.2.34)$ 等于 0.707，可得 n 级级联单调谐放大器的总的通频带：

$$(\mathrm{BW}_{0.7})_n = 2\Delta f_{0.7} = \sqrt{2^{\frac{1}{n}} - 1} \, \frac{f_0}{Q_L} = k_n \mathrm{BW}_{0.7}$$

$(2.2.35)$

式中，$\mathrm{BW}_{0.7} = f_0 / Q_L$ 是单级单调谐回路谐振放大器的通频带；$k_n = \sqrt{2^{\frac{1}{n}} - 1}$ 是频带缩小因子。表 2.2.1 列出了不同 n 值时缩小因子的大小。

表 2.2.1　k_n 与级数 n 的关系

n	1	2	3	4	5	6	...
k_n	1	0.64	0.51	0.43	0.39	0.35	...

从表 2.2.1 可以看出，级数越多，级联后的放大器通频带越窄，如图 2.2.10 所示。在设计放大器的时候通常根据总的通频带要求和级数来计算各级放大器的通频带，对于一个 4 级单调谐放大器，如果希望总的通频带为 4MHz，则各级通频带应设计为 $BW_{0.7} = (BW_{0.7})_4 / k_4 = 9.3(MHz)$。

3. 选择性

根据矩形系数的定义，令式 (2.2.34) 等于 0.1，可得 n 级级联放大器 $BW_{0.1}$：

$$BW_{0.1} = 2\Delta f_{0.1} = \sqrt{100^{\frac{1}{n}} - 1} \frac{f_0}{Q_L} \tag{2.2.36}$$

将式 (2.2.36) 与式 (2.2.35) 相比得矩形系数 $K_{r0.1}$ 为

$$K_{r0.1} = \frac{BW_{0.1}}{BW_{0.7}} = \frac{\sqrt{100^{\frac{1}{n}} - 1}}{\sqrt{2^{\frac{1}{n}} - 1}} \tag{2.2.37}$$

表 2.2.2 列出了不同 n 值时矩形系数的大小。可以看出级数越大，矩形系数越接近 1。

表 2.2.2　$K_{r\,0.1}$ 与级数 n 的关系

n	1	2	3	4	5	6	7	8	…	∞
$K_{r0.1}$	9.95	2.66	3.75	3.4	3.2	3.1	3.0	2.94	…	2.56

从表 2.2.2 可以看出，级数越多，放大器的矩形系数越接近 1，选择性越好。虽然增加级数可以提高放大器的选择性，但这种方法改善选择性的程度是有限的，从表 2.2.2 中可以看出当级数超过 3 之后，选择性改善程度就不明显了。

因此，在多级级联放大器中，级联后放大器的总电压增益比单级放大器的电压增益大、选择性好，但总通频带比单级放大器通频带窄。如果要保证总的通频带与单级时一样，则必须依靠减小每级回路有载 Q 值，以加宽各级放大器的通频带来弥补。

2.2.3　双调谐回路谐振放大器

根据前面的讨论我们知道，单调谐回路谐振放大器的通频带与电压增益之间存在矛盾，要展宽频带势必损失增益。因此本节引入双调谐回路谐振放大器能较好地解决增益与通频带之间的矛盾，具有较好的选择性、较宽的通频带，因而它被广泛地用于增益高、通频带宽、选择性要求高的场合，但双调谐回路谐振放大器调整较为困难。

双调谐回路谐振放大器如图 2.2.11 (a) 所示，图中 L_1C_1 与 L_2C_2 组成双调谐耦合回路，作为晶体管 T_1 的集电极交流负载。晶体管 T_1 的集电极在初级线圈的接入系数为 n_1；晶体管 T_2 的基极在次级线圈的接入系数为 n_2。假设初、次级回路本身的损耗都很小，可以忽略，则双调谐放大器的等效电路可由图 2.2.11 (b) 表示。为了讨论方便，将晶体管 T_1 中的 $Y_{fe}U_i$、g_{oe}、C_{oe} 折算到 L_1C_1 中；将晶体管 T_2 中的 g_{ie}、C_{ie} 折算到 L_2C_2 中，可得图 2.2.11 (c)。

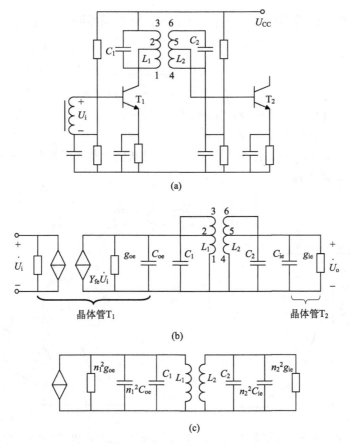

图 2.2.11　双调谐回路谐振放大器

设初、次级回路都调谐在同一个中心频率 f_0 上，并且两个回路中所有组件都取相同参数值。即 $L_1 = L_2 = L$、$C_1 = C_2 = C$、$G_1 = G_2 = G$。这样可以方便地计算双调谐回路谐振放大器的主要性能指标。

1. 电压增益

$$\left| \dot{A}_u \right| = \left| \frac{\dot{U}_o}{\dot{U}_i} \right| = \frac{n_1 n_2 Y_{fe}}{G_\Sigma} \frac{\eta}{\sqrt{(1 - \xi^2 + \eta^2)^2 + 4\xi^2}} \tag{2.2.38}$$

式中，$\xi = Q_L \dfrac{2\Delta f}{f_0}$ 为广义失谐；$\eta = \dfrac{\omega M}{r} = KQ_L$ 为耦合因子，$K = \dfrac{M}{\sqrt{L_1 L_2}} = \dfrac{M}{L}$ 为 L_1、L_2 之间的耦合系数。

对耦合回路来讲，可分为临界耦合、强耦合及弱耦合。下面对不同耦合时的电压增益进行讨论。

1) 临界耦合的电压增益

临界耦合条件是 $\eta = 1$（即 $K = 1/Q_L$），在谐振时 $\xi = 0$，放大器的谐振电压增益为

$$\left| \dot{A}_{u0} \right| = \frac{n_1 n_2 Y_{fe}}{2 G_\Sigma} \tag{2.2.39}$$

将式(2.2.39)与式(2.2.38)相比，并将 $\eta = 1$ 代入，可得临界耦合时的电压增益谐振曲线关系式为

$$\left|\frac{\dot{A}_u}{\dot{A}_{u0}}\right| = \frac{2}{\sqrt{4+\xi^4}} \tag{2.2.40}$$

根据式(2.2.40)可得 $|A_u/A_{u0}|-\xi$ 曲线，如图 2.2.12 所示。

2) 强耦合及弱耦合时电压增益

强耦合条件为 $\eta > 1$，弱耦合条件为 $\eta < 1$，则根据放大器在强耦合及弱耦合条件下的电压增益谐振曲线关系式为

$$\left|\frac{\dot{A}_u}{\dot{A}_{u0}}\right| = \frac{2\eta}{\sqrt{(1-\xi^2+\eta^2)^2+4\xi^2}} \tag{2.2.41}$$

所对应的谐振曲线如图 2.2.13 所示。

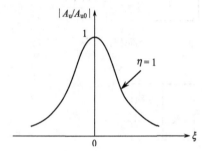　　　　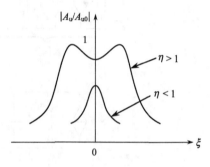

图 2.2.12　临界耦合时的电压增益谐振曲线　　　图 2.2.13　强耦合和弱耦合时的电压增益谐振曲线

从图 2.2.12、图 2.2.13 可以看出，弱耦合时谐振曲线为单峰值；强耦合时谐振曲线为双峰值；临界耦合时谐振曲线为单峰值且最大。

2. 通频带

根据通频带的定义，令式(2.2.40)等于 $\sqrt{2}$，得双调谐放大器在临界耦合状态下的通频带：

$$BW_{0.7} = \sqrt{2}\frac{f_0}{Q_L} \tag{2.2.42}$$

式(2.2.42)表明：双调谐回路谐振放大器在临界耦合状态时的通频带为单调谐回路谐振放大器通频带的 $\sqrt{2}$ 倍，展宽了通频带。

3. 选择性

根据矩形系数定义，令式(2.2.40)等于 0.1，可得到

$$BW_{0.1} = \sqrt[4]{100-1}\sqrt{2}\frac{f_0}{Q_L} \tag{2.2.43}$$

将式(2.2.43)与式(2.2.42)相比，得临界耦合时双调谐回路谐振放大器的矩形系数 $K_{r0.1}$：

$$K_{r0.1} = \frac{BW_{0.1}}{BW_{0.7}} = \sqrt[4]{100-1} \approx 3.16 \tag{2.2.44}$$

式(2.2.44)表明：双调谐回路谐振放大器在临界耦合状态时的选择性比单调谐放大器的选择性好。

综上所述，双调谐回路谐振放大器在弱耦合时，其放大器的谐振曲线和单调谐放大器相似，通频带窄，选择性差；在强耦合时，通频带显著加宽，矩形系数变好，但不足之处是谐振曲线的顶部出现凹陷，这就使回路通频带、增益的兼顾较难。解决的方法通常是在电路上采用双-单-双的方式，即用双调谐回路展宽频带，又用单调谐回路补偿中频段曲线的凹陷，使其增益在通频带内基本一致。但在大多数情况下，双调谐放大器是工作在临界耦合状态的。

2.2.4　谐振放大器的稳定性

在讨论放大器的稳定性之前，先分析一下放大器的输入导纳和输出导纳。

1. 放大器的输入导纳

用图 2.2.14 所示的等效电路求放大器输入导纳 Y_i。图中 Y_s 是信号源导纳，Y_L 是集电极总负载导纳，且 $\dot{U}_i = \dot{U}_{be}$，$\dot{U}_o = \dot{U}_{ce}$。则放大器输入导纳表示为

$$Y_i = \frac{\dot{I}_i}{\dot{U}_i} = \frac{Y_{ie}\dot{U}_i + Y_{re}\dot{U}_o}{\dot{U}_i} \qquad (2.2.45)$$

根据等效电路图，可知：

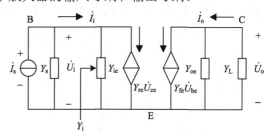

图 2.2.14　求输入导纳 Y_i 的调谐放大器等效电路

$$\dot{U}_o = -\frac{\dot{I}_o}{Y_L} \qquad (2.2.46)$$

$$\dot{I}_o = Y_{fe}\dot{U}_{be} + Y_{oe}\dot{U}_o \qquad (2.2.47)$$

将式(2.2.46)和式(2.2.47)代入式(2.2.45)，得

$$Y_i = Y_{ie} - \frac{Y_{fe}Y_{re}}{Y_{oe} + Y_L} = Y_{ie} - Y_i' \qquad (2.2.48)$$

式中，Y_i' 是输出电路通过 Y_{re} 的反馈而引起的输入导纳，称反馈等效导纳；Y_{ie} 是晶体管的输入导纳。

当反向传输导纳 $Y_{re} = 0$ 时，反馈等效导纳 $Y_i' = 0$。放大器输入导纳等于晶体管的输入导纳，即 $Y_i = Y_{ie}$。显然放大器输出电路中晶体管的参量 Y_{fe}、Y_{oe} 和集电极负载导纳 Y_L 对放大器输入导纳 Y_i 没有影响。

当反向传输导纳 $Y_{re} \neq 0$ 时，反馈等效导纳 $Y_i' \neq 0$。放大器输入导纳不等于晶体管的输入导纳，即 $Y_i \neq Y_{ie}$。这时放大器输出电路中晶体管的参量 Y_{fe}、Y_{oe} 和集电极负载导纳 Y_L 都对放大器输入导纳有影响。显然 Y_{re} 起到了放大电路的输出回路与输入回路的连接作用。在条件合适时，放大器输出电压可通过 Y_{re} 把一部分信号反馈到输入端，形成自激振荡。即使不发生自激振荡，由于内部反馈随频率变化而变化，它对某些频率可能是正反馈，而对另一些频率则是负反馈，其总结果是使放大器频率特性受到影响，通频带和选择性都有所改变，如图 2.2.15 所示。从上面的简单分析可以看出，晶体管 Y_{re} 的存在对放大器的稳定性起

着不良影响，要设法尽量把它减小或消除。

2. 放大器的输出导纳

用图 2.2.16 所示的等效电路求放大器输出导纳 Y_o。其中输入端电流源 $\dot{I}_\text{s} = 0$，且 $\dot{U}_\text{i} = \dot{U}_\text{be}$，$\dot{U}_\text{o} = \dot{U}_\text{ce}$。则放大器输出导纳表示为

$$Y_\text{o} = \frac{\dot{I}_\text{o}}{\dot{U}_\text{o}} = \frac{Y_\text{oe}\dot{U}_\text{o} + Y_\text{fe}\dot{U}_\text{i}}{\dot{U}_\text{o}} \tag{2.2.49}$$

根据等效电路图，可知：

$$\dot{U}_\text{i} = -\frac{\dot{I}_\text{i}}{Y_\text{s}} \tag{2.2.50}$$

$$\dot{I}_\text{i} = Y_\text{re}\dot{U}_\text{o} + Y_\text{ie}\dot{U}_\text{i} \tag{2.2.51}$$

将式(2.2.50)和式(2.2.51)代入式(2.2.49)，得

$$Y_\text{o} = Y_\text{oe} - \frac{Y_\text{fe}Y_\text{re}}{Y_\text{ie} + Y_\text{s}} \tag{2.2.52}$$

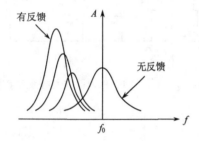
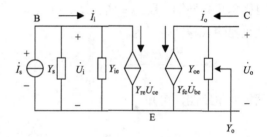

图 2.2.15　内部反馈对谐振曲线的影响　　　图 2.2.16　求输出导纳 Y_o 的调谐放大器等效电路

由式(2.2.52)可以看出，放大器的输出导纳 Y_o 也不等于晶体管的输出导纳 Y_oe，它和信号源内导纳 Y_s 之间也存在一定的依赖关系。

3. 稳定性分析和提高稳定性的方法

通过前面的分析，我们可以看出晶体管的反向传输导纳 Y_re 的存在对放大器输入输出导纳有着不可忽略的影响，因此在设计放大器时必须想办法消除 Y_re 的影响。通常采用的方法有中和法和失配法两种。

1)中和法

中和法是指在晶体管放大器的输入和输出之间引入一个附加的外部反馈电路(即中和电路)，用来抵消晶体管内部 Y_re 的反馈作用。由于 Y_re 的实部(反馈电导 g_re)通常很小，可忽略，所以常只用一个电容 C_N 来抵消 Y_re 的虚部(反馈电容 C_re)的影响，就可达到中和的目的，通常称 C_N 为中和电容。

图 2.2.17 给出了两种中和电路的形式，它们利用 C_N 引入了一个外部电流，反馈到晶体管的基极，由电路的连接方式确保通过 C_N 的外部电流和通过 C_re 的内部反馈电流相位相差 $180°$，只要 C_N 在数值上满足一定关系，就可以抵消晶体管内部 Y_re 的反馈作用。根据抽头等效原则，我们可以得到图 2.2.17(a)中的中和电容 C_N 的数值为

$$C_{\mathrm{N}} = \frac{U_{12}}{U_{32}} C_{\mathrm{re}} = \frac{N_{12}}{N_{32}} C_{\mathrm{re}}$$

而图 2.2.17(b)中的中和电容 C_{N} 的数值为

$$C_{\mathrm{N}} = \frac{U_{12}}{U_{45}} C_{\mathrm{re}} = \frac{N_{12}}{N_{45}} C_{\mathrm{re}}$$

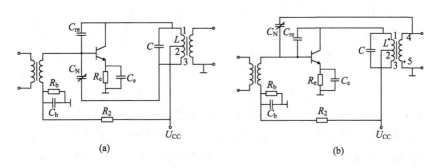

图 2.2.17　中和电路

要注意的是，由于晶体管的 Y_{re} 是随信号频率变化的，而 C_{N} 不随频率变化，因此中和法只在某一频率点可以起到有效的中和作用。

2) 失配法

从式(2.2.48)看出，如果加大负载导纳 Y_{L}，则放大器输入导纳为

$$Y_{\mathrm{i}} = Y_{\mathrm{ie}} - \frac{Y_{\mathrm{fe}} Y_{\mathrm{re}}}{Y_{\mathrm{oe}} + Y_{\mathrm{L}}} \approx Y_{\mathrm{ie}} \tag{2.2.53}$$

这样可以认为输出电路对输入电路没有影响，从而削弱 Y_{re} 的作用。即使 Y_{L} 有一点变化，它对 Y_{i} 的影响也是很小的。在实际应用中，应尽量选用增益不要过高、Y_{re} 小的晶体管。同时在电路上可采用失配法来减小内部反馈的影响。

失配是指信号源内阻不与晶体管输入阻抗匹配；晶体管输出端负载阻抗不与本级晶体管的输出阻抗匹配。

失配法的典型电路是共发射极-共基极级联放大器，寻呼机的射频放大电路就是采用的这种放大电路，如图 2.2.18 所示。图中两个晶体管 T_1、T_2 组成共发-共基级联电路，其等效电路如图 2.2.19 所示。前一级是共发射极电路，后一级是共基极电路。电路利用共基极电路输入阻抗小(即输入导纳很大)的特点，使 T_1、T_2 管之间严重失配来减小内反馈的影响，从而达到电路的稳定性。

当 T_2 与 T_1 连接时，T_2 管的输入导纳可作为 T_1 管的负载，由于 T_2 的输入导纳很大，即晶体管 T_1 的输入导纳 Y_{i} 中的 Y_{L} 很大，根据式(2.2.53)，有 $Y_{\mathrm{i}} = Y_{\mathrm{ie}}$。可见，共发射极-共基极级联电路的输出电路对输入端的影响很小，即晶体管内部反馈的影响相应地减小，甚至可以不考虑内部反馈的影响，因此，放大器的稳定性得到了提高。

对于共发射极-共基极级联电路，虽然共发射极电路在负载导纳很大的情况下电压增益很小，但电流增益仍比较大；共基电路虽然电流增益小于 1，但电压增益却较大。因此，它们相互补充，可使整个级联放大器有较高的功率增益。

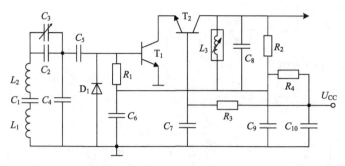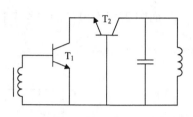

图 2.2.18　寻呼机射频放大电路　　　　　图 2.2.19　共发射极-共基极级联
　　　　　　　　　　　　　　　　　　　　　　　　　放大器等效电路

必须指出：在此，我们只讨论了内部反馈引起的放大器不稳定，并没有考虑外部其他途径反馈的影响。这些影响有输入、输出之间的空间电磁耦合、公共电源的耦合等。外部反馈的影响在理论上是很难讨论的，必须在去耦电路和工艺结构上采取措施。

2.2.5　场效应管小信号谐振放大器

场效应管和晶体管一样，可用于制作小信号谐振放大器。高频情况下，场效应管具有以下特性。

(1)场效应管放大器具有较高的输入阻抗和输出阻抗，对输入电路和输出电路的 Q 值影响较小，故能提高回路选择性。在用作高频放大器时，抗相频干扰和抗邻近电台干扰能力较好。

(2)由于场效应管的转移特性十分接近平方律特性，三阶以上的效应可以忽略，因此采用它做高频小信号放大级和混频级时，能减少交调、互调和各种组合频率干扰。

(3)采用自动增益控制时所需的功率很小。

(4)场效应管是多数载流子控制器件，由于多数载流子在电场作用下做漂移运动，受核辐射影响小，所以场效应管电路对核辐射的抵抗能力强。

(5)场效应管的跨导小于双极型晶体管，因此用作放大器时，增益比晶体管小。

鉴于场效应管的以上特性，使用场效应管作为高频放大器的有源器件是比较理想的。利用场效应管可构成共源极放大电路和共栅极放大电路，如图 2.2.20 所示。共源极放大电路的电压增益 $A=\dfrac{u_o}{u_s}=-\dfrac{g_m}{g_{ds}+g_L}$，电压增益高，输入与输出电压反相，其输入阻抗很高，输出阻抗为 $r_{ds}//R_L$，主要取决于 R_L；共栅极放大电路的电压增益 $A=\dfrac{u_o}{u_s}=\dfrac{g_m+g_{ds}}{g_{ds}+g_L}$，电压增益高，输入与输出电压反相，其输入阻抗≈$1/g_m$，输入阻抗低，输出阻抗为 $r_{ds}//R_L$，主要取决于 R_L。

与晶体管相同，场效应管也可以采用共源极-共栅极级联电路，两者互相补充，以获得最好的性能，图 2.2.21 就是场效应管共源极-共栅极级联放大电路，放大器的输出回路采用 L_2、C_2 并联谐振回路。

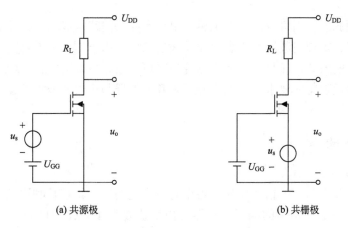

(a) 共源极　　　　　　　　　(b) 共栅极

图 2.2.20　MOS 管共源极和共栅极放大器

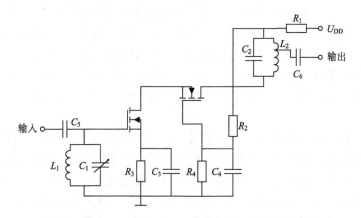

图 2.2.21　MOS 管共源极−共栅极级联回路调谐放大器

2.3　集中选频放大器

前面介绍了几种类型的调谐放大器，它们的线路和性能虽有所不同，但仍有一些共同的特点。在线路上，放大器的每一级都包含晶体管和调谐回路，即它们既有放大器件，又有选择性电路，后者对指定频率调谐，以保证获得所需的选择性。当放大器的级数较少时，采用这种线路是合适的。但是，在要求放大器的频带宽、增益高时，采用多级调谐放大器就暴露出一些缺点。因为每一级都要有调谐回路，元件多，调整麻烦，工作也不容易稳定。而集中选频放大器可以在比较方便地获得高增益的同时，提供一个良好的选频特性。由于集成电路的迅速发展，尤其是在宽频带、高增益线性集成电路出现以后，高增益的集中选频放大器性能有了很大的提高，应用也越来越多。

集中选频放大器由宽带放大器和集中选频滤波器构成，如图 2.3.1 所示。宽带放大器一般由线性集成电路构成，当工作频率较高时，也可用其他分立元件宽频带放大器

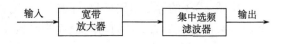

图 2.3.1　集中选频放大器的组成

构成。集中选频滤波器则可以由多节电感、电容串并联回路构成的 *LC* 滤波器，也可以由石英晶体滤波器、陶瓷滤波器和声表面波滤波器构成。由于这些滤波器可以根据系统的性能要求进行精确的设计，而且在与放大器连接时可以设置良好的阻抗匹配电路，因此，其选频特性可以接近理想的要求。下面先介绍陶瓷滤波器和声表面波滤波器，然后介绍集中选频放大器的应用。

2.3.1　集中选频滤波器

1. 陶瓷滤波器

陶瓷滤波器在通信、广播等接收设备中有着广泛的应用。它是利用某些陶瓷材料的压电效应构成的滤波器，常用的陶瓷滤波器是由锆钛酸铅 $(Pb(ZrTi)O_3)$ 压电陶瓷材料(简称 PZT)制成的。在制造时，陶瓷片的两面涂以银浆(一种氧化银)，加高温后还原成银，且牢固地附着在陶瓷片上，形成两个电极；再经过直流高压极化之后，具有和石英晶体相类似的压电效应。其内部结构如图 2.3.2 所示。因此，它可以代替石英晶体作为滤波器。与其他滤波器相比，陶瓷容易焙烧，可制成各种形状，适合滤波器的小型化，而且耐热性、耐湿性好，很少受外界条件的影响。它的等效品质因数 Q_L 值为几百，比 *LC* 滤波器的高，但比石英晶体滤波器的低。因此，作为滤波器时，通频带没有石英晶体那样窄，选择性也比石英晶体滤波器差。

所谓压电效应，就是指当陶瓷片发生机械变形时，如拉伸或压缩，它的表面就会出现电荷；而当陶瓷片两电极加上电压时，它就会产生伸长或压缩的机械变形。这种材料和其他弹性体一样，具有惯性和弹性，因而存在着固有振动频率，当固有振动频率与外加信号频率相同时，陶瓷片就产生谐振，这时机械振动的幅度最大，相应地，陶瓷片表面上产生的电荷量也最大，因而外电路中的电流也最大。这表明压电陶瓷片具有串联谐振的特性，其电路符号和等效电路如图 2.3.3 所示。图中 C_0 为压电陶瓷片的固定电容值，L_q、C_q、r_q 分别相当于机械振动时的等效质量、等效弹性系数和等效阻尼。压电陶瓷片的厚度、半径等尺寸不同时，其等效电路参数也就不同。

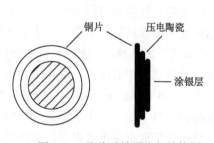
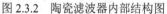
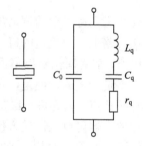

図 2.3.2　陶瓷滤波器内部结构图　　　　図 2.3.3　陶瓷滤波器电路符号及等效电路

从图 2.3.3 的等效电路可见，陶瓷片具有两个谐振频率，一个是串联谐振频率 f_s，另一个是并联谐振频率 f_p，它们与陶瓷片的参数关系为

$$f_s = \frac{1}{2\pi\sqrt{L_q C_q}}\qquad(2.3.1)$$

$$f_p = \frac{1}{2\pi\sqrt{L_q \dfrac{C_0 C_q}{C_0 + C_q}}}\qquad(2.3.2)$$

　　在串联谐振频率时,陶瓷片的等效阻抗最小,在并联谐振频率时,陶瓷片的等效阻抗最大,其阻抗频率特性如图2.3.4所示。

　　若将陶瓷滤波器连成如图2.3.5所示的形式,即为四端陶瓷滤波器。图(a)为由两个陶瓷片组成的四端陶瓷滤波器,图(b)和(c)分别为由五个陶瓷片和九个陶瓷片组成的四端陶瓷滤波器。陶瓷片数目越多,滤波器的性能越好。图 2.3.6 为四端陶瓷滤波器的电路符号。

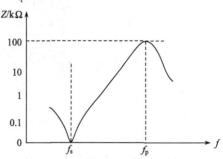

图 2.3.4　陶瓷滤波器的阻抗频率特性

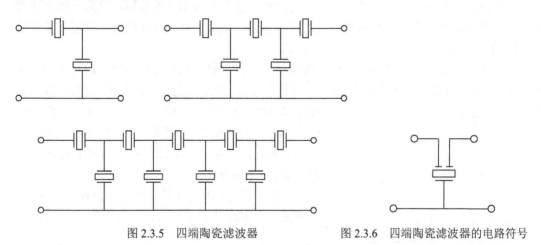

图 2.3.5　四端陶瓷滤波器　　　　　　图 2.3.6　四端陶瓷滤波器的电路符号

　　在使用四端陶瓷滤波器时,应注意输入、输出阻抗必须与信号源、负载阻抗相匹配,否则其幅频特性将会变坏,通带内的响应起伏增大,阻带衰减值变小。陶瓷滤波器的工作频率可以从几百 kHz 到几十 MHz,带宽可做得很窄。其缺点是频率特性曲线较难控制,生产一致性较差,通频带也往往不够宽。采用石英压电晶片做滤波器可取得更好的频率特性,其等效品质因数比陶瓷片高得多,但由于石英晶体片滤波器价格比较高,只有在质量要求较高的通信设备中才使用。

　　2. 声表面波滤波器

　　目前,在高频电子线路中,还应用声表面波滤波器。这种滤波器具有体积小、重量轻、性能稳定、工作频率高(几 MHz 到 1GHz)、通频带宽、特性一致性好、制造简单、适于批量生产等特点,近年来发展很快,是当前通信、广播等接收设备中主要采用的一种选择性滤波器。

　　声表面波滤波器结构示意图如图 2.3.7 所示。它以铌酸锂、锆钛酸铅或石英等压电材料为基片,利用真空蒸镀法,在抛光过的基片表面形成厚度约 10μm 的铝膜或金膜电极,称为叉指电极。左端叉指电极为发端换能器,右端叉指电极为收端换能器。

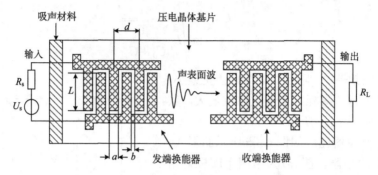

图 2.3.7 声表面波滤波器结构示意图

声表面波滤波器的工作原理是:当把输入信号加到发端换能器上时,叉指间便产生交变电场,在基片表面和不太深的内部便会产生弹性变形,产生声表面波,它沿着垂直于电极轴向的两个方向传播。向左传播的声表面波将被涂于基片左端的吸声材料所吸收,向右端传播的声表面波,沿着图中箭头方向,从发端到达收端,并通过压电效应作用,在收端换能器的叉指对间产生电信号,并传送给负载。

声表面波滤波器的中心频率、通频带等性能与基片材料以及叉指电极几何尺寸和形状有关。图 2.3.7 所示是一种长度 L(两叉指重叠部分的长度,称指长)和宽度 a(称指宽)以及

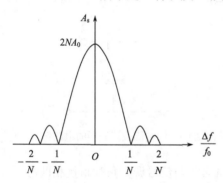

图 2.3.8 均匀叉指换能器的振幅-频率特性曲线

指距 b 均为一定值的结构,称为均匀叉指。假如表面声波传播的速度是 v,可得 $f_0=v/d$,即换能器的频率为 f_0 时,表面声波的波长是 λ。它等于换能器周期段长 d, $d=2(a+b)$。

当输入信号的频率 f 等于换能器的频率 f_0 时,各节所激发的表面波同相叠加,振幅最大,可写成

$$A_s = nA_0 \tag{2.3.3}$$

式中,A_0 是每节所激发的声波强度振幅值;n 是叉指条数(有 $N=n/2$ 个周期段);A_s 是总振幅值。这时的信号频率为换能器的频率 f_0,称为谐振频率。当信号频率偏离 f_0 时,换能器各节电极所激发的声波强度振幅值基本不变,但相位变化。这时振幅-频率特性曲线如图 2.3.8 所示。

为了获得理想矩形频率特性的滤波器,可采用非均匀叉指换能器,如图 2.3.9 所示。图 2.3.9 中发端换能器的指宽相等,各指的指距也相等,但重叠部分的指长按一定函数规律而变化。这种根据某一函数变化规律设计出指长分布不同的叉指换能器,称为长度加权结构。也可以维持各叉指电极长度不变,使其宽度随某一函数规律而变化,称为宽度加权结构。为了保证对信号的选择性要求,声表面波滤波器接入实际电路时,必须实现良好的匹配。

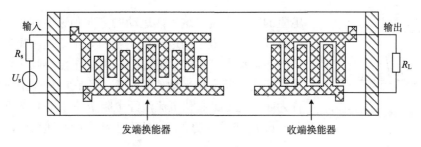

图 2.3.9 非均匀叉指换能器

2.3.2 集中选频放大器的应用

图 2.3.10 是寻呼机射频接收电路的一部分原理图，其中利用声表面波滤波器构成带通滤波器。L_1、L_2 是一个双环路金属板天线，C_1、C_2 和微调电容 C_3 构成它们的调谐电容，其作用是提高接收机的选择性。从天线接收到的射频信号通过由 C_4 和 C_5 组成的阻抗匹配网络耦合到射频放大器输入端。这里的放大电路是包含 T_1 和 T_2 及有关元件的级联电路。T_1 和 T_2 组成共射–共基级联，它的特点是稳定而反馈最小，因此在电路中无需中和。D_1 是保护二极管，防止负脉冲信号损坏 T_1。放大电路的输出端接带通滤波器，它用来滤除无用的射频输入信号，提高接收机的抗扰性。其电路包括表面波射频带通滤波器 FL_1、C_8 和 L_3。C_8 和 L_3 用作射频放大器和滤波器之间的阻抗匹配。

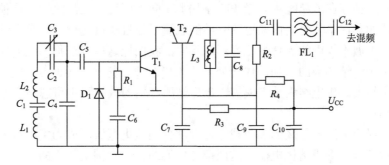

图 2.3.10 寻呼机射频接收电路的一部分原理图

2.4 放大器的噪声分析

通信系统中的干扰信号主要包括外部干扰和内部噪声两类。对于放大器而言，其内部噪声来源主要有两方面：电阻的热噪声和半导体管噪声，这些噪声对放大电路的影响，通常用噪声系数来描述。

2.4.1 噪声来源

1. 电阻热噪声

电阻内的大量自由电子进行无规则的热运动，产生的窄脉冲电流相互叠加，就形成了

图 2.4.1　电阻热噪声电压波形

电阻的噪声电流。这种热运动的方向和速度都是随机的，温度越高，自由电子的运动就越剧烈。由于这种噪声是自由电子的热运动所产生的，通常把它称为电阻热噪声。在足够长的时间内，其电流平均值等于零，而瞬时值是上下变动的，称为起伏电流。起伏电流流经电阻 R 时会在电阻两端产生噪声电压 u_n 和噪声功率。u_n 的大小和方向是随机的，如图 2.4.1 所示。

电阻的起伏噪声具有极宽的频谱，从零频开始，一直延伸到 10^{13}Hz 以上的频率，而且它的各个频率分量的强度是相等的，即具有平坦的频谱。这种频谱和光学中白色的光谱类似，因为后者为一个包括所有可见光谱的均匀连续光谱，所以人们也就把这种具有均匀连续频谱的噪声叫作白噪声。

2. 晶体管的噪声

晶体管的噪声一般比电阻热噪声大，它有四种形式。

1）热噪声

和电阻相同，在晶体管中，电子不规则的热运动同样会产生热噪声。其中基极电阻 $r_{bb'}$ 所引起的热噪声最大，发射极和集电极电阻的热噪声一般很小，可以忽略。

2）散粒噪声

散粒噪声是晶体管的主要噪声源。散粒噪声这个词是沿用的电子管噪声中的词。在二极管和三极管中都存在散粒噪声。当 PN 结加上正向电压后，电流流通，这种电流是载流子运动而形成的。在单位时间内通过 PN 结的载流子数目随机起伏，使得通过 PN 结的电流在平均值上下做不规则的起伏变化而形成噪声，我们把这种噪声称为散粒噪声。晶体三极管是由两个 PN 结构成的，当晶体管处于放大状态时，发射结为正向偏置，发射结所产生的散粒噪声较大。集电结为反向偏置，集电结所产生的散粒噪声可忽略不计。

3）分配噪声

晶体管发射极区注入基区的多数载流，大部分到达集电极，成为集电极电流，而小部分在基区内被复合，形成基极电流。这两部分电流的分配比例是随机的，因而造成通过集电结的电流在静态值上下起伏变化，引起噪声，把这种噪声称为分配噪声。

4）闪烁噪声

闪烁噪声又称低频噪声。一般认为这种噪声是晶体管清洁处理不好或有缺陷造成的。其特点是频谱集中在低频（约 1kHz 以下），在高频工作时通常可不考虑它的影响。

3. 场效应管的噪声

场效应管的噪声主要来源于场效应管沟道电阻产生的热噪声、栅极漏电流产生的散粒噪声、表面处理不当引起的闪烁噪声。一般来说，场效应管的噪声比晶体管低。

2.4.2　噪声系数

研究噪声的目的在于探讨如何减少它对信号的影响。因此，离开信号谈噪声是无意义的。从噪声对信号影响的效果看，不在于噪声绝对值的大小，而在于信号功率与噪声功率的相对值，即信噪比，记为 S/N（信号/噪声）。即便噪声绝对值很高，但只要信噪比达到一定要求，噪声影响就可忽略。否则，即使噪声绝对电平低，但信号电平更低，即信噪比低于 1，信号仍然会被淹没在噪声中而无法辨别。因此，信噪比是描述信号抗噪声质量的一个物理量。

1. 噪声系数的定义

要描述放大系统的固有噪声的大小，就要使用噪声系数，噪声系数定义为

$$F = \frac{输入端信噪比}{输出端信噪比}$$

研究放大系统噪声系数的等效图如图 2.4.2 所示。图 2.4.2 中，U_s 为信号源电压，R_s 为信号源内阻，$\overline{U_n^2}$ 为 R_s 的热噪声等效电压均方值，R_L 为负载。

设 P_i 为信号源的输入信号功率，P_{ni} 为信号源内阻 R_s 产生的噪声功率，设放大器的功率增益为 G_P、带宽为 Δf，其内部噪声在负载上产生的功率为 P_{nao}；P_o 和 P_{no} 分别为信号和信号源内阻在负载上所产生的输出信号功率和输出噪声功率。

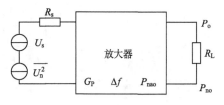

图 2.4.2　描述放大器噪声系数的等效图

任何放大系统都是由导体、电阻、电子器件等构成的，其内部一定存在噪声。由此不难看出放大器以功率增益 G_P 放大信号功率 P_i 的同时，它也以同样的功率增益放大输入噪声功率 P_{ni}。此外，由于放大器系统内部有噪声，它必然在输出端造成影响。因此，输出信噪比比输入信噪比低。F 反映出放大系统内部噪声的大小。噪声系数可由式 (2.4.1) 表示：

或

$$\left. \begin{aligned} F &= \frac{(S/N)_i}{(S/N)_o} = \frac{P_i/P_{ni}}{P_o/P_{no}} \\[2mm] (F)_{dB} &= 10\lg\left(\frac{P_i/P_{ni}}{P_o/P_{no}}\right) \end{aligned} \right\} \tag{2.4.1}$$

噪声系数通常只适用于线性放大器，因为非线性电路会产生信号和噪声的频率变换，噪声系数不能反映系统附加的噪声性能。由于线性放大器的功率增益为

$$G_P = \frac{P_o}{P_i}$$

所以式 (2.4.1) 可写成

$$F = \frac{P_i/P_{ni}}{P_o/P_{no}} = \frac{P_i}{P_o}\frac{P_{no}}{P_{ni}} = \frac{P_{no}}{G_P P_{ni}} \tag{2.4.2}$$

式中，$G_P P_{ni}$ 为信号源内阻 R_s 产生的噪声经放大器放大后，在输出端产生的噪声功率，而放大器输出端的总噪声功率 P_{no} 应等于 $G_P P_{ni}$ 和放大器本身噪声在输出端产生的噪声功率 P_{nao} 之和，即

$$P_{no} = P_{nao} + G_P P_{ni} \tag{2.4.3}$$

显然，$P_{no} > G_P P_{ni}$，故放大器的噪声系数总是大于 1 的，理想情况下，$P_{nao}=0$，噪声系数 F 才可能等于 1。

将式(2.4.3)代入式(2.4.2)，则得

$$F = 1 + \frac{P_{\text{nao}}}{G_P P_{\text{ni}}} \tag{2.4.4}$$

2. 信噪比与负载的关系

设信号源内阻为 R_s，信号源的电压为 U_s(有效值)，当它与负载电阻 R_L 相接时，在负载电阻 R_L 上的信噪比计算如下：

$$P_o = \left(\frac{U_s}{R_s + R_L}\right)^2 R_L \qquad \text{——信号源在 } R_L \text{ 上的功率}$$

$$P_{\text{no}} = \left(\frac{\overline{U_n^2}}{(R_s + R_L)^2}\right) R_L \qquad \text{——信号源内阻噪声在 } R_L \text{ 上的功率}$$

在负载两端的信噪比为

$$\left(\frac{S}{N}\right)_o = \frac{P_o}{P_{\text{no}}} = \frac{U_s^2}{U_n^2}$$

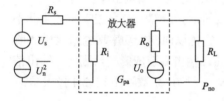

图 2.4.3　以额定功率表示的噪声系数

结论：信号源与任何负载相接并不影响其输入端信噪比，即无论负载为何值，其信噪比都不变，其值为负载开路时的信号电压平方与噪声电压均方值之比。

3. 用额定功率和额定功率增益表示的噪声系数

将放大器输入信号源用图 2.4.3 表示。

任何信号源加上负载后,其信噪比与负载大小无关,信噪比均为信号均方电压(或电流)与噪声均方电压(或电流)之比。为了方便计算噪声系数,可设放大器输入端和输出端阻抗匹配, 即 $R_s = R_i$, $R_o = R_L$。放大器输入端噪声功率和信号功率均为最大, 输出端噪声功率和信号功率也均为最大, 称为额定功率。故放大器的噪声系数 F 为

$$F = \frac{\text{输入端额定功率信噪比}}{\text{输出端额定功率信噪比}} = \frac{P_{\text{ai}}/P_{\text{ani}}}{P_{\text{ao}}/P_{\text{ano}}} = \frac{P_{\text{ano}}}{G_{\text{pa}} P_{\text{ani}}}$$

式中, P_{ai} 和 P_{ao} 分别为放大器的输入和输出额定信号功率; P_{ani} 和 P_{ano} 分别为放大器的输入和输出额定噪声功率; G_{pa} 为放大器的额定功率增益。

信号源输入额定噪声功率为

$$P_{\text{ani}} = \frac{\overline{U_n^2}}{4R_s} = \frac{4kTR_s\Delta f}{4R_s} = kT\Delta f \tag{2.4.5}$$

由此看出, 不管信号源内阻如何, 它产生的额定噪声功率是相同的, 均为 $kT\Delta f$, 与阻值大小无关, 只与电阻所处的环境温度 T 和系统带宽有关。但信号源额定功率为 $P_{\text{asi}} = \frac{U_s^2}{4R_s}$, 它随 R_s 增加而减小, 这也就是接收机采用低内阻天线的原因。

4. 多级放大器噪声系数的计算

已知各级的噪声系数和各级功率增益，求多级放大器的总噪声系数，见图 2.4.4。

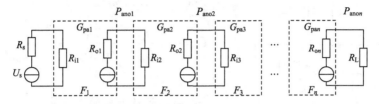

图 2.4.4　多级放大器噪声系数计算等效图

由噪声系数定义可得

$$P_{\text{ano1}} = F_1 G_{\text{pa1}} kT \Delta f$$

在第二级输出端，由第一级和第二级产生的总噪声为

$$P_{\text{ano2}} = G_{\text{pa2}} P_{\text{ano1}} + G_{\text{pa2}} kT \Delta f F_2 - kT \Delta f G_{\text{pa2}}$$

$$= G_{\text{pa2}} G_{\text{pa1}} F_1 kT \Delta f + (F_2 - 1) G_{\text{pa2}} kT \Delta f$$

由于由 R_{o1} 产生的噪声已在 P_{ano1} 中考虑，故这里应减掉，所以第一、第二两级的噪声系数为

$$F_{1-2} = \frac{G_{\text{pa1}} G_{\text{pa2}} kT \Delta f F_1}{G_{\text{pa1}} G_{\text{pa2}} kT \Delta f} + \frac{(F_2 - 1) G_{\text{pa2}} kT \Delta f}{G_{\text{pa1}} G_{\text{pa2}} kT \Delta f} = F_1 + \frac{F_2 - 1}{G_{\text{pa1}}} \tag{2.4.6}$$

同理，可以导出多级放大器的总噪声系数计算公式为

$$F_{1-N} = F_1 + \frac{F_2 - 1}{G_{\text{pa1}}} + \frac{F_3 - 1}{G_{\text{pa1}} G_{\text{pa2}}} + \frac{F_4 - 1}{G_{\text{pa1}} G_{\text{pa2}} G_{\text{pa3}}} + \cdots + \frac{F - 1}{G_{\text{pa1}} G_{\text{pa2}} \cdots G_{\text{pa}(N-1)}} \tag{2.4.7}$$

式 (2.4.7) 表明，在多级放大器中，各级噪声系数对总噪声系数的影响是不同的，第一级的噪声系数起决定性作用，越往后影响就越小。因此，要降低整个放大器的噪声系数，最主要的是降低前级(尤其是第一级)的噪声系数，并提高它们的额定功率增益。

5. 等效噪声温度

在某些通信设备中，用等效噪声温度 T_{e} 表示更方便、更直接。热噪声功率与热力学温度成正比，所以可用等效噪声温度来代表设备噪声的大小。

噪声温度：把放大器本身产生的热噪声功率折算到放大器输入端时，使噪声源电阻所升高的温度称为等效噪声温度 T_{e}。

设放大器的噪声系数为 F，噪声源的温度为 T_0，则折算到放大器输入端的噪声功率为 $EkT_0 \Delta f$，相当于新的温度为 FT_0，则它的温升为

$$T_{\text{e}} = FT_0 - T_0 = (F - 1)T_0 \tag{2.4.8}$$

可得

$$F = 1 + \frac{T_{\text{e}}}{T_0} \tag{2.4.9}$$

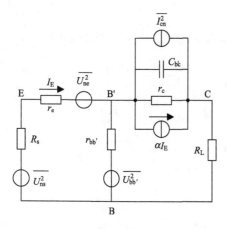

图 2.4.5　共基极放大器噪声等效电路

T_e 只代表放大器本身的热噪声温度，与噪声功率大小无关。由式 (2.4.7) 可知：多级放大器的等效噪声温度为

$$T_e = T_{e1} + \frac{T_{e2}}{G_{pa1}} + \frac{T_{e3}}{G_{pa1}G_{pa2}} + \cdots + \frac{T_{en}}{G_{pa1}G_{pa2}\cdots G_{pan}}$$
(2.4.10)

6. 晶体管放大器的噪声系数

根据图 2.4.5 所示的共基极放大器噪声等效电路，可求出各噪声源在放大器输出端所产生的噪声电压均方值总和，然后根据噪声系数的定义，则可得到放大器的噪声系数的计算公式：

$$F = 1 + \frac{r_{bb'}}{R_s} + \frac{r_e}{2R_s} + \frac{(R_s + r_{bb'} + r_e)^2}{2a_0 R_s r_e}\left(\frac{I_{CO}}{I_e} + \frac{1}{\beta_0} + \frac{f^2}{f_0^2}\right)$$
(2.4.11)

式中，I_{CO} 为集电结的反向饱和电流。由式 (2.4.11) 可知，放大器噪声系数 F 是 R_s 的函数。所以，在低频工作时，选用共发射极电路作为输入级比较有利。在高频工作时，则选用共基电路作为输入级更好。

2.4.3　降低噪声系数的措施

通过以上分析，我们对电路产生噪声的原因以及影响噪声系数大小的主要因素有了基本了解。下面将降低噪声系数的有关措施归纳如下。

1. 选用低噪声元器件

对晶体管而言，应选用 $r_{bb'}$ 和噪声系数小的管子。对电阻元件而言，应选用结构精细的金属膜电阻。

2. 选择合适的直流工作点

晶体管放大器的噪声系数和晶体管的直流工作点有较大的关系，选择合适的直流工作点可降低噪声系数。

3. 选择合适的信号源内阻

信号源内阻与放大电路输出噪声及噪声系数有着密切的关系。在较低工作频率时，由于最佳内阻为 500～2000Ω，当共发射极放大器的输入电阻相近时宜选用共发射极放大器作为前级放大器，这样可获得最小噪声系数。在较高频率时，最佳内阻为几十到三四百欧，此时选用共基极放大器更为合适，这是因为共基极放大器输入电阻较低，与最佳内阻相近。

4. 选择合适的工作带宽

噪声电压与通带宽度有密切关系，适当选择放大器的带宽，有助于降低噪声系数。要使系统的噪声系数小，就应使前级放大器增益大，本级噪声系数小。例如，卫星信号的接收系统将低噪声放大器置于室外等措施，就是降低系统噪声的方法。

2.5　实训：高频小信号谐振放大器的仿真与性能分析

利用 PSpice 仿真技术来完成对高频小信号谐振放大器的测试及性能分析。
范例：分析并观察高频小信号谐振放大器的输出波形。

2.5 实训

1. 绘出电路图

(1)请建立一个项目 CH2，然后绘出如图 2.5.1 所示的电路图。其中 V1 为正弦交流电压源(VSIN/SOURCE)，V2 为直流电源(VDC/SOURCE)，Q1 为晶体管(2N2222/BJN)。

(2)将图中的其他元件编号和参数按图中设置。

2. 瞬态分析

(1)创建瞬态分析仿真配置文件，设定瞬态分析参数："Run to time"（仿真运行时间）设置为"6μs"，"Start saving data after"（开始存储数据时间）设置为"4μs"，"Maximum step size"（最大时间增量）设置为"1ns"。

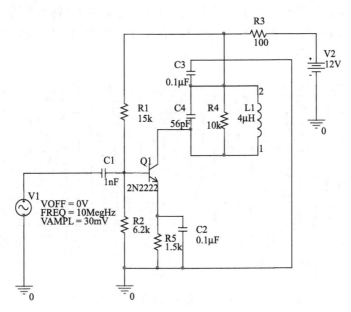

图 2.5.1　高频小信号谐振放大器电路

(2)启动仿真，观察瞬态分析输出波形。

①设计的电路图形文件若是可以顺利地完成仿真，就会自动打开波形窗口。这是一个空图，除了 X 轴变量已经按照前面的参数设置为"4～6μs"之外，Y 轴变量则等待着我们的选择输入。

②从波形窗口的菜单中选择"Trace"→"Add Trace"选项，打开"Add Trace"窗口，在"Trace Expression"栏处用鼠标选择或直接由键盘输入完成这样的字符串"V(L1:1,L1:2)"。再单击"OK"按钮退出"Add Trace"窗口。这时的波形窗口应和图 2.5.2 相似。这个图反映了高频小信号谐振放大器输出端的波形。

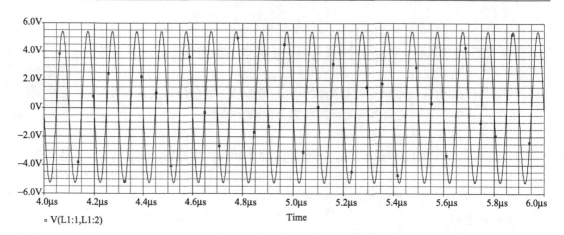

图 2.5.2　高频小信号谐振放大器输出端的波形

③在波形窗口的菜单中选择"Trace"→"Add Trace"选项，打开"Add Trace"窗口。在"Trace Expression"栏处用鼠标选择或直接由键盘输入完成这样的字符串"V(V1:+)"。再单击"OK"按钮退出"Add Trace"窗口。这时的波形窗口出现高频小信号谐振放大器的输入信号的波形，如图 2.5.3 所示。

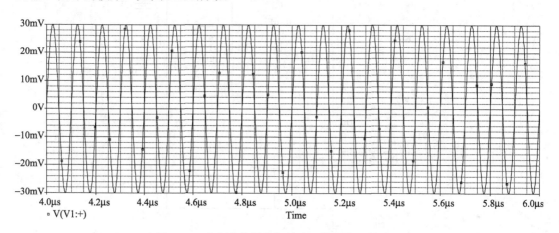

图 2.5.3　高频小信号谐振放大器输入信号的波形

④根据图 2.5.2、图 2.5.3 可读取波形峰值，并计算出小信号放大器的电压增益。

3. 交流分析

（1）创建交流分析仿真配置文件，设置交流分析参数：选择"Logarithmic"→"Decade"选项，设置"Start Frequency"（仿真起始频率）为"1MHz"，"End Frequency"（仿真终止频率）为 100MHz，设置"Points/Decade"（十倍频程扫描记录）为"1000"点。

（2）启动仿真，观察交流分析输出波形。

①设计的电路图形文件若是可以顺利地完成仿真，就会自动打开波形窗口。在波形窗口中，除了 X 轴变量已经按照我们前面的参数设置为"1～100MHz"之外，Y 轴变量则等待着我们的选择输入。

②在波形窗口的菜单中选择"Trace"→"Add Trace"选项，打开"Add Trace"窗口。在"Trace Expression"栏处用鼠标选择或直接由键盘输入完成这样的字符串"V(L1:1,L1:2)"。再单击"OK"按钮退出"Add Trace"窗口。这时的波形窗口应和图 2.5.4 相似。这个图反映了高频小信号谐振放大器的幅频特性曲线。

③由图 2.5.4 可读出高频小信号谐振放大器的中心频率。

④计算通频带：从菜单中选择"Trace"→"Evaluate Measurement"（评估测量）选项，弹出"Evaluate Measurement"窗口。选择右边第一个功能函数"Bandwidth(1,db_level)"，第一个参数填"V(L1:1,L1:2)"，第二个参数填"3"，或者直接在最下方"Trace Expression"栏处输入"Bandwidth(V(L1:1,L1:2),3)"。再单击"OK"按钮退出"Evaluate Measurement"窗口。此时将弹出"Measurement Results"（测量结果）窗口，即可读出通频带的值。

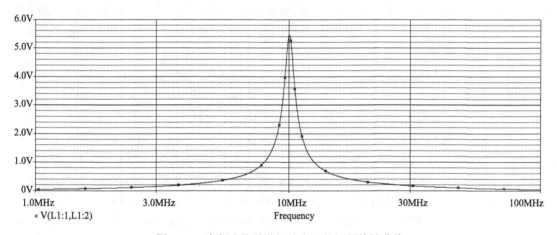

图 2.5.4　高频小信号谐振放大器的幅频特性曲线

思考题与习题

2.1　对小信号谐振放大器的主要要求是什么？小信号谐振放大器有哪些类型？

2.2　小信号谐振放大器的主要技术指标是什么？各技术指标之间的相关关系是什么？如何综合考虑各技术指标？

2.3　相对于单级小信号谐振放大器，多级小信号谐振放大器的总通频带如何变化？总放大倍数如何变化？总矩形系数如何变化？

2.4　为什么晶体管在低频工作时不用考虑单向化问题，而在高频工作时则要考虑？

2.5　试用矩形系数说明选择性与通频带的关系。

2.6　影响谐振放大器稳定性的因素是什么？反馈导纳的物理定义是什么？

2.7　解决小信号选频放大器通频带与选择性之间矛盾的途径有哪些？

2.8　高频谐振放大器中，造成工作不稳定的主要因素是什么？它有哪些不良影响？为使放大器稳定工作应采取哪些措施？

2.9　采用双调谐回路的优缺点是什么？

2.10　说明集中选频放大器的特点。

2.11　晶体管的噪声一般由几部分组成？分别是什么？有什么特点？

2.12　为了降低多级放大器的噪声系数，对第一级放大器的噪声系数和功率增益应有怎样的要求？

2.13　对于收音机的中频放大器，中心频率 $f_0=465$kHz，$BW_{0.7}=8$kHz，回路电容 $C=200$pF，试计算回路电感 L 和有载品质因数 Q_L。若电感线圈的 $Q_0=100$，在回路上应并联多大的电阻才能满足要求？

2.14　给定并联谐振回路的 $f_0=5$MHz，$C=50$pF，通频带 $BW_{0.7}=150$kHz，求电感 L、品质因数 Q_0 以及信号源频率为 5.5MHz 时的失谐。若把 $BW_{0.7}$ 加宽至 300kHz，应在回路两端再并联上一个多大的电阻？

2.15　某回路的谐振放大器为四级级联，已知谐振时单级增益均为 40，通频带为 60kHz，求四级总增益及带宽。若要求保持总的带宽不变，仍为 60kHz，则单级放大器的增益和带宽应如何调整？

2.16　三级相同的单调谐中频放大器级联，工作频率 $f_0=450$kHz，总电压增益为 60dB，总带宽为 8kHz，求每一级的增益、3dB 带宽和有载 Q_L 值。

2.17　设有一级单调谐回路中频放大器，其通频带 $BW_{0.7}=4$MHz，$A_{u0}=10$。如果再用一级完全相同的放大器与之级联，这时两级中放总增益和通频带各为多少？若要求级联后总频带宽度为 4MHz，问每级放大器应如何改变？改变之后的总增益是多少？

2.18　设有一级单调谐回路中频放大器，谐振时电压增益 $A_{u0}=10$，$BW_{0.7}=2$MHz，如果再用一级电路结构相同的中放与其组成双参差调谐放大器，工作于最佳平坦状态，求级联通频带和级联电压增益各是多少？若要求同样改变每级放大器的带宽使级联带宽为 8MHz，求改动后的各级电压增益是多少？

2.19　如习题图 2.19 所示，晶体管的直流工作点是 $U_{CE}=+8$V，$I_E=2$mA，工作频率 $f_0=10.7$MHz；调谐回路采用中频变压器 $L_{13}=4$μH、$Q_0=100$，其抽头为 $N_{23}=5$ 圈，$N_{13}=20$ 圈，$N_{45}=5$ 圈，计算放大器下列各值：谐振回路中的电容 C、电压增益、功率增益、通频带。晶体管在 $U_{CE}=+8$V、$I_E=2$mA 时参数是 $g_{ie}=2860$μS；$C_{ie}=19$pF；$g_{oe}=200$μS；$C_{oe}=7$pF；$|Y_{fe}|=45$mS；$\varphi_{fe}=-54°$；$|Y_{fe}|=0.31$mS；$\varphi_{re}=-88.5°$。

2.20　用 PSpice 仿真软件分析习题图 2.19 所示小信号谐振放大器的性能，并求出结果，与上题计算结果比较。

2.21　小信号单调谐放大器交流通路如习题图 2.21 所示。若要求谐振频率 $f_0=10.7$MHz，通频带 $BW_{0.7}=500$kHz，谐振时电压放大倍数 $A_{u0}=100$，在静态工作点和谐振频率点测得三极管的 Y 参数为 $Y_{ie}=(2+j0.5)$mS，$Y_{re}\approx0$，$Y_{fe}=(20-j5)$mS，$Y_{oe}=(20+j40)$μS，若线圈 $Q=60$，试计算谐振回路参数 L、C 和外接电阻 R 的值。

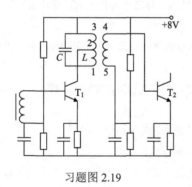

习题图 2.19

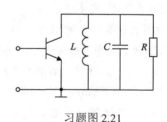

习题图 2.21

2.22　设计同步调谐多级单调谐谐振放大器，要求：$f_0=10.7$MHz，中心频率处的电压增益 $A_{u0}\geqslant60$dB，通频带 $BW_{0.7}\geqslant100$kHz，失谐在 ±250kHz 时的衰减不小于 10 倍，已知谐振回路空载品质因

数 $Q=100$ ，当 $I_{CQ}=0.8\mathrm{mA}$ ， $U_{CEQ}=12\mathrm{V}$ 时，测得三极管的 Y 参数为 $Y_{fe}=30\mathrm{mS}$ ， $Y_{re}\approx0$ ， $g_{oe}=150\mu\mathrm{S}$ ，$C_{oe}=4\mathrm{pF}$ ， $g_{ie}=1\mathrm{mS}$ ， $C_{ie}=50\mathrm{pF}$ 。

2.23　某中频放大器线路如习题图 2.23 所示。已知放大器工作频率为 $f_0=10.7\mathrm{MHz}$ ，回路电容 $C=50\mathrm{pF}$ ，中频变压器介入系数 $p_1=N_1/N=0.35$ ， $p_2=N_2/N=0.03$ ，线圈品质因数 $Q_0=100$ 。晶体管的 Y 参数（在工作频率下）如下： $G_{ie}=1.0\mathrm{mS}$ ， $C_{ie}=41\mathrm{pF}$ ， $Y_{re}=-j180\mu\mathrm{S}$ ， $Y_{fe}=40\mathrm{mS}$ ， $C_{oe}=4.3\mathrm{pF}$ ， $G_{oe}=45\mu\mathrm{S}$ ，设后级输入电导也为 G_{ie} 。求：(1)回路有载 Q_L 值和通频带 $BW_{0.7}$ ；(2)稳定工作所需的负载电导；(3)放大器电压增益；(4)中和电容 C_N 的值。

2.24　单调谐放大器如习题图 2.24 所示。中心频率 $f_0=30\mathrm{MHz}$ ，晶体管工作点电流 $I_{EQ}=2\mathrm{mA}$ ，回路电感 $L_{13}=1.4\mu\mathrm{H}$ ， $Q=100$ ，匝比 $n_1=N_{13}/N_{12}=2$ ， $n_2=N_{13}/N_{45}=3.5$ ， $G_L=1.2\mathrm{mS}$ 、 $G_{oe}=0.4\mathrm{mS}$ ，$r_{bb'}\approx0$ ，试求该放大器的谐振电压增益及通频带。

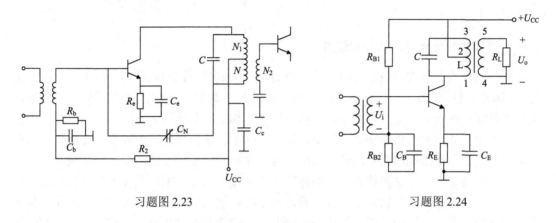

习题图 2.23　　　　　　　　　　　　　习题图 2.24

2.25　有 A、B、C 三个匹配放大器，放大器 A 的功率增益为 6dB，噪声系数为 1.7；放大器 B 的功率增益为 12dB，噪声系数为 2.0；放大器 C 的功率增益为 20dB，噪声系数为 4.0。试将这三个放大器级联，用于放大小信号。怎样顺序连接才能保证总噪声系数最小？其数值是多少？

第3章 高频功率放大器

3.1 概 述

无线电通信中，通过发射机发射信号都需要有一定的功率。特别是远距离传送信号，需要的发送功率更大。在高频电路中，为使得发送的高频信号获得足够的功率，用高频功率放大器来将高频信号进行功率放大，以满足发射功率的要求，然后经过天线将其辐射到自由空间中。

3.1.1 高频功率放大器的功能和任务

高频功率放大器的功能是：用小功率的高频输入信号去控制高频功率放大器，将直流电源供给的能量转换为大功率高频能量输出。因此，高频功率放大器有三个主要任务：①输出足够大的功率；②具有高效率的功率转换；③减小非线性失真。

高频功率放大器的输出功率是从电源供给功率中转换而来的，所以在满足功率输出要求的同时，必须注意提高功率的转换效率。为了提高功率放大器的效率，通常选择放大元件工作在丙类状态。在这种状态下，晶体管处于非线性工作区域，晶体管集电极电流导通角小于 $90°$。工作在丙类状态下的晶体管输出电流与输入信号之间存在着严重的非线性失真，在高频功率放大器中采用谐振选频负载方法来滤除非线性失真，以获得接近正弦波的输出电压波形，这一类高频功率放大器通常称为窄带功率放大器或谐振功率放大器。窄带信号是指带宽远小于中心频率的信号，例如，中波段调幅广播的载波是 $535\sim1605\text{kHz}$，而所传送的信号带宽为 9kHz，其相对带宽只有 $0.6\%\sim1.7\%$。

在要求非线性失真很小的场合，高频功率放大器不宜采用丙类（或丁、戊类）工作状态。为了不产生波形失真，就要采用甲类（前级）或乙类推挽（后级）工作状态。当高频功率放大器侧重于获得不失真放大性能时，输出功率不足的缺陷可通过功率合成的办法来补偿。对已调幅波进行功率放大时，通常选择本级高频功率放大器为乙类工作状态，这时，既可避免波形出现失真，又能输出一定的功率电平。

3.1.2 高频功率放大器的分类

高频功率放大器根据所接负载不同，可分为窄带功率放大器和宽带功率放大器两类。窄带功率放大器用于放大窄带信号，窄带功率放大器以窄带选频网络作为负载，功率放大器可工作在丙类状态。但是窄带功率放大器对选频网络的调谐要求较高，难以做到瞬时调谐，较难应用到载频经常变换的发射系统中。宽带功率放大器采用具有宽频带特性的宽带传输线变压器作为负载，它可解决窄带功率放大器难以迅速变换选频网的中心频率的缺点，但是宽带放大器的负载不具有滤除谐波能力。窄带高频功率放大器为了提高工作效率，其工作状态一般选用丙类、丁类甚至戊类放大。宽带高频功率放大器只能选用甲类或乙类推挽放大工作状态。

3.1.3　高频功率放大器的主要技术指标

高频功率放大器的主要技术指标有高频输出功率、效率、功率增益以及谐波抑制度(或信号失真度)。高频功率放大器的这几项技术指标从理论上来讲是相互矛盾的,如输出功率很大的时候效率不会特别高。因此在设计高频功率放大器时,需要根据具体要求,突出一些指标,兼顾其他指标。功率放大器不论工作在哪一类状态,对谐波辐射这项指标来说,通常要求不论输出功率多大,在距离发射机一公里处的谐波辐射功率不得大于 25mW。

本章首先讨论丙类状态的谐振功率放大器,然后讨论宽带功率放大器——传输线性变压器的工作原理,最后讲述倍频器。

3.2　丙类谐振功率放大器

高功放(一)

3.2.1　丙类谐振功率放大器的基本工作原理

1. 工作原理

丙类谐振功率放大器的原理电路如图 3.2.1 所示。图 3.2.1 中要求晶体管发射结为零偏置或负偏置。这时电路在输入余弦信号电压 $u_b = U_{bm}\cos\omega t$ 激励下,晶体管基极和集电极电流为图 3.2.2(c)、(d)所示的余弦脉冲波形,其中 θ 是指一个信号周期内集电极电流导通角 2θ 的一半,称为通角。

根据通角的大小,晶体管工作状态可分为:甲类($\theta = 180°$)、乙类($\theta = 90°$)和丙类($\theta < 90°$)。图 3.2.2 的工作波形表示功率放大器工作在丙类状态。在丙类工作状态下,$u_{BE} = U_{BB} + U_{bm}\cos\omega t$ 较

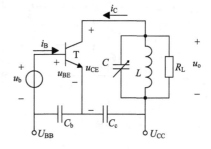

图 3.2.1　丙类谐振功率放大器的原理电路

小,且 $u_{BE} > U_{on}$ 时才有集电极电流流过,故集电极耗散功率小、效率高。

图 3.2.1 中输出回路用 LC 谐振电路作为选频网络。这时,谐振功率放大器的输出电压接近余弦波电压,见图 3.2.2(e)。由于晶体管工作在丙类状态,晶体管的集电极电流 i_C 是一个周期性的余弦脉冲,用傅里叶级数展开 i_C 则得

$$i_C = I_{C0} + I_{c1m}\cos\omega t + I_{c2m}\cos 2\omega t + \cdots + I_{cnm}\cos n\omega t \qquad (3.2.1)$$

式中,I_{C0}、I_{c1m}、I_{c2m}、…、I_{cnm} 分别为集电极电流的直流分量、基波分量以及各高次谐波分量的振幅。当输出回路的选频网络谐振于基波频率时,输出回路只对集电极电流中的基波分量呈现很大的谐振电阻,而对其他各次谐波呈现很小的阻抗并可看成短路。这时余弦脉冲形状的集电极电流 i_C 流经选频网

高功放(二)

时,只有基波电流才产生电压降,因而输出电压仍近似为余弦波形,并且与输入电压 u_b 同频、反相,见图 3.2.2(b)和(e)。

2. 电路的性能分析

在工程上,对于其工作频率不太高的谐振功率放大器的分析与计算,通常采用准线性

折线分析法。准线性放大是指仅考虑集电极输出电流中的基波分量在负载两端产生输出电压的放大作用。所谓折线法，是指用几条直线段来代替晶体管的实际特性曲线，然后用简单的数学解析式写出它们的表示式。将器件的参数代入表示式中，就可进行电路的计算。折线法在分析谐振功率放大器工作状态时，物理概念清楚、方法简便，但其准确度比较差，不过作为工程近似估算已满足要求。

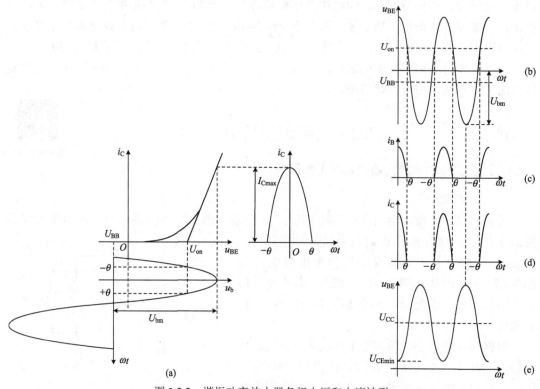

图3.2.2　谐振功率放大器各级电压和电流波形

准线性折线分析的条件如下。

（1）忽略晶体管的高频效应。在此条件下，可以认为功率晶体管在工作频率下只呈非线性电阻特性，而不显电抗效应。因此，可以近似认为，功率晶体管的静态伏安特性就能代表它在工作频率下的特性。

（2）输入和输出回路具有理想滤波特性。在此条件下，图3.2.1所示电路中，基极-发射极间电压和集电极-发射极间电压仍是余弦波形且相位相反，可写为

$$u_{BE} = U_{BB} + U_{bm}\cos\omega t \tag{3.2.2}$$

$$u_{CE} = U_{CC} - U_{cm}\cos\omega t \tag{3.2.3}$$

（3）晶体管的静态伏安特性可近似用折线表示。例如，图3.2.2中的晶体管转移特性就采用了折线表示。图中U_{on}表示晶体管的起始导通电压。

1）集电极余弦脉冲电流分解

图3.2.3所示是用晶体管折线化后的转移特性曲线绘出的丙类工作状态下的集电极电

流脉冲波形,折线的斜率用 G 表示。接下来我们利用余弦脉冲分解系数来分析集电极电流。

例 3.2.1　如图 3.2.1 所示的高频功率放大器,其 LC 谐振回路调谐在输入信号频率上。假设其晶体管的转移特性是理想化的,用晶体管折线化后的转移特性曲线绘出的丙类工作状态下的集电极电流脉冲波形如图 3.2.3 所示。折线的斜率 $G=2\text{A/V}$, $U_{\text{on}}=0.7\text{V}$, $U_{\text{BB}}=-0.1\text{V}$, $u_{\text{b}}=1.6\cos\omega t$。试求出电流通角 θ 及集电极电流的直流分量、基波分量以及二次谐波分量。

解:设输入信号为 $u_{\text{b}}=U_{\text{bm}}\cos\omega t$,发射结电压为 $u_{\text{BE}}=U_{\text{BB}}+U_{\text{bm}}\cos\omega t$,晶体管折线化后的转移特性为

$$i_{\text{C}}=\begin{cases}0, & u_{\text{BE}}\leqslant U_{\text{on}} \\ G(u_{\text{BE}}-U_{\text{on}}), & u_{\text{BE}}>U_{\text{on}}\end{cases} \tag{3.2.4}$$

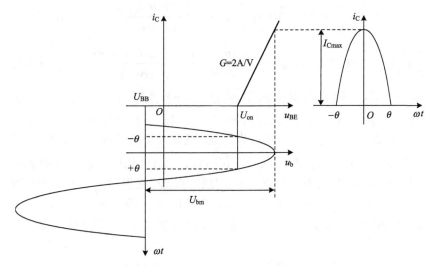

图 3.2.3　晶体管折线化后的转移特性曲线及 i_{C} 电流

将 $u_{\text{BE}}=U_{\text{BB}}+U_{\text{bm}}\cos\omega t$ 代入式 (3.2.4) 可得

$$i_{\text{C}}=G(U_{\text{BB}}+U_{\text{bm}}\cos\omega t-U_{\text{on}}) \tag{3.2.5}$$

由图 3.2.3 可得,当 $\omega t=\theta$ 时, $i_{\text{C}}=0$ 代入式 (3.2.5) 可求得

$$0=G(U_{\text{BB}}+U_{\text{bm}}\cos\theta-U_{\text{on}}) \tag{3.2.6}$$

$$\cos\theta=\frac{U_{\text{on}}-U_{\text{BB}}}{U_{\text{bm}}}=\frac{0.7-(-0.1)}{1.6}=\frac{0.8}{1.6}=0.5 \tag{3.2.7}$$

$$\theta=\arccos\frac{U_{\text{on}}-U_{\text{BB}}}{U_{\text{bm}}}=\text{arc}(0.5)=60° \tag{3.2.8}$$

式 (3.2.5) 减式 (3.2.6) 得

$$i_{\text{C}}=GU_{\text{bm}}(\cos\omega t-\cos\theta) \tag{3.2.9}$$

由图 3.2.3 可得,当 $\omega t=0$ 时, $i_{\text{C}}=I_{\text{Cmax}}$ 代入式 (3.2.9) 可得

$$I_{\text{Cmax}}=GU_{\text{bm}}(1-\cos\theta)=2\times1.6\times(1-0.5)=1.6(\text{A}) \tag{3.2.10}$$

式 (3.2.9) 与式 (3.2.10) 相比可得

$$i_{\text{C}} = I_{\text{Cmax}} \frac{\cos \omega t - \cos \theta}{1 - \cos \theta} \tag{3.2.11}$$

式(3.2.11)是集电极余弦脉冲电流的解析表达式，它取决于脉冲高度 I_{Cmax} 和通角 θ。利用傅里叶级数将 i_{C} 展开：

$$i_{\text{C}} = I_{\text{C0}} + I_{\text{c1m}} \cos \omega t + I_{\text{c2m}} \cos 2\omega t + \cdots + I_{\text{cnm}} \cos n\omega t = I_{\text{C0}} + \sum_{n=1}^{\infty} I_{\text{cnm}} \cos n\omega t \tag{3.2.12}$$

并计算直流分量、基波分量和各次谐波分量的振幅：

$$I_{\text{C0}} = \frac{1}{2\pi} = I_{\text{Cmax}} \left(\frac{1}{\pi} \cdot \frac{\sin \theta - \theta \cdot \cos \theta}{1 - \cos \theta} \right) = I_{\text{Cmax}} \alpha_0(\theta) \tag{3.2.13}$$

$$I_{\text{c1m}} = \frac{1}{\pi} \int_{-\pi}^{\pi} i_{\text{C}} \cos \omega t \cdot \mathrm{d}\omega t = I_{\text{Cmax}} \left(\frac{1}{\pi} \cdot \frac{\theta - \sin \theta \cdot \cos \theta}{1 - \cos \theta} \right) = I_{\text{Cmax}} \alpha_1(\theta) \tag{3.2.14}$$

$$I_{\text{cnm}} = \frac{1}{\pi} \int_{-\pi}^{\pi} i_{\text{C}} \cos n\omega t \cdot \mathrm{d}\omega t = I_{\text{Cmax}} \left(\frac{2}{\pi} \cdot \frac{\sin n\theta \cdot \cos \theta - n \sin \theta \cdot \cos n\theta}{n(n^2 - 1)(1 - \cos \theta)} \right) = I_{\text{Cmax}} \alpha_n(\theta) \tag{3.2.15}$$

式中，α 为余弦脉冲分解系数。其中 α_0 为直流分量分解系数，α_1 为基波分量分解系数，α_n 为 n 次谐波分量分解系数。由式(3.2.13)、式(3.2.14)和式(3.2.15)可见，只要知道电流脉冲的最大值 I_{Cmax} 和通角 θ，就可以计算直流分量、基波分量以及各次谐波分量。因此，为了工程上的方便，我们根据式(3.2.13)、式(3.2.14)和式(3.2.15)列出了余弦脉冲分解系数表(见附录)。再根据式(3.2.8)的计算结果 $\theta = 60°$，通过查询余弦脉冲分解系数表可得

$$\alpha_0 = 0.218, \quad \alpha_1 = 0.391, \quad \alpha_2 = 0.276$$

因此集电极电流的直流分量、基波分量以及二次谐波分量分别如下。

直流分量：

$$I_{\text{C0}} = \alpha_0(\theta) I_{\text{Cmax}} = 0.218 \times 1.6 = 0.3488(\text{A})$$

基波分量：

$$i_{\text{c1}}(t) = I_{\text{c1m}} \cos \omega t = \alpha_1(\theta) I_{\text{Cmax}} \cos \omega t = 0.391 \times 1.6 \times \cos \omega t = 0.6256 \cos \omega t (\text{A})$$

二次谐波分量：

$$i_{\text{c2}}(t) = I_{\text{c2m}} \cos \omega t = \alpha_2(\theta) I_{\text{Cmax}} \cos 2\omega t = 0.276 \times 1.6 \times \cos 2\omega t = 0.4416 \cos 2\omega t (\text{A})$$

以上对高频功率放大器的集电极电流进行了分析。图 3.2.4 给出了通角 θ 与各分解系数的关系曲线(其具体数值见附录)。由图 3.2.4 可清楚地看到各次谐波分量变化的趋势，谐波次数越高，振幅就越小。因此，在谐振功率放大器中只需研究直流及基波功率。

放大器的输出功率 P_{o} 等于集电极电流基波分量在有载谐振电阻 R_{p} 上的功率，即

$$P_{\text{o}} = \frac{1}{2} I_{\text{c1m}} U_{\text{cm}} = \frac{1}{2} I_{\text{c1m}}^2 R_{\text{p}} = \frac{1}{2} \frac{U_{\text{cm}}^2}{R_{\text{p}}}$$

集电极直流电源供给功率 P_{DC} 等于集电极电流直流分量与 U_{CC} 的乘积，即

$$P_{\text{DC}} = U_{\text{CC}} \cdot I_{\text{C0}}$$

根据能量守恒的原则，放大器集电极上的耗散功率 P_{c} 应为集电极直流电源供给功率与输出功率之差，即

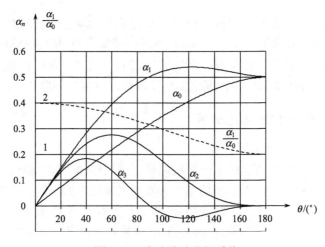

图 3.2.4　余弦脉冲分解系数

$$P_c = P_{DC} - P_o$$

放大器集电极效率可等于输出功率与直流电源供给功率之比，即

$$\eta_c = \frac{P_o}{P_{DC}} = \frac{1}{2}\frac{U_{cm}I_{c1m}}{U_{CC}I_{C0}} = \frac{1}{2}\cdot\xi\frac{\alpha_1(\theta)}{\alpha_0(\theta)} = \frac{1}{2}\xi g_1(\theta) \qquad (3.2.16)$$

式中，$g_1(\theta) = \dfrac{\alpha_1(\theta)}{\alpha_0(\theta)}$ 是波形系数，它随 θ 的变化规律如图 3.2.4 中虚线所示；$\xi = \dfrac{U_{cm}}{U_{CC}}$ 是集电极电压利用系数，$g_1(\theta)$ 是通角 θ 的函数，θ 越小，$g_1(\theta)$ 越大，放大器的效率也就越高。在 $\xi = 1$ 的条件下，由式 (3.2.16) 可求得不同工作状态下放大器效率分别为：甲类工作状态，$\theta = 180°$，$g_1(\theta) = 1$，$\eta_c = 50\%$；乙类工作状态，$\theta = 90°$，$g_1(\theta) = 1.57$，$\eta_c = 78.5\%$；丙类工作状态，$\theta = 60°$，$g_1(\theta) = 1.8$，$\eta_c = 90\%$。

可见，丙类工作状态的效率最高。

2) 导通角的选择

(1) 等幅波功率放大。等幅波功率放大是谐振功率放大器的最基本运用。为了兼顾输出信号功率和效率的要求，在放大等幅波时，通常选择最佳通角为 $\theta = 60° \sim 70°$，当 $\xi = 1$ 时，效率可达 85% 左右，可用于调频波、调相波这类等幅波的功率放大。

(2) 调幅波功率放大。当要对调幅波进行功率放大时，若将工作状态选为丙类，此时，集电极电流脉冲的基波分量幅度为 $I_{c1m} = I_{C\max}\alpha_1(\theta) = GU_{bm}(1 - \cos\theta)\alpha_1(\theta)$。其中 U_{bm} 是调幅波的瞬时幅度，它不是恒定的，可导致 $I_{C\max}$ 和通角 θ 随着改变，结果输出基波电流 I_{c1m} 不再与输入电压 U_{bm} 成正比，必然会出现波形失真。为了不产生失真，调幅波末级谐振功率放大器的工作状态应选为乙类，这时 $\theta = 90°$，而 $\alpha_1(90°) = 0.5$，因此 $I_{c1m} = 0.5GU_{bm}$，由此看出，在乙类工作状态下的基波电流幅度可正比于输入信号电压幅度，不会产生波形失真。通常将上述工作于乙类状态、有足够带宽的谐振功率放大器称为乙类线性放大器，其最佳通角 $\theta = 90°$，可以在兼顾满足一定的输出功率和效率的要求时，避免使已调幅波出现失真。

(3) n 次谐波倍频。当谐振功率放大器的集电极回路调谐于 n 次谐波时，输出回路就对

基频和其他非 n 次谐波呈现较小阻抗，而对所要的 n 次谐波呈现很大的谐振电阻，因此在输出回路两端获得 n 次谐波输出信号功率。通常称这类电路为丙类倍频器，其通角 $\theta_n < 90°$，选择的最佳倍频通角大致是二倍频 $\theta_2 = 60°$，三倍频 $\theta_3 = 40°$，则可归纳为 $\theta_n = 120°/n$，这里 n 一般不大于 5。如果实际电路需要增加倍频次数，可将倍频器级联使用。

3.2.2　谐振功率放大器的工作状态分析

1. 谐振功率放大器的动态线

可以按照晶体管在信号激励的下一周期内是否进入晶体管特性曲线的饱和区来划分谐振功率放大器的工作状态。分析谐振功率放大器的工作状态的性能，一般采用在谐振功率

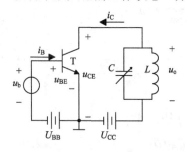

图 3.2.5　谐振功率放大器

放大器的动态线上进行，这样做比较方便和直观。当 U_{BB}、U_{CC}、U_{bm} 和负载谐振电阻 R_p 确定后，在准线性折线条件下，u_{BE} 和 u_{CE} 变化时，谐振功率放大器工作点变化的轨迹称为动态线，也可称为谐振功率放大器的交流负载线。动态线上的每一点反映了基极电压 u_{BE}、集电极电压 u_{CE} 与集电极电流 i_C 之间的关系(即瞬时值关系)。下面以图 3.2.5 为例制作动态线。

当放大器工作在谐振状态时，由图 3.2.5 可得电路的外部关系：

$$u_{BE} = U_{BB} + U_{bm} \cos \omega t$$

$$u_{CE} = U_{CC} - U_{cm} \cos \omega t$$

由上两式可得

$$u_{BE} = U_{BB} + U_{bm} \frac{U_{CC} - u_{CE}}{U_{cm}} \tag{3.2.17}$$

将式(3.2.17)代入式(3.2.4)得动态线方程式：

$$i_C = G\left(U_{BB} + U_{bm} \frac{U_{CC} - u_{CE}}{U_{cm}} - U_{on} \right) \tag{3.2.18}$$

令 $u_{CE} = U_{CC}$ 时，$i_C = G(U_{BB} - U_{on})$ 为图 3.2.6 中的 Q 点，令 $i_C = 0$ 时 $u_{CE} = U_{CC} + \dfrac{U_{BB} - U_{on}}{U_{bm}} U_{cm}$ 为图 3.2.6 中 B 点。

图 3.2.6 中 U_{BB} 本身是负值，所以 Q 点的 i_C 为负值，实际上不可能存在集电极电流倒流的情况，所以 Q 点为虚拟辅助点。将 Q 点和 B 点连接，并向上延长与 $u_{BE} = U_{BE max} = U_{BB} + U_{bm}$ 的输出特性曲线相交于 A 点，则直线 AB 便是谐振功率放大器的动态线，即交流负载线。

处在放大区部分的动态线与输出特性曲线的每一个交点，都是放大器的输入信号作用下的动态工作点，利用这些点可以求出不同 ωt 值的 i_C 值，从而可以画出 i_C 的脉冲波形，在这个区 i_C 是沿 AB 线移动的。而进入饱和区后 i_C 只受 u_{CE} 控制，不再随 u_{BE} 变化，这时 i_C 沿饱和线 OA 移动。在电压 u_{BE} 和 u_{CE} 同时变化时，集电极电流 i_C 的动态路径沿 OA、AB、BD

变化。这三段线称为集电极电流动态特性。谐振功率放大器的动态负载电阻 R_c 可用动态线斜率的倒数求得

$$R_c = \frac{U_{cm}}{GU_{bm}} = \frac{I_{c1m}R_p}{GU_{bm}} \left(= \frac{CD-BD}{AC} \right) = \alpha_1(\theta)R_p(1-\cos\theta) \tag{3.2.19}$$

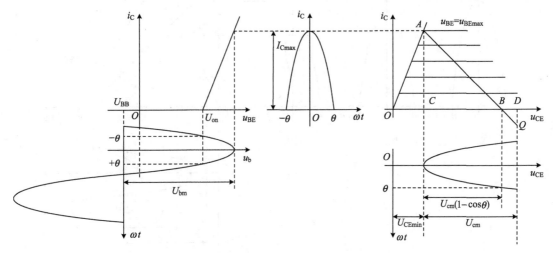

图 3.2.6　谐振功率放大器的动态线和集电极 i_C 电流波形

从式 (3.2.19) 看出谐振功率放大器的动态电阻 R_c 与通角 θ 有关，而且与谐振电阻 R_p 有关。要注意的是 R_c 与 R_p 是不同的两个量，R_c 是在 2θ 内求得的，而 R_p 是 U_{cm} 与 I_{c1m} 的比值。当放大器工作在甲类状态时，$\theta = 180°$，这时 R_c 与 R_p 相等。

2. 谐振功率放大器三种工作状态

由上可知，不同的 R_p 可有不同的动态线的斜率，因此，放大器的工作状态将随着 R_p 的不同而变化，图 3.2.7 作出了不同 R_p 时的三条负载线 (对应三种工作状态) 及相应的集电极电流脉冲波形。

谐振功率放大器三种工作状态为欠压状态、临界状态、过压状态，分别对应的动态线为 A_1Q、A_2Q、A_3Q。

1) 欠压状态

在图 3.2.7 所示动态线 A_1Q 下所画得的集电极电流是余弦脉冲，余弦脉冲高度是比较大的，集电极交变电压 U_{cm1} 幅度是比较小的，我们把这种工作状态称为欠压状态。当放大器工作在欠压状态时，R_p 较小、U_{cm1} 较小，在 $u_{CE} = u_{CEmin}$ 时负载线与 $u_{BE} = u_{BEmax}$ 所在的那条特性曲线交于 A_1 点，动态工作点摆动的上端离饱和区还有一段距离，这时动态工作点都处在晶体管特性曲线的放大区。

2) 临界状态

在图 3.2.7 所示动态线 A_2Q 下所画得的集电极电流波形仍是余弦脉冲波形，余弦脉冲高度是由 A_2 点决定的。在此状态下的脉冲高度比欠压状态略小，这时的集电极交变电压 U_{cm2} 幅度也是比较大的，我们把这种工作状态称为临界状态。当放大器工作在临界状态时，

R_p 较大、U_{cm2} 较大，在 $u_{CE} = u_{CE\,min}$ 时负载线与 $u_{BE} = u_{BE\,max}$ 所在的那条特性曲线交于临界点 A_2 点，除 A_2 点外，其余动态工作点都处在晶体管特性曲线的放大区。

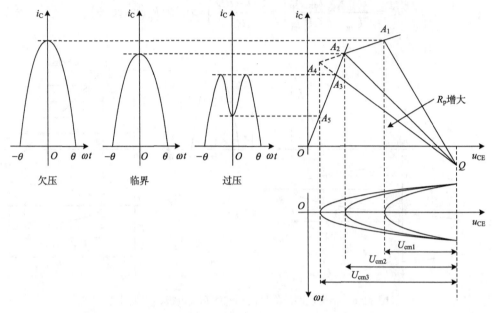

图 3.2.7　三种工作状态

3) 过压状态

在图 3.2.7 所示动态线 A_3Q 下所画得的集电极电流波形出现凹陷状态。把集电极电流脉冲出现凹顶形状的工作状态称为过压状态。当放大器工作在过压状态时，R_p 很大、U_{cm3} 也很大，在 $u_{CE} = u_{CE\,min}$ 时的负载线与特性曲线交于临界点 A_3 点，此时动态线的上端进入饱和区。在过压状态下，为什么出现凹陷？其原因是 R_p 加大到一定程度后，可使晶体管工作点摆动到饱和区内，当这个交变电压幅度 U_{cm3} 加大时，集电极 u_{CE} 却是减小的。当 u_{CE} 减小超过临界点 A_3 时，集电极电流将沿饱和线 OA_3 变化，其幅度从 A_3 点起不断降低，随着 U_{cm3} 继续加大，u_{CE} 迅速减小，在 A_5 点集电极电流降到最低值。当 u_{CE} 从最小值回升时，集电极电流也随着增大，直至脱离饱和区后，集电极电流才随 u_{CE} 增加而减小。结果导致集电极电流顶部出现凹陷的余弦脉冲，但是集电极输出交变电压 U_{cm3} 却是最大的（A_5 点的确定：将动态线 A_3Q 向上延伸与 $u_{BE} = u_{BE\,max}$ 输出特性的延长线相交于 A_4，然后由 A_4 点向下作垂线与临界线相交，则得 A_5 点，交点 A_3 决定了脉冲的高度，而 A_5 点决定了脉冲下凹处的高度）。

在欠压状态时，基波电压幅度较小，电路的功放作用发挥得不充分；而在过压时，电流出现凹陷，集电极电流中基波分量和平均分量都剧烈下降，并且其他谐波分量明显加大，这对于高频功率放大作用也很不利，通常高频功率放大会选择在临界状态工作，可以获得的输出功率最大，效率也很高。

3. R_p、U_{CC}、U_{bm}、U_{BB} 变化对工作状态的影响

1) R_p 变化对工作状态的影响

当 U_{BB}、U_{CC}、U_{bm} 一定时，放大器的性能将随 R_p 改变。在 R_p 由小增大时，放大器将

由欠压区进入过压状态，相应的 i_C 由余弦脉冲变为凹陷的脉冲，如图 3.2.8 所示。据此可画出 I_{C0}、I_{c1m}、U_{cm} 随 R_p 变化的性能，如图 3.2.9(a) 所示。通过计算，又可画出 P_o、P_{DC}、P_c 和 η_c 随 R_p 变化的曲线，如图 3.2.9(b) 所示。

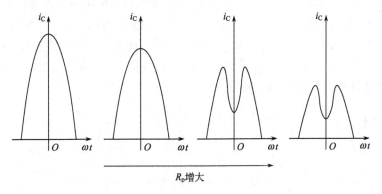

图 3.2.8 R_p 变化时的 i_C 波形

由图 3.2.9 可以得出以下结论。

(1) 在欠压工作状态下，R_p 较小，输出功率 P_o 和效率 η_c 都较低，集电极耗散功率 P_c 较大。当 R_p 由小增大时，相应地，I_{C0} 和 I_{c1m} 也将略有减小，U_{cm} 和 P_o 近似线性增大，P_{DC} 略有减小，结果是 η_c 增大，P_c 减小。应当注意，当 $R_p = 0$，即负载短路时，集电极耗散功率达到最大值，从而有使晶体管烧毁的可能，因此，在调整功率放大器的过程中，必须防止由于严重失谐而引起的负载短路。

(2) 在临界工作状态下，谐振功率放大器输出功率 P_o 最大，效率 η_c 也比较高，集电极耗散功率 P_c 较小。一般发射机的末级多采用临界工作状态。这时的放大器接近最佳工作状态，在临界工作状态下的 R_p 可由下式求得

$$R_p = \frac{1}{2}\frac{U_{cm}^2}{P_o} \approx \frac{1}{2}\frac{(U_{CC} - U_{CEmin})^2}{P_o}$$

(3) 在过压工作状态下，当负载 R_p 变化时，输出信号电压幅度 U_{cm} 变化不大，因此，在需要维持输出电压比较平稳的场合(如中间级)可采用过压状态。

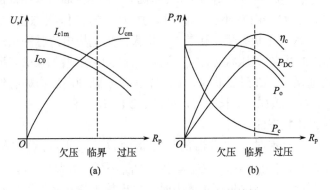

图 3.2.9 谐振功率放大器的负载特性

2) U_{CC} 变化对工作状态的影响

当 U_{BB}、U_{bm}、R_p 一定时，放大器的性能将随 U_{CC} 改变。在 U_{CC} 由较小值增大时，动态线由左向右平移，动态线的上端沿着 $u_{BE} = u_{BE\,max}$ 的输出特性曲线跟随自左向右平移，即放大器的工作状态由过压状态进入欠压状态，i_C 脉冲由凹顶状向尖顶脉冲变化（脉冲宽度近似不变），如图 3.2.10(a) 所示。在过压区时，i_C 脉冲高度将随 U_{CC} 增大而增高，凹陷深度将随 U_{CC} 增大而变浅，因而 I_{C0}、I_{c1m}、U_{cm} 将随 U_{CC} 增大而增大。在欠压区时，i_C 脉冲高度随 U_{CC} 变化不大，因而 I_{C0}、I_{c1m}、U_{cm} 将随 U_{CC} 增大而变化不大，如图 3.2.10(b) 所示。把 U_{cm} 随 U_{CC} 的变化特性称为集电极调制特性。

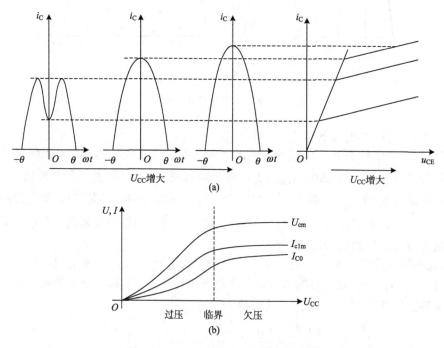

图 3.2.10　U_{CC} 变化对工作状态的影响

3) U_{bm} 变化对工作状态的影响

当 R_p、U_{CC}、U_{BB} 一定时，放大器的性能将随 U_{bm} 改变（把放大器性能随 U_{bm} 变化的特性称为放大特性）。在 U_{bm} 由较小值增大时，放大器的工作状态由欠压进入过压，如图 3.2.11(a) 所示。进入过压状态后，随着 U_{bm} 增大，集电极电流脉冲出现中间凹陷，且高度和宽度增加，凹陷加深。在欠压状态，U_{bm} 增大，i_C 脉冲高度增加显著，所以 I_{C0}、I_{c1m}、U_{cm} 随 U_{bm} 的增加而迅速增大。在过压状态，U_{bm} 增大，i_C 脉冲高度虽略有增加，但凹陷也加深，所以 I_{C0}、I_{c1m}、U_{cm} 随 U_{bm} 增长缓慢，如图 3.2.11(b) 所示。

4) U_{BB} 变化对工作状态的影响

当 R_p、U_{CC}、U_{bm} 一定时，放大器的性能将随 U_{BB} 改变。放大器工作状态变化如图 3.2.12(a) 所示。由于 $u_{BE\,max} = U_{BB} + U_{bm}$，所以 U_{bm} 不变、增大 U_{BB} 与 U_{BB} 不变、增大 U_{bm} 的情况是类似的，因此，U_{BB} 由负变正增大时，集电极电流 i_C 脉冲宽度和高度增大，并出现凹陷，放大器由欠压状态过渡到过压状态。I_{C0}、I_{c1m}、U_{cm} 随 U_{BB} 变化的曲线如图 3.2.12(b) 所示，利用这一特性可实现基极调幅作用，所以，把图 3.2.12(b) 所示特性曲线称为基极调制特性。

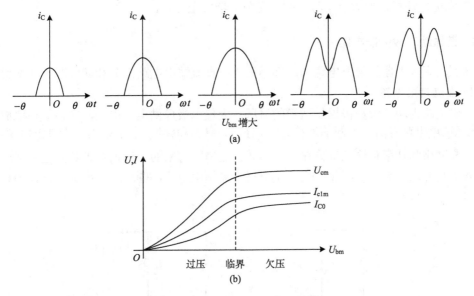

图 3.2.11　U_{bm} 变化对工作状态的影响

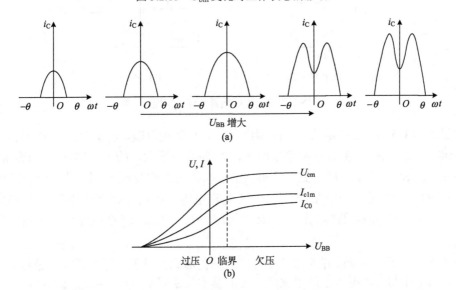

图 3.2.12　U_{BB} 变化对工作状态的影响

以上的讨论是非常有实用价值的，它可以指导我们调试谐振功率放大器。例如，一个丙类谐振功率放大器，其工作在临界状态，在调试中发现输出功率 P_o 和效率 η_c 均达不到设计要求，应如何进行调整？P_o 不能达到设计要求，表明放大器没有进入临界状态，而是工作在欠压或过压状态。若增大 R_p 能使 P_o 增大，则根据负载特性可以断定放大器实际工作在欠压状态，在这种情况下，可分别增大 R_p、U_{BB}、U_{bm} 或同时增大或两两增大，可使放大器由欠压状态进入临界状态，P_o 和 η_c 同时增长。如果增大 R_p 反而使 P_o 减小，则可断定放大器实际工作在过压状态，在这种情况下，增大 U_{CC} 的同时适当增大 R_p 或 U_{bm} 或 U_{BB}，可增大 P_o 和 η_c。注意，增大 U_{CC} 时必须注意放大器安全工作。

3.2.3　谐振功率放大器电路

谐振功率放大器的管外电路由两部分组成：直流馈电电路部分和滤波匹配网络部分。

1. 直流馈电电路

馈电电路为功放管基极提供适当的偏压，为集电极提供电源电压。在谐振功率放大器中，直流馈电电路有两种不同的连接方式，分别为串馈和并馈。所谓串馈是指直流电源 U_{CC}、滤波匹配网络和功率管这三部分在电路形式上是串联起来的。所谓并馈就是这三部分在电路形式上是并联起来的。图 3.2.13 是集电极直流馈电电路，图（a）是串馈电路，图（b）是并馈电路。

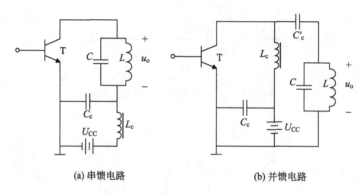

(a) 串馈电路　　　　　　　　　　　　(b) 并馈电路

图 3.2.13　集电极直流馈电电路

在图 3.2.13（a）中，LC 是滤波匹配网络；L_c 是高频扼流圈，C_c 是高频旁路电容，L_c 与 C_c 构成电源滤波电路，在信号频率作用下，L_c 的感抗很大，接近开路；C_c 的容抗很小，接近短路。L_c 和 C_c 的作用是避免信号电流通过直流电源产生反馈。在图 3.2.13（b）中，L_c 是高频扼流圈，C_c 是高频旁路电容，C_c' 为隔直电容，在信号频率作用下，L_c 的感抗很大，接近开路；C_c 和 C_c' 的容抗很小，接近短路。L_c、C_c、C_c' 在电路中的作用与串馈电路相同。

应该指出，所谓串馈或并馈，是指电路的结构形式。对于电压来说，无论是串馈还是并馈，直流电压与交流电压总是串联的，因而基本关系式 $u_c = U_{CC} - U_{cm}\cos\omega t$，对于串馈或并馈电路都适用。滤波匹配网络在串馈或并馈中的接入方式有所不同，在串馈中，滤波匹配网络处于直流高电位上，网络元件不能直接接地；而在并馈中，滤波匹配网络处于直流低电位上，因而网络元件可以直接接地。

对于基极电路来说，同样也有串馈与并馈两种形式，如图 3.2.14 所示。

其中，图 3.2.14（a）是串馈电路，图 3.2.14（b）是并馈电路。在实际应用中，一般不用 U_{BB} 电池供电，而是采用自给偏置电路，如图 3.2.15 所示。其中，图 3.2.15（a）是利用基极电流

脉冲 i_B 中的直流分量 I_{B0} 在电阻 R_b 上的压降产生自给偏压；图 3.2.15(b) 是利用射极电流脉冲 I_{E0} 在电阻 R_e 上的压降产生自给偏压。

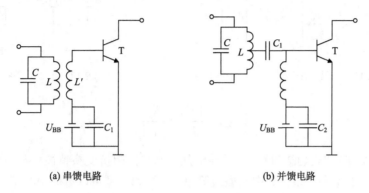

(a) 串馈电路　　　　　　　　　　　　　　(b) 并馈电路

图 3.2.14　基极馈电电路

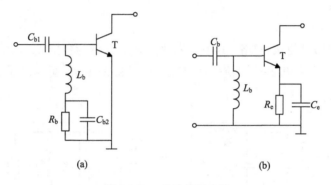

(a)　　　　　　　　　　　　　　(b)

图 3.2.15　自给偏置电路

2. 滤波匹配网络

功率放大器通过耦合电路与前后级连接，这种耦合电路称为匹配网络。如图 3.2.16 所示，对它提出如下要求：①匹配，使外接负载阻抗与放大器所需的最佳负载电阻相匹配，以保证放大器输出功率最大；②滤波，滤除不需要的各次谐波分量，选出所需的基波成分；③效率，要求匹配网络本身的损耗尽可能小，即匹配网络的传输效率要高。

匹配网络的形式有并联谐振回路型和滤波型两种。并联谐振回路型网络与小信号谐振放大器的谐振回路基本相同，这里不再讨论。实际高频功率放大器的设计主要是器件的工作点选择和常用的滤波匹配网络的设计。

为了分析方便，首先对串、并联阻抗转换公式做介绍。根据等效原理，由图 3.2.17 的端导纳相等，即 $\dfrac{1}{R_p}+\dfrac{1}{jX_p}=\dfrac{1}{R_s+jX_s}$，可以得到串联转换为并联阻抗公式：

$$R_p=\frac{R_s^2+X_s^2}{R_s}=R_s(1+Q_T^2),\quad X_p=\frac{R_s^2+X_s^2}{X_s}=X_s\left(1+\frac{1}{Q_T^2}\right)\tag{3.2.20}$$

式中，Q_T 为两个网络的品质因数，其值为

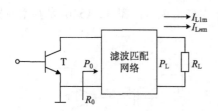

图 3.2.16　滤波匹配网络在电路中的位置

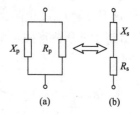

图 3.2.17　串并联阻抗变换

$$Q_{\mathrm{T}} = \frac{|X_{\mathrm{s}}|}{R_{\mathrm{s}}} = \frac{R_{\mathrm{p}}}{|X_{\mathrm{p}}|} \tag{3.2.21}$$

利用式(3.2.20)和式(3.2.21)，可以导出几种网络的阻抗变换特性。常用的匹配网络基本形式有 L 型、T 型和 π 型。其中 L 型最简单，T 型和 π 型可以看成由 L 型组成的。因此，只要把 L 型网络的匹配条件和推导过程弄清楚，其他两种网络就可以很容易地从 L 型网络演变出来。

1) L 型匹配网络

图 3.2.18(a)是 L 型匹配网络，其串臂为感抗 X_{s}，并臂为容抗 X_{p}，R_{L} 是负载电阻。X_{s} 和 R_{L} 是串联支路，根据串并联阻抗变换原理，可以将 X_{s} 和 R_{L} 变为并联元件 X_{p}' 和 R_{p}，如图 3.2.18(b)所示。

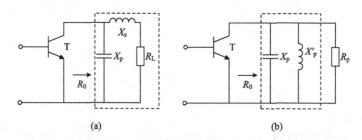

图 3.2.18　L 型网络的阻抗变换

令 $X_{\mathrm{p}} + X_{\mathrm{p}}' = 0$，即电抗部分抵消，回路两端呈现纯电阻 R_0，其值由式(3.2.20)求得：$R_0 = R_{\mathrm{p}} = R_{\mathrm{L}}(1 + Q_{\mathrm{T}}^2)$。由此求出 Q_{T}，再代入式(3.2.20)便可求出 L 型网络各元件参数的计算公式(图 3.2.18 中的 R_{L} 相当于式(3.2.20)中的 R_{s})：

$$|X_{\mathrm{s}}| = Q_{\mathrm{T}} R_{\mathrm{L}} = \sqrt{R_{\mathrm{L}}(R_0 - R_{\mathrm{L}})}, \quad |X_{\mathrm{p}}| = \frac{R_0}{Q_{\mathrm{T}}} = R_0 \sqrt{\frac{R_{\mathrm{L}}}{R_0 - R_{\mathrm{L}}}} \tag{3.2.22}$$

需要说明，由于 Q_{T} 为正值，因而 L 型匹配网络只能适用于 $R_0 > R_{\mathrm{L}}$ 的匹配情况。

2) T 型匹配网络

图 3.2.19(a)是 T 型匹配网络，其中两个串臂为同性电抗元件，并臂为异性电抗元件。为了求出 T 型匹配网络的元件参数，可以将它分成两个 L 型网络，如图 3.2.19(b)所示。然后利用 L 型网络的计算公式，经整理便可最终得到计算公式。

图 3.2.19(a)中的第二个 L 型网络与图 3.2.18(a)完全相同，因此可以直接得到计算公式：

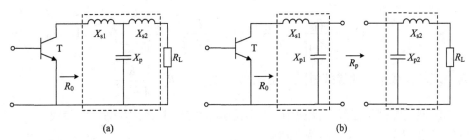

图 3.2.19　T 型网络的阻抗变换

$$R_p = R_L(1 + Q_{T2}^2) \tag{3.2.23}$$

$$|X_{s2}| = Q_{T2}R_L = \sqrt{R_L(R_p - R_L)}, \qquad |X_{p2}| = \frac{R_p}{Q_{T2}} = R_p\sqrt{\frac{R_L}{R_p - R_L}} \tag{3.2.24}$$

图 3.2.19(b) 中的第一个 L 型网络与图 3.2.18(a) 的网络是相反的，因此，可以将 R_0 视为 R_L，即

$$R_p = R_0(1 + Q_{T1}^2) \tag{3.2.25}$$

$$|X_{s1}| = Q_{T1}R_0 = \sqrt{R_0(R_p - R_0)}, \qquad |X_{p1}| = \frac{R_p}{Q_{T1}} = R_p\sqrt{\frac{R_0}{R_p - R_0}} \tag{3.2.26}$$

假定两个串臂为同性电抗元件的情况下，X_{p1} 和 X_{p2} 也为同性电抗元件，总的 X_p 可由 X_{p1} 与 X_{p2} 并联求出。

3) π 型匹配网络

π 型匹配网络如图 3.2.20(a) 所示，分析过程也是将 π 型网络分成两个基本的 L 型网络，然后按 L 型网络进行求解，等效电路如图 3.2.20(b) 所示。

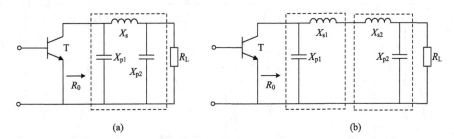

图 3.2.20　π 型网络的阻抗变换

π 型网络的分析过程可仿照 T 型网络进行，这里不再重复。其最后结果为

$$|X_{p1}| = \frac{R_0}{Q_{T1}}, \quad |X_{p2}| = \frac{R_L}{Q_{T2}} = \frac{R_L}{\sqrt{\frac{R_L}{R_0}(1 + Q_{T1}^2) - 1}}$$

$$|X_s| = |X_{s1}| + |X_{s2}| = \frac{Q_{T1} + \sqrt{\frac{R_L}{R_0}(1 + Q_{T1}^2) - 1}}{1 + Q_{T1}^2} \tag{3.2.27}$$

式中

$$Q_{T1} = \frac{R_0}{|X_{p1}|} = \frac{|X_{s1}|}{R_s}, \quad Q_{T2} = \frac{R_L}{|X_{p2}|} = \sqrt{\frac{R_L}{R_0}\left(1 + Q_{T1}^2\right) - 1} \tag{3.2.28}$$

R_s 是并联转换成串联的等效电阻。由式(3.2.20)求得 $R_s = \dfrac{R_L}{1 + Q_{T2}^2}$。

滤波型匹配网络已经广泛应用,实际放大的实现主要靠调整元件参数。

3. 谐振功率放大器的调谐与调配

谐振功率放大器在设计组装之后,还需要进行调整,以达到预期的输出功率和效率。谐振功率放大器的调整包括调谐与调配,下面分别进行讨论。

1) 调谐

调谐是将谐振功率放大器的负载回路调到谐振状态。前面分析过,谐振功率放大器工作在谐振状态时,输出电压的最大值与激励电压的最小值同时出现,即二者间相位差为180°。集电极电流脉冲的最大值 I_{Cmax} 与集电极电压最小值 $u_{CE\,min}$ 出现在同一时刻。因此,功放管的损耗最小,输出功率和效率达到最大,如图3.2.21(a)所示。当功率放大器工作在失谐状态时,回路阻抗下降,输出电压 u_C 与激励电压 u_b 相位差不是180°,集电极电流脉冲的最大值 I_{Cmax} 与集电极电压最小值 $u_{CE\,min}$ 不是发生在同一时刻,其间的关系如图3.2.21(b)所示。由于 $u_{CE\,min}$ 增加,集电极耗散功率增大。在严重失谐的情况下,耗散功率过大,甚至有烧坏功率管的危险,相应的输出功率和效率降低。

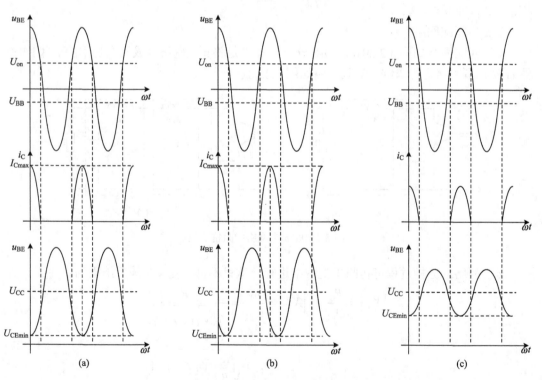

图3.2.21　谐振功率放大器在不同负载状态下的电压电流波形

2) 调配

功率放大器的调配，是放大器已经工作在谐振的状态下，再来调整负载。使回路的谐振电阻等于放大器所需的最佳负载电阻，以获得所需的输出功率和效率。谐振电阻不等于匹配电阻，也会产生严重后果。例如，当负载过重，即 R_L 太小时，反射到回路的等效电阻 $\dfrac{(\omega M)^2}{R_L}$ 太大，使谐振电阻过小，输出电压降低，集电极电压最小值 $u_{CE\min} = U_{CC} - U_{cm}$ 升高，导致集电极耗散功率 P_c 剧增，如图 3.2.21(c) 所示。反之，当负载太轻，如负载开路时，谐振电阻过大，相应地，u_C 增大，使放大器由原来的欠压或临界状态进入过压状态，放大管的反向峰值电压 $u_{CE\max} = U_{CC} + U_{cm}$ 过大，当 $u_{CE\max} > \beta U_{CEO}$ 时，功率管有可能被击穿。因此，放大器的调配对谐振功率放大器的正常工作是十分重要和必要的。

3) 调谐与调配的方法

在对放大器工作状态进行调整时，需要在电路内装入各种监测仪表。为了突出主要问题，我们只考虑直接监测调谐和调配的仪表，如图 3.2.22 所示。

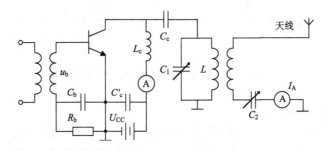

图 3.2.22　调谐放大器调整电路

为了保证功率管的安全，在调整之前应当减小激励电压 u_b 和电源电压 U_{CC}。因为在未调谐前，回路阻抗很小，放大器工作在欠压状态。功率管的耗散功率 P_c 很大，威胁着功率管的安全。减小 u_b 和 U_{CC} 都是为了减小 I_{C0} 的初始值，使开始的 P_c 不至于过大。

接通电源后，要迅速调可变电容 C_1。同时观察电流表中 I_{C0} 的量值，直至 I_{C0} 读数最小，这说明回路已调到谐振状态。因为回路谐振时其电阻最大，放大器可能进入过压状态，集电极电流 i_C 的脉冲凹陷加深，所以 I_{C0} 呈现最小值。由于功率管工作在深饱和的过压状态，基极电流 i_B 达到最大，基极直流分量 I_{B0} 也最大(这可由基极回路加电流表观测)。I_{C0} 和 I_{B0} 的变化如图 3.2.23(a) 所示。当回路调到谐振以后，再逐渐增大 U_{CC} 值，直至达到额定的 U_{CC} 为止。

在调谐时，为了使 I_{C0} 和 I_{B0} 变化明显，可尽量减小负载回路与集电极调谐回路间的耦合，即减小 M，或将负载断开。这时回路的谐振电阻很高，放大器进入强过压状态(即深饱和)，I_{C0} 最小，I_{B0} 最大。

回路谐振后，即可开始调配。调配是调负载回路的可调电容 C_2，使负载回路达到串联谐振，这时高频电流表 I_A 值达到最大，串联谐振回路的电阻最小，则反射到并联回路的等

效电阻 $\dfrac{(\omega M)^2}{R_{\mathrm{L}}}$ 最大，使回路的谐振电阻降低，结果使 I_{C0} 上升。调配仍需在弱耦合情况下进行，一旦达到匹配，再逐渐加强耦合即增大 M，直至 I_{C0} 上升不明显为止。

I_A 和 I_{C0} 随 C_2 的变化如图 3.2.23(b)所示。调整结束时，应使放大器工作在临界状态，输出功率和效率都达到较高值。

必须注意，图 3.2.23(a)和(b)都有谐振点，但 I_{C0} 一个是最小值，另一个是最大值。图(a)中最小值的谐振点是集电极回路的谐振(并联谐振)，图(b)的谐振点是负载回路的谐振(串联谐振)，千万不要混淆。

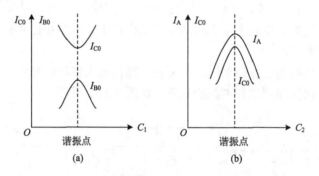

图 3.2.23　谐振功率放大器的调谐与调配特性

4. 谐振功率放大电路

(1)图 3.2.24 所示为一个工作频率为 160MHz 的谐振功率放大电路。该电路输入端采用 C_1、C_2、L_1 构成的 T 型输入匹配网络，它可将功率管的输入阻抗，在工作频率上变换为前级放大器所要求的 50Ω 匹配电阻。L_1 除了用以抵消功率管的输入电容作用外，还与 C_1、C_2 产生谐振，C_1 用来调匹配，C_2 用来调谐振。

该电路输出端可向 50Ω 外接负载提供 13W 功率，功率增益达 9dB。集电极采用并馈电路，L_c 为高频扼流圈，C_c 为旁路电容。L_2、C_3 和 C_4 构成 L 型输出匹配网络，调节 C_3 和 C_4，使外接 50Ω 负载电阻在工作频率上变换为放大器所要求的匹配电阻。基极采用自给偏压电路，由高频扼流圈 L_b 的直流电阻及晶体管基极体电阻产生很小的负偏压。

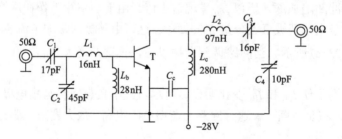

图 3.2.24　工作频率为 160MHz 的谐振功率放大电路

(2)图 3.2.25 所示为一个工作频率为 150MHz 的谐振功率放大电路。其 50Ω 外接负载提供 3W 功率，功率增益达 10dB。图中，基极采用由 R_b 产生负值偏置电压的自给偏置电路，L_b 为高频扼流圈，C_b 为滤波电容。集电极采用串馈电路，高频扼流圈 L_c 和 R_c、C_{c1}、C_{c2}、C_{c3} 组成电源滤波网络，放大器的输入端采用由 C_1、C_2、C_3 和 L_1 构成的 T 型滤波匹配网络，输出端采用由 $C_4 \sim C_8$ 和 $L_2 \sim L_5$ 构成的三级 π 型混合滤波匹配网络。

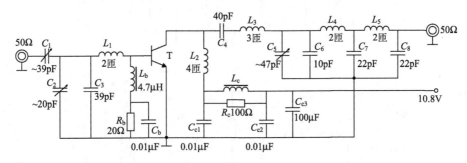

图 3.2.25　工作频率为 150MHz 的谐振功率放大电路

3.3　非谐振高频功率放大器

匹配网络由非谐振网络构成的放大器称为非谐振功率放大器。非谐振匹配网络通常有普通变压器和传输线变压器两种。所谓普通变压器是利用耦合原理，通过铁心中的公共磁通的作用，将初级线圈的能量传输给次级线圈。它的相对通频带也很宽，高低端频率之比达几百至几千。但是，由于变压器线圈的漏电感和分布电容的存在，其最高工作频率受到了限制。即使采用高磁导率的磁芯制作的普通变压器，最高工作频率也只能从几百千赫至几十兆赫。这就是说，利用普通变压器是无法提高上限工作频率的。而用传输线变压器作为匹配网络的功率放大器，上限工作频率可以扩展到几百兆赫乃至上千兆赫。因此，这种非谐振功率放大器也称为宽带高频功率放大器。由于这种放大器不需要调谐，在整个通频带内都能获得线性放大，因此，它特别适用于要求频率相对变化范围较大和要求迅速更换频率的发射机。因为改变工作频率，仅仅是改变放大器输入信号的频率，不再需要对放大器进行调谐。本节重点分析传输线变压器的工作原理，并介绍其主要应用。

3.3.1　传输线变压器

1. 传输线变压器的工作原理

1）传输线变压器的结构

将两根等长的导线（传输线）绕在铁氧体的磁环上就构成了传输线变压器。所用导线可以是扭绞双线、平行双线或同轴线等。磁环的直径视传输功率大小而定，传输功率越大，磁环的直径越大。一般 15W 的功率放大器，磁环直径为 10～15mm 即可。图 3.3.1(a) 是 1∶1 传输线变压器结构的示意图。图 3.3.1(b) 是传输线变压器的原理电路，信号电压从 1、3 端加入，经传输线变压器的传输，在 2、4 端把能量传给负载电阻 R_L。图 3.3.1(c) 是普通变压器形式的电路，但与普通变压器又有区别。普通变压器负载电阻 2、4 两端可以与地隔离，也可以任意一端接地。作为传输线变压器必须 2、3（或 1、4）两端接地，使输出电压与输入电压极性相反，是一个倒相变压器。

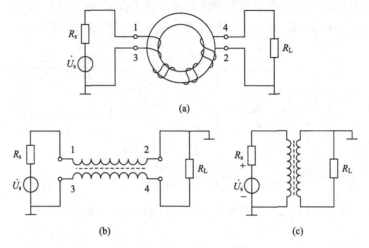

(a)

(b)   (c)

图 3.3.1   1 ： 1 传输线变压器

2) 传输线变压器的传输能量的特点

传输线变压器是将传输线的工作原理应用于变压器上，因此，它既有传输线的特点，又有变压器的特点，前者称为传输线模式，后者称为变压器模式。所谓传输线模式是由两根导线传输能量。在低频时，两根传输线就是普通导线连接线。而在所传输信号是波长可以和导线的长度相比拟的高频信号时，两根导线分布参数的影响不容忽视。由于两根导线紧靠在一起，而又同时绕在一个磁芯上，所以导线间的分布电容和导线上的电感都是很大的。它们分别称为分布电容和分布电感，如图 3.3.2 所示。

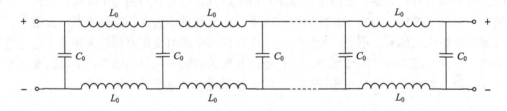

图 3.3.2   传输线在高频情况下的等效电路

对于传输线模式，在具有分布参数的电路中，能量的传播是靠电能和磁能互相转换实现的。如果认为 C_0 和 L_0 是理想分布参数，即忽略导线的欧姆损耗和导线间的介质损耗，那么在信号加入后，信号源的能量将全部被负载所吸收。这就是说，传输线间的分布电容非但不会影响高频特性，反而是传播能量的条件，从而使传输线变压器的上限工作频率提高。

对于宽带信号的低频端，由于信号的波长远大于导线的长度，单位长度上的分布电感和分布电容都很小，这就很难像高频那样利用电能和磁能相互转换的方法传输能量，于是传输线模式失效，变压器模式发挥作用。当信号加入后，变压器模式靠磁耦合方式传输能量。我们知道，变压器低频响应之所以下降，是由于初级电感量不够大造成的，而传输线变压器的磁环具有增大初级电感量的作用，因此，它的低频响应也有很大的改善。

总之，传输线变压器对不同频率是以不同的方式传输能量的，对高频以传输线模式为主；对低频以变压器模式为主，频率越低，变压器模式越突出。

从上述传输线变压器的工作原理，可以归纳出其基本特点如下。

(1)工作频带宽，频率覆盖系数可达 10^4。而普通高频变压器上限频率只有几十兆赫，频率覆盖系数只有几百或几千。

(2)通带的低频范围得到扩展，这是依靠高磁导率的磁芯获得很大的初级电感的结果。

(3)通带的上限频率不受磁芯上限频率的限制，因为对于高频，它以传输线的原理传输能量。

(4)大功率运用时，可以采用较小的磁环，也不致使磁芯饱和与发热，因而减小了放大器的体积。

3)传输线变压器的主要参数

传输线变压器的主要参数有特性阻抗和插入损耗。传输线变压器的参数用来表征传输线变压器的固有特性，它与导线长度、介质材料、线径和磁芯形式等有关，而与其传输的信号电平无关。

由传输线的理论可知，传输线的特性阻抗 Z_c 为

$$Z_c = \sqrt{\frac{r + j\omega L}{G + j\omega C}}$$

式中，r 为传输线上单位长度的损耗电阻；L 为传输线上单位长度的分布电感；G 为传输线上单位长度的线间电导；C 为传输线上单位长度的分布电容。

对于理想无耗或工作频率很高的传输线，有 $r \ll \omega L$，$G \ll \omega C$，则传输线的特性阻抗为

$$Z_c = \sqrt{\frac{L}{C}}$$

由于传输线变压器是在负载与放大器间起匹配作用的网络，因此，该系统达到匹配时，传输线始端的电阻恒等于传输线的特性阻抗，且负载电阻与特性阻抗相等。由传输线的分析可知，当信号源内阻为 R_s，负载电阻为 R_L 时，满足最佳功率传输条件的传输线特性阻抗，称为最佳特性阻抗，其值为

$$Z_{copt} = \sqrt{R_s \cdot R_L}$$

当 R_s 和 R_L 已知时，可根据上式求出传输线的最佳特性阻抗 Z_{copt}。

传输线的另一个参数是插入损耗 L_p。实际工作中，传输线变压器不可能做到理想匹配，因此，传到终端的能量不能全部被负载吸收。其中一部分被负载吸收，另一部分经终端反射又回到信号源，信号在往返途中，被传输线介质和信号源内阻损耗掉，这种损耗就称为插入损耗。

产生插入损耗的主要原因，是传输线终端电压和电流对于始端产生相移。我们知道，电磁波自始端传到终端，是需要一定时间的。终端电压、电流总要滞后于始端相应电压、电流一个相位 φ，这个相位与传输信号波长 λ 及传输线距离 l 的关系为

$$\varphi = \frac{2\pi}{\lambda} \cdot l = \beta \cdot l \tag{3.3.1}$$

式中，$\beta = \dfrac{2\pi}{\lambda}$ 称为相移常数。

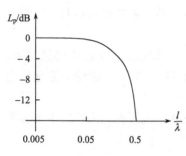

图 3.3.3　传输线变压器的输入损耗

从式(3.3.1)可见，工作频率越高和传输线越长，相位差越大。当 $l = \dfrac{\lambda}{2}$ 时，$\varphi = \pi$，这说明终端电流与始端电流相位相反，产生全反射，负载上完全得不到功率，插入损耗为无穷大。随着 l 的减小，插入损耗减小。当 $\beta \cdot l = 0$ 时，$\varphi = 0$，表明终端电流相位与始端电流相位相同，传输能量完全被负载所吸收，插入损耗趋于零。这是理想的匹配情况，实际不可能是这样。因此，要求传输线距离尽可能短，一般规定，传输线长度取工作波段最短波长的 1/8 或更短些。l 也不能取得过短，因为 l 过短，将使初级绕组的电感量降低，低频的频率特性变坏。输入损耗 L_p 与传输线相对长度 $\dfrac{l}{\lambda}$ 的关系，如图 3.3.3 所示。

2. 传输线变压器的应用

上面对 1∶1 倒相传输线变压器的工作原理进行了分析和讨论，在此基础上再来介绍几种常用的传输线变压器。按照变压器的工作方式，传输线变压器常用作极性变换、平衡和不平衡变换以及阻抗变换等。

1) 极性变换

传输线变压器进行极性变换后，就是 1∶1 倒相传输线变压器。为了说明它的极性变换作用，我们把 1∶1 倒相传输线变压器电路重绘于图 3.3.4 中。其中图 3.3.4（a）是等效为变压器的原理电路，图 3.3.4(b)是等效为传输线的原理电路。

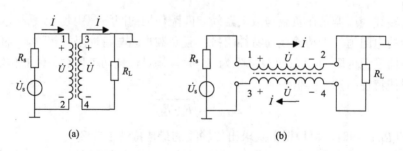

(a)　　　　　　　　　　　　　　　　　(b)

图 3.3.4　1∶1 倒相传输线变压器

对于图 3.3.4(a)，在信号源的作用下，初级绕组 1、2 端有电压 $\dot{U}$，其极性为 1 端正、2 端负；在 $\dot{U}$ 的作用下，通过电磁感应，在变压器次级 3、4 端产生等值的电压 $\dot{U}$，极性为 3 端正、4 端负。由于 3 端接地，所以负载电阻上的电压与 3、4 端电压 $\dot{U}$ 的极性相反，从而实现了倒相作用。

在各种放大器中，负载电阻 R_L 正好等于信号源内阻的情况是很少的。因此，1∶1 传输线变压器很少用作阻抗匹配元件，大多数都是用作倒相器。

2) 平衡和不平衡的互相变换

图 3.3.5 是传输线变压器用作平衡与不平衡电路的互相变换。图 3.3.5(a)是将平衡输入电路变换为不平衡的输出电路，输入端两个信号源的电压和内阻均相等，分别接在地的两旁，这种接法称为平衡。输出负载只有单端接地，称为不平衡。图 3.3.5(b)是将不平衡输入变为平衡的输出电路。

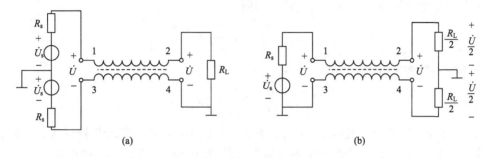

图 3.3.5　平衡与不平衡的互相变换

3) 阻抗变换

传输线变压器的第三个用途，是在输入端和输出端之间实现阻抗变换。由于传输线变压器结构的限制，它不能像普通变压器那样，借助匝数比的改变实现任何阻抗比的变换，而只能完成某些特定阻抗比的变换，如 4∶1、9∶1、16∶1 或者 1∶4、1∶9、1∶16 等。所谓 4∶1 是传输线变压器的输入电阻 R_i 是负载电阻 R_L 的四倍，即 $R_i=4R_L$；而 $R_i=R_L/4$，则称为 1∶4 的阻抗变换。图 3.3.6(a)和(b)分别表示 4∶1 和 1∶4 的传输线变压器阻抗变换电路，图(c)和(d)为与其相应的一般变压器形式的等效电路。

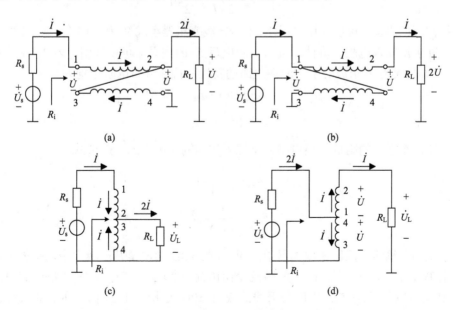

图 3.3.6　4∶1 和 1∶4 传输线变压器电路

对于 4：1 的阻抗变换电路而言，如果设负载电阻 R_L 上的电压为 $\dot U$，则传输线终端和始端的电压均为 $\dot U$，因此，信号源端的电压为 $2\dot U$。当信号源提供的电流为 $\dot i$ 时，则通过 R_L 的电流为 $2\dot i$，于是负载电阻 R_L 为

$$R_L = \frac{\dot U}{2\dot i} \tag{3.3.2}$$

从信号源向传输线变压器看去的输入电阻为

$$R_i = \frac{2\dot U}{\dot i} = 4\frac{\dot U}{2\dot i} 4R_L \tag{3.3.3}$$

传输线的特性阻抗为

$$Z_c = \frac{\dot U}{\dot i} = 2\frac{\dot U}{2\dot i} = 2R_L \tag{3.3.4}$$

图 3.3.6(b) 和 (d) 分别表示 1：4 传输线变压器的传输线形式和变压器形式。设流过负载电阻 R_L 的电流为 $\dot i$，信号源提供的电流为 $2\dot i$，由图 (d) 可见，负载电阻 R_L 上的电压为 $2\dot U$，即 $\dot U_L = 2\dot U$。负载电阻为

$$R_L = \frac{\dot U_L}{\dot i} = \frac{2\dot U}{\dot i} \tag{3.3.5}$$

从信号源向传输线变压器看去的输入电阻为

$$R_i = \frac{\dot U}{2\dot i} = \frac{1}{4}\frac{2\dot U}{\dot i} = \frac{1}{4}R_L \tag{3.3.6}$$

从而实现 1：4 的阻抗变换。传输线变压器的特性阻抗为

$$Z_c = \frac{\dot U}{\dot i} = \frac{1}{2}\frac{2\dot U}{\dot i} = \frac{1}{2}R_L \tag{3.3.7}$$

根据相同的原理，可以利用多组 1：1 传输线变压器组成 9：1、16：1 或 1：9、1：16 等电路，并求出输入电阻、特性阻抗与负载电阻 R_L 的关系。可以证明，若 1：1 传输线变压器组数为 n，则由它组成的阻抗变换电路的特性阻抗和输入电阻分别为

$$Z_c = (n+1)R_L \tag{3.3.8}$$

$$R_i = (n+1)^2 R_L \tag{3.3.9}$$

对于变比小于 1 的阻抗变换电路，特性阻抗和输入电阻的一般公式为

$$Z_c = \frac{1}{n+1}R_L \tag{3.3.10}$$

$$R_i = \frac{1}{(n+1)^2}R_L \tag{3.3.11}$$

为了说明传输线变压器在放大器中的应用，图 3.3.7 给出了某高频宽带功率放大电路简图。其中 Tr_1、Tr_2 和 Tr_3 都是 4：1 的阻抗变换传输线变压器，Tr_1 与 Tr_2 串联，其总的阻抗变比为 16：1。第二级高输出电阻与天线的低阻(50Ω)连接，用了 4：1 的传输线变压器阻抗变换电路。为了改善放大器的频率特性，两级都加了负反馈电路，第一级的反馈电阻为 R_1 和 R_2；第二级的反馈电阻为 R_3 和 R_4。由于两级放大器都是电压并联负反馈，因此，除

了改善频率特性外，还有降低输出电阻的作用。

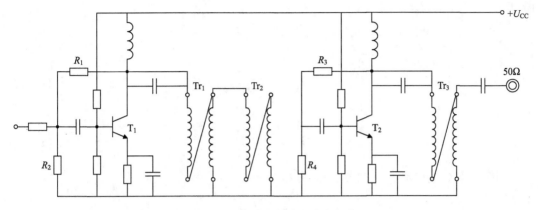

图 3.3.7 宽带高频功率放大电路

这种放大器在整个工作波段内，可以达到不需要调谐的目的，这是用降低放大器的效率换取的。宽带功率放大器的效率是很低的，一般只有 20% 左右。

3.3.2 功率合成电路

利用传输线变压器构成一种混合网络，可以实现宽频带功率合成和功率分配的功能。

1. 传输线变压器在功率合成中的应用

1) 反相功率合成电路

利用传输线变压器组成的反相功率合成原理电路如图 3.3.8 所示。图中，Tr_1 为混合网络，Tr_2 为平衡-不平衡变换器；两个功率放大器 A 和 B 输出反相等值功率，提供等值反相电流 $\dot{I}_a$ 和 $\dot{I}_b$；通过电阻 R_c 的电流为 $\dot{I}_c$，通过电阻 R_d 的电流为 $\dot{I}_d$。

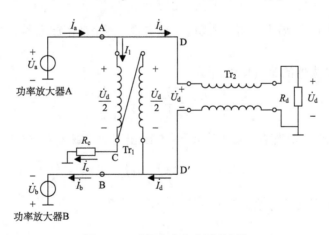

图 3.3.8 反相功率合成原理电路

由图 3.3.8 可知，通过 Tr_1 两绕组的电流为 $\dot{I}$，有

$$A 端：\quad \dot{I} = \dot{I}_a - \dot{I}_d$$

B 端：
$$\dot{I}=\dot{I}_d-\dot{I}_b$$

所以

$$\dot{I}_a-\dot{I}_d=\dot{I}_d-\dot{I}_b$$

可得

$$\dot{I}_d=\frac{1}{2}(\dot{I}_a+\dot{I}_b) \tag{3.3.12}$$

及

$$\dot{I}=\frac{1}{2}(\dot{I}_a-\dot{I}_b) \tag{3.3.13}$$

相应写出 C 端电流 $\dot{I}_c$，由图 3.3.8 可知

$$\dot{I}_c=2\dot{I}$$

根据式(3.3.13)，还有 $\dot{I}_c=(\dot{I}_a-\dot{I}_b)$。

如果满足 $\dot{I}_a=\dot{I}_b$，就会有 $\dot{I}_c=0$，则在 C 端无输出功率。这时还会有(参照式(3.3.12))

$$\dot{I}_d=\dot{I}_a=\dot{I}_b$$

若在电阻 R_d 上的电压为 $\dot{U}_d$，显然为

$$\dot{U}_d=\dot{I}_d R_d$$

传输线变压器 Tr$_2$ 为 1∶1 平衡-不平衡变换器，因此在 DD′ 之间电压也为 $\dot{U}_d$，由电压环路 ADD′B 可得

$$\dot{U}_a=\dot{U}_b=\frac{\dot{U}_d}{2}$$

则两个功率放大器注入的功率为

$$\dot{U}_a\dot{I}_a+\dot{U}_b\dot{I}_b=\dot{U}_d\dot{I}_d$$

上述结果表明已在 R_d 上获得合成功率，或者说，两个功率放大器输出的反相等值功率在 R_d 上叠加起来。

每一个功率放大器的等效负载 R_L 为

$$R_L=\frac{\dot{U}_a}{\dot{I}_a}=\frac{\dot{U}_b}{\dot{I}_b}=\frac{\dot{U}_d}{2\dot{I}_d}=\frac{\dot{R}_d}{2}$$

如果取 $R_d=4R_c$，则当某一功率放大器(如 B)出现故障或者 $\dot{I}_a\neq\dot{I}_b$ 时，A 端电压为

$$\dot{U}_a=\frac{\dot{U}_d}{2}+2\dot{I}R_c=\frac{\dot{I}_d}{2}R_d+(\dot{I}_a-\dot{I}_b)R_c=\frac{\dot{I}_a}{2}R_d$$

因此功率放大器 A 的等效负载仍等于

$$R_L=\frac{R_d}{2}$$

它表示 B 端出故障不会影响 A 端，反之亦然，也就是说，A 端和 B 端之间是隔离的。但注意在一个功率放大器损坏时，另一个功率放大器的输出功率将均等分配到 R_d 和 R_c 上，这时，在电阻 R_d 上所获功率减小到两功率放大器正常时的四分之一。

2) 同相功率合成电路

在图 3.3.8 中,若两个功率放大器 A 和 B 输出同相等值功率,提供等值同相电流 $\dot{I}_\text{a}$ 和 $\dot{I}_\text{b}$,则可称为同相功率合成电路。采用和上面类似的方法可以证明,此时两功率放大器的注入功率在 C 端 R_c 上合成,而在 D 端电阻 R_d 上无输出功率。后者所接电阻称为假负载或平衡电阻。

通过分析,在同相功率合成电路中,偶次谐波分量在输出端是叠加的,而在上面反相功率合成电路中则互相抵消。显然,这是同相功率合成的一个不足之处。

实际设计中,利用传输线变压器组成功率合成电路,能较好地解决宽频带、大功率、低损耗等一系列技术指标要求。目前,实用功率合成技术已经成熟,可获得成百上千瓦高频输出功率。由于功率合成网络结构简单,又很容易配合各种固态射频功放电路的运用,因此已在无线通信电台等诸多地方成为主要发射设备。

2. 传输线变压器在功率分配中的应用

下面举例说明分配器在共用天线系统中的应用。图 3.3.9 是电视接收机的共用天线系统,简称 CATV 系统。最简单的共用天线系统,包括接收天线、混合器、放大器、分支器和分配器等。天线接收各频道的电视信号,然后送入混合器,混合器的作用是将各频道的电视信号进行混合,变为一路频分制电视信号。放大器采用宽带放大器,用来补偿传输电缆和各分支系统的衰减。分支器和分配器是一些简单的无源网络,它们的主要作用是阻抗匹配和分配功率。

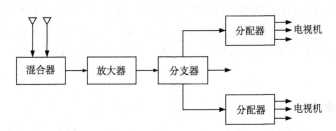

图 3.3.9　分配器在共用天线系统中的应用

图 3.3.10(a) 是二分配器实际电路。它有一个输入端和两个输出端,使一路信号输入变为二路信号输出,故称为二分配器。分配器由传输线变压器 Tr_2 和负载电阻 R_1、R_2 以及平衡电阻 R_d 组成。Tr_1 是阻抗变换器,使分配器的输入阻抗与信号源的阻抗匹配。

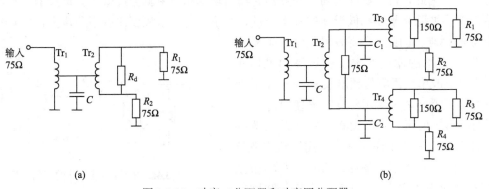

(a)　　　　　　　　　　　　　　　　　　(b)

图 3.3.10　功率二分配器和功率四分配器

图 3.3.10(b)是四分配器电路,它有一个输入端和四个输出端。工作原理与二分配器相同,只是多了一重组合。理想情况下,每一个输出端的功率应该是输入功率的1/4。四分配器除了均等地分配功率和各路之间相互隔离外,还有阻抗匹配功能,即负载阻抗为75Ω,输入阻抗也为75Ω。各变压器变比除 Tr_1 为 2∶1 外,其余都是 1∶2。

3.4 倍 频 器

倍频器是能将输入信号频率呈整数倍增加的电路,如图 3.4.1(a)所示。倍频器用在通信电路中,其主要优点是:①可降低主振器的频率,这样可稳定频率;②扩展发射机的波

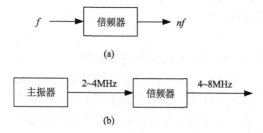

(a)

(b)

图 3.4.1 倍频器框图及其应用

段,如果倍频器用在中间级,借助波段开关既可实现倍频又可完成放大,如图 3.4.1(b)所示,主振器为 2~4MHz,经过倍频器对 2~4MHz 后输出频率范围为 4~8MHz;③提高调制度,对调频或调相发射机,利用倍频器可以加深调制度,从而获得大的相移或频偏。

常用的倍频器有两类:一类是利用丙类放大器集电极电流脉冲的谐波来获得倍频,称为丙类倍频器;另一类是利用 PN 结结电容的非线性变化来实现倍频作用的,称为参量倍频器。不论哪一种倍频器,它们都是利用器件的非线性对输入信号进行非线性变换,再从谐振系统中取出 n 次谐波分量而实现倍频作用的。当倍频次数较高时,一般都采用参量倍频器。

3.4.1 丙类倍频器

工作在丙类状态的放大器,晶体管集电极电流脉冲中含有丰富的谐波分量,如果把集电极谐振回路调谐在二次或三次谐波频率上,那么放大器只有二次谐波电压或三次谐波电压输出,这样丙类放大器就成了二倍频或三倍频器。通常丙类倍频器工作在欠压或临界工作状态。

在这里需要指出的是:①集电极电流脉冲中包含的谐波分量幅度总是随着 n 的增大而迅速减小,因此,倍频次数过高,倍频器的输出功率和效率就会过低;②倍频器的输出谐振回路需要滤除高于 n 和低于 n 的各次分量。低于 n 的分量幅度比有用分量大,要将它们滤除较为困难。因此,倍频次数过高,对输出谐振回路提出的滤波要求就会过高而难以实现。所以一般单级丙类倍频器取 $n=2~3$,若要提高倍频次数可将倍频器级联起来使用。

图 3.4.2 所示为三倍频器,图中 L_3C_3 为并联回路调谐在三次谐波频率上,用以获得三倍频电压输出,而串联谐振回路 L_1C_1、L_2C_2 分别调谐在基波和二次谐波频率上,与并联回路

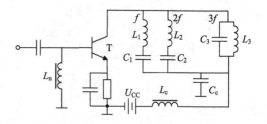

图 3.4.2 带有陷波电路的三倍频器

L_3C_3 相并联, 从而可以有效地抑制它们的输出, 故 L_1C_1 和 L_2C_2 回路称为串联陷波电路。

3.4.2　参量倍频器

目前广泛采用变容二极管电路做参量倍频器。这是由于变容二极管具有结构简单、工作频率高的特点。它的倍频次数可高达 40 倍以上。

1. 变容二极管的特性及原理

根据第 1 章关于变容二极管原理介绍, 我们知道, 变容管结电容 C_j 与反向偏置电压绝对值 u_r 之间的关系为

$$C_j = \frac{C_{j0}}{\left(1 + \dfrac{u_r}{U_\varphi}\right)^\gamma} \tag{3.4.1}$$

其关系曲线如图 3.4.3 (a) 所示, 若在变容管两端加上反向偏压 U_Q 及正弦波电压 $U_m \sin \omega t$ (图 3.4.3 (b)) 后, 变容管结电容 C_j 随交流电压变化的波形如图 3.4.3 (c) 所示。由图可见, 它们之间不是线性关系。流过变容管结电容 C_j 的电流 i 与电容量、电压的关系为

$$i = C_j \frac{du_r}{dt} \tag{3.4.2}$$

$$\frac{du_r}{dt} = \frac{d(U_Q + U_m \sin \omega t)}{dt} = U_m \omega \cos \omega t \tag{3.4.3}$$

式 (3.4.3) 的曲线如图 3.4.3 (d) 所示。将图 3.4.3 (c) 和 (d) 所示曲线相乘, 可得变容管输出电流波形如图 3.4.3 (e) 所示。可见 i 不再是正弦波形而是呈歪斜形状的非正弦波形, 它含有许多谐波分量, 可达到倍频目的。

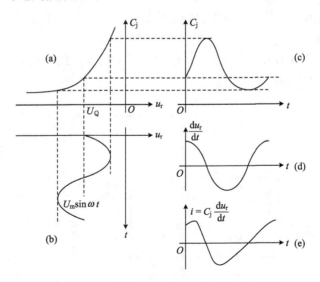

图 3.4.3　变容管在正弦电压作用下的电流波形

2. 变容管倍频器

变容管倍频器可分为并联型和串联型两种基本形式。如图 3.4.4 所示, 图 (a) 是并联型

电路(变容管、信号源和负载三者相并联)，图(b)是串联型电路(变容管、信号源和负载三者相串联)。图中 F_1 和 F_n 为分别调谐于基波和 n 次谐波的理想带通滤波器。

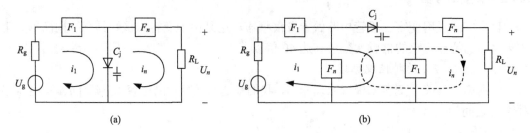

图 3.4.4   变容管倍频器原理图

图 3.4.4(a)的工作原理是，由信号源产生频率为 F_1 的正弦电流 i_1，通过 F_1 和变容管，由于变容管的非线性作用，其两端电压中的 nF_1 分量经谐振回路 F_n 选取后，负载 R_L 上可获得 n 倍频信号输出。

图 3.4.4(b)的工作原理是，信号源产生基波激励电流 i_1，电流 i_1 通过变容管，在 C_j 上产生各次谐波的电压，其中 n 次谐波电压产生的 n 次谐波电流 i_n 通过负载 R_L，因此，倍频器输出端即有 n 次谐波信号输出。串联倍频器适用于 $n>3$ 的高次倍频。

3.5   实训：高频谐振功率放大器的仿真与性能分析

本节利用 PSpice 仿真技术来完成对高频谐振功率放大器的测试、性能分析。熟悉谐振功率放大器的三种工作状态及调整方法。

范例：观察输出波形及功率放大器的三种状态。

1. 绘出电路图

(1)建立一个项目 CH3，然后绘出如图 3.5.1 所示的电路图。其中信号源 V1 用 VSIN，变压器 T1 用 XFRM_LINEAR 元件。

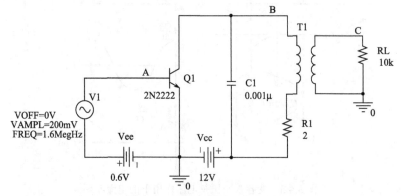

图 3.5.1   高频谐振功率放大器

(2)设置 T1 参数：双击"T1"打开"Property Editor"窗口，将"COUPLING(互感)"

设定为"0.99"，"L1_VALVE"设置为"0.01m"，"L2_VALVE"设置为"0.5m"，为两线圈的电感量。

(3)将图 3.5.1 中的其他元件编号和参数按图中设置。

注意：图中 A、B、C 是各点的编号(执行"Place"→"Net Alias"命令，用于设置各点编号)。

2. 瞬态分析

(1)创建瞬态分析仿真配置文件，设定瞬态分析参数："Run to time"设置为"8μs"，"Start saving data after"设置为"2μs"，"Maximum step size"设置为"1ns"。

(2)启动仿真观察晶体管集电极电流波形。

①设定输入信号 V1 的峰值电压 VAMPL 为 200mV，启动仿真。

②在波形窗口的菜单中选择"Trace"→"Add Trace"选项，弹出"Add Trace"窗口，在"Trace Expression"栏处用鼠标选择或直接由键盘输入字符串"I(Q1:C)"。再单击"OK"按钮退出"Add Trace"窗口。这时的波形窗口出现高频谐振功率放大器集电极电流波形(余弦尖脉冲)，如图 3.5.2 所示。从图中可以看出高频谐振功率放大器工作在欠压状态。

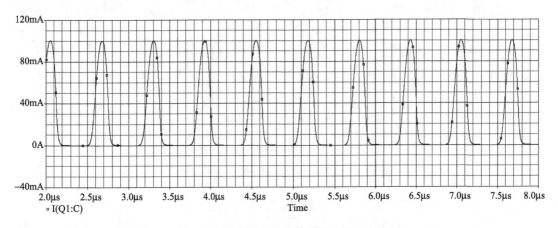

图 3.5.2　高频谐振功率放大器集电极电流波形

③增大输入信号 V1 的峰值电压，再次观察集电极电流波形。

④将输入信号 V1 的峰值电压设定为"230mV"。观察集电极电流波形(波形出现凹陷)，如图 3.5.3 所示。从图中可以看出高频谐振功率放大器工作在过压状态。

⑤继续增大输入信号 V1 的峰值电压，再次观察集电极电流波形。

(3)启动仿真观察功率放大器负载上的电压波形。

①设定输入信号 V1 的峰值电压 VAMPL 为"200mV"，启动仿真。

②在波形窗口的菜单中选择"Trace"→"Add Trace"选项，打开"Add Trace"窗口。在"Trace Expression"栏处输入这样的字符串"V(C)"。再单击"OK"按钮退出"Add Trace"窗口。这时波形窗口出现高频谐振功率放大器负载上的电压波形，如图 3.5.4 所示。

③增大输入信号 V1，设定输入信号 V1 峰值电压为"230mV"，再次观察负载上的电压波形，如图 3.5.5 所示。

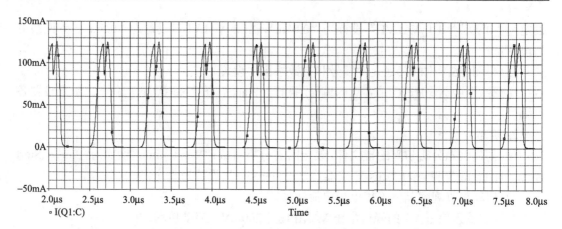

图 3.5.3　工作在过压状态时集电极电流波形

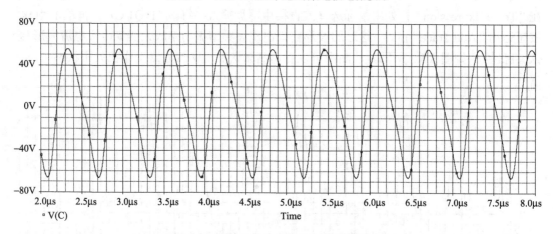

图 3.5.4　谐振功率放大器负载上的电压波形

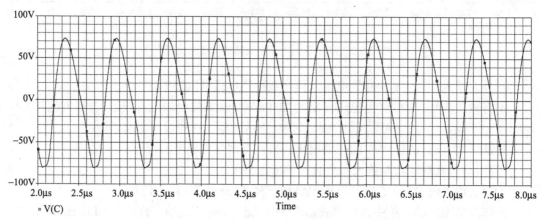

图 3.5.5　工作在过压状态时负载上的电压波形

3. 交流分析

（1）创建交流分析仿真配置文件，设置交流分析参数：选择"Logarithmic"→"Decade"选项，设置"Start Frequency"为"1kHz"，"End Frequency"为"200MHz"，设置"Points/Decade"

为 "20" 点。

(2)启动仿真观察瞬态分析输出波形。

① 设定输入信号 V1 的 AC 源为 200mV,启动仿真。

② 在波形窗口的菜单中选择 "Trace" → "Add Trace" 选项,打开 "Add Trace" 窗口。在 "Trace Expression" 栏处用鼠标选择或直接由键盘输入这样的字符串 "V(C)"。再单击 "OK" 按钮退出 "Add Trace" 窗口。这时波形窗口出现高频谐振功率放大器的幅频特性曲线,如图 3.5.6 所示。

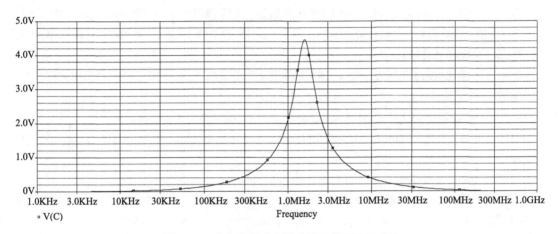

图 3.5.6 高频谐振功率放大器的幅频特性曲线

思考题与习题

3.1 什么叫作高频功率放大器?它的功用是什么?为什么高频功放一般在丙类状态下工作?为什么通常采用谐振回路作为负载?

3.2 高频功放的欠压、临界、过压状态是如何区分的?各有什么特点?当 U_{CC}、U_{bm}、U_b、R_p 四个外界因素只变化其中的一个时,高频功放的工作状态如何变化?

3.3 已知高频功放工作在过压状态,现欲将它调整到临界状态,可以改变哪些外界因素来实现?变化方向如何?在此过程中集电极输出功率如何变化?

3.4 谐振功率放大器原来工作在临界状态,若集电极回路稍有失谐,放大器的 I_{C0}、I_{c1m} 将如何变化?P_c 将如何变化?有何危险?

3.5 已知谐振功率放大器,输出功率 P_o=1W。现增加 U_{CC},发现放大器的输出功率 P_o 增加,为什么?如发现放大器的输出功率 P_o 增加不明显,这又是为什么?

3.6 高频功率放大器中提高集电极效率的主要意义是什么?

3.7 当工作频率提高后,高频功放通常出现增益下降,最大输出功率和集电极效率降低,这是由哪些因素引起的?

3.8 为了使输出电流最大,二倍频和三倍频的最佳通角分别为多少?

3.9 设一个谐振功率放大器的谐振回路具有理想的滤波性能,试说明它的动态线是什么曲线,在过压状态下集电极脉冲电流波形为什么会中间凹陷?

3.10　设两个谐振功率放大器具有相同的回路元件参数，它们的输出功率 P_o 分别为 1W 和 0.6W。现若增大两放大器的 U_{CC}，发现其中 P_o 为 1W 的放大器输出功率增加不明显，而 P_o 为 0.6W 的放大器输出功率增加明显，试分析其原因。若要增大 1W 放大器的输出功率，试问还应同时采取什么措施(不考虑功率管的安全工作问题)？

3.11　谐振功率放大器的调整包括调谐和调配，分别指的是什么？如何调整？

3.12　非谐振功率放大器的匹配网络通常有几种？具体应用有什么不同？

3.13　谐振功率放大器晶体管的理想化转移特性的斜率 g_c =1A/V，截止偏压 U_{on} =0.5V。已知 U_{BB} =0.2V，U_{bm} =1V，作出 u_{BE}、i_C 波形，求出通角 θ 和 I_{Cmax}。当 U_{bm} 减少到 0.5V 时，画出 u_{BE}、i_C 波形，说明通角 θ 是增加还是减少了？如果 U_{BB} =0.7V，画出 U_{bm} =1V 和 0.5V 时电压、电流波形，说明此时 θ 随 U_{bm} 的减少是增加了还是减少了？

3.14　已知集电极供电电压 U_{CC}=24V，放大器输出功率 P_o=2W，通角 θ=70°，集电极效率 η_c=82.5%，求功率放大器的其他参数 P_{DC}、I_{C0}、I_{Cmax}、I_{c1m}、P_c、U_{cm} 等。

3.15　已知谐振功率放大器的输出功率 P_o=5W，集电极电源电压为 U_{CC}=24V，求：

(1)当集电极效率为 η_c=60%时，计算集电极耗散功率 P_c、电源供给功率 P_{DC} 和集电极电流的直流分量 I_{C0}；

(2)若保持输出功率不变，而效率提高为 80%，问集电极耗散功率 P_c 减少了多少？

3.16　已知集电极电流余弦脉冲 I_{Cmax} =100mA，试求通角 θ =120°、θ =70° 时集电极电流的直流分量 I_{C0} 和基波分量 I_{c1m}；若 U_{cm} =0.95U_{CC}，求出两种情况下放大器的效率各为多少？

3.17　设一个功放的晶体管理想输出特性如习题图 3.17 所示，已知 U_{CC}=12V，U_{BB}=0.4V，U_{bm}=0.3V，U_{cm}=10V，试作出它的动态特性曲线，并判断此功放工作在什么状态？计算此功放的通角 θ、直流电压供给功率 P_{DC}、高频输出功率 P_o、集电极耗散功率 P_c 以及集电极效率 η_c。

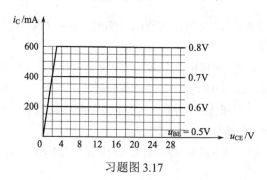

习题图 3.17

3.18　谐振功率放大器电路及晶体管的理想化转移特性如习题图 3.18 所示。已知 U_{BB}=0.2V，U_b =1.1cosωtV，g_c=1A/V，回路调谐在输入信号频率上，试在转移特性上画出输入电压和集电极电流波形，并求出电流通角 θ 及 I_{C0}、I_{c1m}、I_{c2m} 的大小。

3.19　一个谐振功率放大器，要求工作在临界状态。已知 U_{CC}=20V，P_o =0.5W，R_L =50Ω，集电极电压利用系数为 0.95，工作频率为 10MHz。用 L 型网络作为输出滤波匹配网络，试计算该网络的元件值。

3.20　功率四分配网络如习题图 3.20 所示，试分析电路的工作原理。已知 R_L =75Ω，试求 R_{d1}、R_{d2}、R_{d3} 及 R_s 的值。

3.21　试分析习题图 3.21 所示传输线变压器的阻抗变换关系。

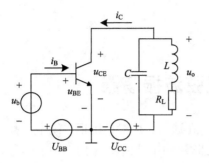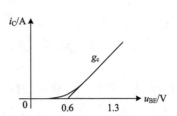

习题图 3.18

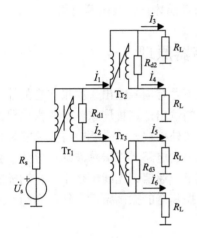

习题图 3.20

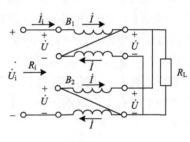

习题图 3.21

第4章 正弦波振荡器

正弦信号产生电路也叫正弦波振荡电路。在通信、广播、电视系统中，都需要高载波信号；在工业、农业、生物医学等领域内，都需要不同频率、不同功率的信号。这些信号都是由振荡电路产生的，正弦波振荡电路在各个科学技术领域中应用十分广泛。本章主要讨论 RC 正弦波振荡电路、LC 正弦波振荡电路、石英晶体正弦波振荡电路。

4.1 正弦波振荡器原理

一个放大电路通常在输入端接上信号源的情况下才有信号输出。如果在它的输入端不外接信号的情况下，在输出端仍有一定频率和幅度的输出，这种现象就是放大电路的自激振荡。而自激振荡电路(简称振荡电路)是一种不需要外接输入信号就能将直流能量转换成具有一定频率、一定幅度和一定波形的交流能量输出的电路。按振荡波形可分为正弦波振荡电路和非正弦波振荡电路。正弦波振荡电路在测量、通信、无线电技术、自动控制和热加工等许多领域中有着广泛的应用。本节首先讨论振荡器的振荡条件，然后介绍常用的正弦波振荡器。

4.1.1 正弦波振荡器的基本构成及原理

正弦波振荡器是通过正反馈连接方式实现等幅正弦振荡的电路。这种电路是由两部分组成的，一是放大电路，二是选频反馈网络，如图 4.1.1 所示。图 4.1.1 中，A 是基本放大电路的放大倍数，$\varphi_A(\omega)$ 是基本放大电路相移，构成放大电路的电压增益 $\dot{A} = Ae^{j\varphi_A} = \dfrac{\dot{X}_o}{\dot{X}_i}$；$F$ 是选频反馈网络反馈系数，$\varphi_F(\omega)$ 是反馈网络相移构成选频反馈网络的反馈系数 $\dot{F} = Fe^{j\varphi_F} = \dfrac{\dot{X}_f}{\dot{X}_o}$。其中 $\varphi_F(\omega)$ 与频率近似无关，$\varphi_A(\omega)$ 主要取决于谐振回路的相频特性 $\varphi_Z(\omega)$。对正弦波振荡电路性能的要求可以归纳为以下三点。

(1)保证振荡器接通电源后能够从无到有建立起具有某一固定频率的正弦波输出。

(2)振荡器在进入稳态后能维持一个等幅连续的振荡。

(3)当外界因素发生变化时，电路的稳定状态不受到破坏。

要满足以上三点，就要求振荡器必须同时满足起振条件、平衡条件及稳定条件。

4.1.2 正弦波振荡器的振荡条件

正弦波振荡电路必须同时满足起振条件、平衡条件及稳定条件，振荡器才能持续稳定地输出正弦波信号。

1）起振条件

为什么振荡电路在没有输入信号时能起振，并有振荡信号输出呢？这是因为，振荡电路在刚接通电源时，电流将从零跃变到某一数值，同时电路中还存在着各种固有噪声，它们都具有很宽的频谱 ω_i（它含有丰富的频率），在选频反馈网络的作用下，频率为 ω_0 的分量信号被选出，并在选频反馈网络的输出端输出频率为 ω_0、幅值为 $\dot{X}_f$ 的正弦信号。选频反馈网络再将信号 $\dot{X}_f$ 反馈到基本放大电路的输入端，作为振荡器最初的激励信号 $\dot{X}_d$。只要 $\dot{X}_f$ 与 $\dot{X}_d$ 同相，而且 $|\dot{X}_f| > |\dot{X}_d|$，尽管起始输出振荡信号很微弱，但是经过选频、反馈、放大、再选频、再反馈、再放大的多次循环，一个正弦信号就产生了。

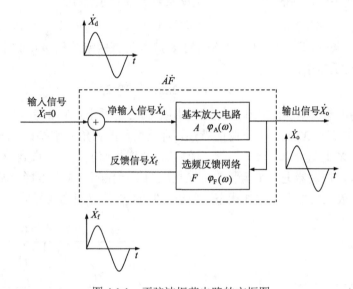

图 4.1.1 正弦波振荡电路的方框图

综上所述，在正弦波振荡电路中：①反馈信号能够取代输入信号，电路中必须引入正反馈；②要有选频网络，用以确定振荡频率，确保电路产生单一频率的正弦信号。

由图 4.1.1 可知电路的环路增益为

$$\dot{A}\dot{F} = \frac{\dot{X}_o}{\dot{X}_d} \frac{\dot{X}_f}{\dot{X}_o} = \frac{\dot{X}_f}{\dot{X}_d} = AF\mathrm{e}^{\mathrm{j}(\varphi_A + \varphi_F)} \tag{4.1.1}$$

则振荡电路的起振条件应包含下列两个：

（1）振幅起振条件，即放大倍数 A 与反馈系数 F 的乘积大于 1。

$$AF > 1 \tag{4.1.2}$$

（2）相位起振条件，即基本放大电路的相移 φ_A 与反馈网络的相移 φ_F 之和为 $2n\pi$（其中 n 是整数），这是正反馈条件。

$$\varphi_T = \varphi_A + \varphi_F = 2n\pi, \quad n=0,1,2,\cdots \tag{4.1.3}$$

2）平衡条件

振荡器起振后，振荡幅度不会无限增长下去，而是在某一点处于平衡状态。所以作为反馈振荡器，既要满足起振条件，又要满足平衡条件。由图 4.1.1 可知，基本放大电路的输

出为

$$\dot{X}_o = \dot{A}\dot{X}_d$$

反馈网络的输出为

$$\dot{X}_f = \dot{F}\dot{X}_o = \dot{A}\dot{F}\dot{X}_d$$

当振荡器起振后，反馈量等于净输入量 $\dot{X}_f = \dot{X}_d$ 时，振荡器进入平衡，则有

$$\dot{A}\dot{F} = 1 \tag{4.1.4}$$

式(4.1.4)就是振荡电路的振荡平衡条件。这个条件实质上包含下列两个条件。

(1)振幅平衡条件，即放大倍数 A 与反馈系数 F 的乘积为1。

$$AF = 1 \tag{4.1.5}$$

(2)相位平衡条件，即基本放大电路的相移 φ_A 与反馈网络的相移 φ_F 之和为 $2n\pi$（其中 n 是整数），这是正反馈条件。

$$\varphi_T = \varphi_A + \varphi_F = 2n\pi, \ n=0,1,2,\cdots \tag{4.1.6}$$

正弦波振荡电路振幅的建立和平衡过程由图 4.1.2 可看出。在振荡电路接通电源后，环路增益的模 AF 具有随 X_d 增大而下降的特性。环路增益的相角 φ 维持在 $2n\pi$ 上。这样，起振时，$AF > 1$，X_d 迅速增长，AF 下降，随后 X_d 的增长速度变慢，直到 $AF = 1$、$X_d = X_{dA}$ 时，X_d 停止增长，振荡器进入平衡状态，在相应的平衡振幅 X_{dA} 上维持等幅振荡。振荡器达到平衡时，其放大器处于非线性状态，所以此时的 X_d 计算应当注意放大器的状态。

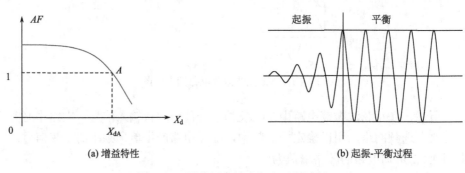

图 4.1.2　振荡幅度的建立和平衡过程

3)稳定条件

当振荡器满足了平衡条件建立起等幅振荡后，多种因素的干扰会使电路偏离原平衡状态。振荡器的稳定条件是指电路能自动恢复到原来平衡条件所应具有的能力。稳定条件包括振幅稳定条件和相位稳定条件。

(1)振幅稳定条件。外界因素的变化会破坏振幅平衡条件，即 $X_d \neq X_{dA}$ 或 $AF \neq 1$。振幅稳定是指振幅平衡条件一旦被破坏，环路能自动恢复原有振幅平衡条件，即 $X_d = X_{dA}$ 或 $AF = 1$。下面用 AF-X_d 增益特性曲线分析振幅稳定条件，如图 4.1.3 所示。

设振荡器在平衡点 A 处满足振幅平衡条件，$X_d = X_{dA}$ 或 $AF = 1$。若由于某种原因破坏了振幅平衡，使输入量 X_d 突然增大，达到 $X_d = X'_{dA} > X_{dA}$，则环路增益 $AF < 1$，使振荡器减幅振荡，从而破坏已维持的平衡条件。每经过一次反馈循环，振幅衰减一些，反馈输入量

X_d 也减小一些。当振幅衰减到使反馈输入量 X_d 减小到 A 点处时，振荡器重新在 A 点达到平衡。

若由于某种原因破坏了振幅平衡，使输入量 X_d 突然减小，达到 $X_d = X''_{dA} < X_{dA}$，则环路增益 $AF > 1$，使振荡器增幅振荡，从而破坏已维持的平衡条件。每经过一次反馈循环，振幅增大一些，反馈输入量 X_d 也增大一些。当振幅增大到使反馈输入量 X_d 增大到 A 点处时，振荡器重新在 A 点达到平衡。综上所述，A 点为一个稳定平衡点。

由以上分析可知，振荡电路的振幅要稳定在平衡点上，其条件是在平衡点附近环路增益 AF 应具有随 X_d 增大（减小）而减小（增大）的特性，也就是说，在 AF-X_d 曲线上，A 点切线具有负斜率特性，因此，振幅稳定条件是

$$\left. \frac{\partial AF}{\partial X_d} \right|_{X_d = X_{dA}} < 0 \qquad (4.1.7)$$

式 (4.1.7) 是振幅稳定条件，该偏导数的绝对值越大，曲线在平衡点处斜率越大，其稳幅性能也就越好。

（2）相位稳定条件。外界因素的变化会破坏相位平衡条件，即环路相移偏离 $2n\pi$。相位稳定是指相位平衡条件一旦被破坏，环路能自动恢复原有的相位平衡条件 $\varphi_T = 2n\pi$。下面用 φ_T-ω 特性曲线分析相位稳定条件，φ_T-ω 特性曲线如图 4.1.4 所示。

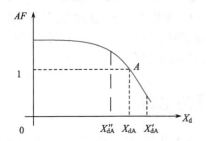

图 4.1.3　振幅稳定分析曲线（增益特性）

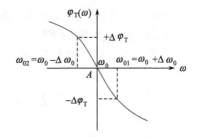

图 4.1.4　φ_T-ω 特性曲线

相位 φ_T 与角频率 ω 之间的关系是 $\Delta\omega = \dfrac{d\varphi_T}{dt}$。因此，相位的变化 $\Delta\varphi$ 会引起频率的改变 $\Delta\omega$；而频率的改变会引起相位的变化。当外界干扰引入相位增量 $\Delta\varphi > 0$ 时，相位 φ_T 在 $2n\pi$ 的基础上产生 $+\Delta\varphi$ 的偏移，经过时间 T 以后反馈信号 X_f 的相位将超前原有信号 $\Delta\varphi$。$+\Delta\varphi$ 使振荡频率升高，振荡频率变为 $\omega_{01} = \omega_0 + \Delta\omega$。频率 ω_{01} 对应的相位 $\varphi_T(\omega_0 + \Delta\omega) = 2n\pi - \Delta\varphi_T$，如 φ_T-ω 特性曲线图 4.1.4 所示。即由环路产生的附加相移 $-\Delta\varphi_T$ 来抵消 $+\Delta\varphi$，振荡角频率将会自动降低到 ω_0，使 $\varphi_T(\omega) = 2n\pi$，环路能自动恢复原有的相位平衡条件 $\varphi_T = 2n\pi$。

当外界干扰引入相位增量 $\Delta\varphi < 0$ 时，相位 φ_T 在 $2n\pi$ 的基础上产生 $-\Delta\varphi$ 的偏移，经过时间 T 以后反馈信号 X_f 的相位将滞后原有信号 $\Delta\varphi$。$-\Delta\varphi$ 使振荡频率降低，振荡频率变为 $\omega_{02} = \omega_0 - \Delta\omega$。频率 ω_{02} 对应的相位 $\varphi_T(\omega_0 - \Delta\omega) = 2n\pi + \Delta\varphi_T$，如图 4.1.4 所示，即由环路产生的附加相移 $\Delta\varphi_T$ 来抵消 $-\Delta\varphi$，振荡角频率将会自动降低到 ω_0，使 $\varphi_T(\omega) = 2n\pi$，环路能自动恢复原有的相位平衡条件 $\varphi_T = 2n\pi$。

由以上分析可知，振荡电路的相位要稳定在平衡点上，其条件是 φ_T-ω 曲线在 A 点附

近具有负斜率，因此，相位稳定条件是

$$\frac{\partial \varphi_{T}}{\partial \omega}\Big|_{\omega=\omega_{0}}<0 \qquad (4.1.8)$$

满足相位稳定条件的 $\varphi_{T}\text{-}\omega$ 特性曲线如图 4.1.4 所示。式(4.1.8)表示 $\varphi_{T}(\omega)$ 在 ω_{0} 附近具有负斜率变化，其绝对值越大相位越稳定。

4.1.3　判断振荡的依据

从以上分析可知，正弦波振荡电路必须由以下四个部分组成，这四个部分也是判断电路是否能产生正弦波振荡的依据。

(1)放大电路：正弦波振荡电路中的放大电路有两个作用，一是保证电路能够起振到动态平衡的过程；二是使电路获得一定幅值的输出量，实现能量的控制。

(2)选频网络：保证电路产生正弦波振荡。确定电路的振荡频率，使电路产生单一频率的振荡。

(3)正反馈网络：引入正反馈，使放大电路的输入信号等于反馈信号。

(4)稳幅环节：也就是非线性环节，作用是使输出信号幅值稳定。在分立元件放大电路中，一般依靠晶体管特性的非线性来起到稳幅作用。

正弦波振荡电路常用选频网络按所用元件来分类，分为 RC 正弦波振荡电路、LC 正弦波振荡电路和石英晶体正弦波振荡电路三种类型。RC 正弦波振荡电路的振荡频率较低，LC 正弦波振荡电路的振荡频率比 RC 正弦波振荡电路的振荡频率高，石英晶体正弦波振荡电路也可等效为 LC 正弦波振荡电路，其特点是振荡频率非常稳定。

4.2　RC 正弦波振荡电路

RC 正弦波振荡电路可分为 RC 串并联式正弦波振荡电路、移相式正弦波振荡电路和双 T 网络正弦波振荡电路。RC 串并联式正弦波振荡电路具有波形好、振幅稳定、频率调节方便等优点，应用十分广泛。其电路主要结构采用的是 RC 串并联网络作为选频和反馈网络。图 4.2.1 是 RC 串并联式正弦波振荡器电路原理图，也称文氏电桥。

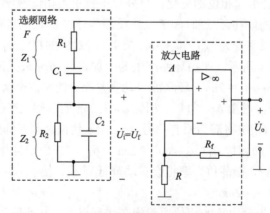

图 4.2.1　RC 正弦波振荡器电路原理图(文氏电桥)

图中将电阻 R_1 与电容 C_1 串联、电阻 R_2 与电容 C_2 并联构成选频网络和反馈网络，故称为 RC 串并联选频反馈网络。其放大电路是由集成运放构成的，反馈信号由 RC 串并联电路取出，输入集成运放正相端形成正反馈。RC 串并联选频反馈网络的输入信号由放大电路输出信号 $\dot{U}_o$ 提供，RC 串并联选频反馈网络输出信号 $\dot{U}_f$ 由并联选频网络 R_2C_2 提供。在分析正弦波振荡电路时，关键是要了解选频网络的频率特性，才能进一步理解振荡电路的工作原理。

4.2.1　RC 串并联选频网络

例 4.2.1　试求 RC 正弦波振荡电路中 RC 串并联选频网络的频率特性(幅频特性、相频特性、振荡频率)。电路原理图如图 4.2.1 所示，已知 $R_1=R_2=R=10\text{k}\Omega$、$C_1=C_2=C=15\text{nF}$。

解：RC 正弦波振荡电路中选频网络是 RC 串并联选频网络，如图 4.2.2(a)所示。

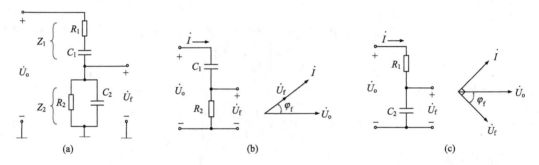

图 4.2.2　RC 串并联选频网络

当信号频率足够低时，电容的容抗 $1/(\omega C)$ 大于电阻的阻值 R，即 $1/(\omega C) \gg R$，因此，RC 串并联选频网络可以简化成 C_1 与 R_2 的串联，如图 4.2.2(b)所示。由图 4.2.2(b)看出电压 $\dot{U}_f$ 超前 $\dot{U}_o$，当信号频率趋近于零时，相位超前趋近于 $+90°$，且 $|\dot{U}_f|$ 趋近于零。

当信号频率足够高时，电容的容抗 $1/(\omega C)$ 小于电阻的阻值 R，即 $1/(\omega C) \ll R$，因此，RC 串并联选频网络可以简化成 R_1 与 C_2 的串联，如图 4.2.2(c)所示。由图 4.2.2(c)看出电压 $\dot{U}_f$ 滞后 $\dot{U}_o$，当信号频率趋近于无穷大时，相位滞后趋近于 $-90°$，且 $|\dot{U}_f|$ 趋近于零。

可以想象，当信号频率从零逐渐变化到无穷大时，$\dot{U}_f$ 的相位将从 $+90°$ 逐渐变化到 $-90°$。因此，对于 RC 串并联选频网络，必定存在一个频率 f_0，当 $f=f_0$ 时，$\dot{U}_f$ 与 $\dot{U}_o$ 同相。通过以下计算，可以求出 RC 串并联选频网络的频率特性和 f_0。

由串并联选频网络(图 4.2.2)可以分别得到串联回路阻抗和并联回路的阻抗：

$$Z_1 = R_1 + \frac{1}{\mathrm{j}\omega C_1} = \frac{1+\mathrm{j}\omega CR}{\mathrm{j}\omega C}, \quad Z_2 = \frac{R_2\dfrac{1}{\mathrm{j}\omega C_2}}{R_2 + \dfrac{1}{\mathrm{j}\omega C_2}} = \frac{R}{1+\mathrm{j}\omega CR}$$

反馈网络的反馈系数为

$$F_{\mathrm{U}} = \frac{\dot{U}_{\mathrm{f}}}{\dot{U}_{\mathrm{o}}} = \frac{\dfrac{Z_2}{Z_1+Z_2}\dot{U}_{\mathrm{o}}}{\dot{U}_{\mathrm{o}}} = \frac{Z_2}{Z_1+Z_2} = \frac{\mathrm{j}\omega CR}{(1-\omega^2 C^2 R^2)+\mathrm{j}3\omega CR} = \frac{1}{3+\mathrm{j}\left(\omega CR - \dfrac{1}{\omega CR}\right)}$$

令

$$\omega_0 = \frac{1}{RC} \quad \text{或} \quad f_0 = \frac{1}{2\pi RC} \tag{4.2.1}$$

得反馈网络的反馈系数为

$$\dot{F} = \frac{1}{3+\mathrm{j}\left(\dfrac{f}{f_0}-\dfrac{f_0}{f}\right)} \tag{4.2.2}$$

幅频特性为

$$|\dot{F}| = \frac{1}{\sqrt{3^2+\left(\dfrac{f}{f_0}-\dfrac{f_0}{f}\right)^2}} \tag{4.2.3}$$

相频特性为

$$\varphi_{\mathrm{f}} = -\arctan\frac{1}{3}\left(\frac{f}{f_0}-\frac{f_0}{f}\right) \tag{4.2.4}$$

振荡频率为

$$f_0 = \frac{1}{2\pi RC} = \frac{1}{2\times3.14\times10\times10^3\times15\times10^{-9}} \approx 1.06(\mathrm{kHz})$$

当 $f=f_0$ 时，幅频特性 $F=F_{\max}=1/3$，$\varphi_{\mathrm{F}}=0°$；当 $f\ll f_0$ 时，幅频特性 $F\to0$，$\varphi_{\mathrm{F}}\to+90°$；当 $f\gg f_0$ 时，幅频特性 $F\to0$，$\varphi_{\mathrm{F}}\to-90°$。

这说明，当 $f=f_0$ 时，RC 串并联选频网络的输出电压的幅值最大，并且串并联选频网络的输出电压是输入电压的 1/3，同时输出电压与输入电压同相。根据式(4.2.3)、式(4.2.4)画出串并联选频网络的幅频特性和相频特性，如图 4.2.3 所示。

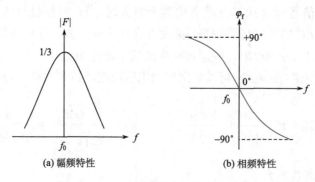

(a) 幅频特性　　　　　　　　　(b) 相频特性

图 4.2.3　RC 串并联选频网络的频率特性

4.2.2 RC 桥式正弦波振荡电路

例 4.2.2 RC 桥式正弦波振荡电路如图 4.2.4(a) 所示。试分析电路结构，试求电路的电压放大倍数、电路的振荡频率。已知 $R_1=R_2=10\text{k}\Omega$、$C_1=C_2=C=2\text{nF}$、$R_f=10\text{k}\Omega$、$R=5\text{k}\Omega$。

解：RC 串并联选频网络和同相比例运算电路构成的 RC 桥式正弦波振荡电路，如图 4.2.4(b) 所示。电路中 R、R_f 构成负反馈网络，串联的 R_1 和 C_1、并联的 R_2 和 C_2 构成正反馈网络，它们各为桥式电路的一臂，形成桥式正弦波振荡电路。集成运放的输出端和"地"接桥路的两个顶点作为电路的输出；集成运放的同相输入端和反相输入端接另外两个顶点，是集成运放的净输入电压。

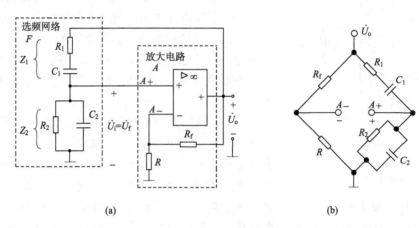

(a)   (b)

图 4.2.4 RC 桥式正弦波振荡电路

正反馈网络的反馈电压 $\dot{U}_f$ 是同相比例运算电路的输入电压，根据起振条件和振幅平衡条件得电压放大倍数 $A_u = \dfrac{\dot{U}_o}{\dot{U}_f} = 1 + \dfrac{R_f}{R} = 1 + \dfrac{10 \times 10^3}{5 \times 10^3} = 3$，即 $R_f = 2R$，取 R_f 要略大于 $2R$，电路就能保证振荡电路起振。

根据式 (4.2.1) 计算电路的振荡频率：

$$f_0 = \frac{1}{2\pi RC} = \frac{1}{2 \times 3.14 \times 10 \times 10^3 \times 2 \times 10^{-9}}$$
$$\approx 7.962(\text{kHz})$$

由于 $\dot{U}_o$ 与 $\dot{U}_f$ 具有良好的线性关系，所以为了稳定输出电压的幅值，一般在电路中加入非线性环节来稳定输出电压。例如，可选用 R 为正温度系数的热敏电阻，当 $\dot{U}_o$ 因某种原因而增大时，流过 R_f 和 R 上的电流增大，R 上的功耗随之增大，导致温度升高，因而 R 的阻

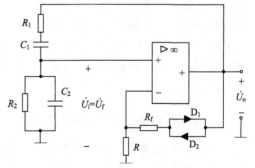

图 4.2.5 利用二极管的非线性
环节实现 RC 正弦波振荡

值增大，从而使得 A_u 数值减小，$\dot{U}_o$ 也就随之减小，从而使输出电压稳定。

此外，还可在 R 回路串联两个并联的二极管，如图 4.2.5 所示，利用电流增大时二极

管动态电阻减小、电流减小时二极管动态电阻增大的特点，加入非线性环节，从而使输出电压稳定。此时比例系数为

$$A_u = \frac{\dot{U}_o}{\dot{U}_f} = 1 + \frac{R_f + r_d}{R}$$

4.3　LC 正弦波振荡电路

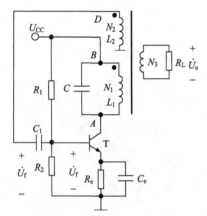

图 4.3.1　LC 正弦波振荡电路

反馈型 LC 振荡器按照反馈网络结构的不同，一般分为互感耦合、电容耦合和自耦变压器耦合三种基本电路形式。其中后两种电路形式的反馈型 LC 振荡器又称为三点式振荡电路。不论是哪种振荡器，都可以使用晶体管、场效应管、差分对管和线性集成电路作为放大器件，并利用这些器件在大信号工作时的非线性特性，对振荡过程中的幅度增长现象起限制作用。

LC 正弦波振荡电路是由放大电路、选频网络、反馈网络组成的，现以 LC 正弦波振荡器中的互感耦合为例来说明其电路构成。如图 4.3.1 所示，图中所示电路是变压器反馈式（互感耦合）振荡电路，放大电路是由 R_1、R_2、R_e、C_e 及晶体管 T 构成的，选频网络采用 LC 并联谐振回路，反馈网络采用变压器 D 耦合，将选出的信号以正反馈形式送入输入端，形成 LC 正弦波振荡。

从以上内容看出，LC 正弦波振荡电路与 RC 正弦波振荡电路的组成在本质上是相同的，只是选频网络采用 LC 电路。在 LC 振荡电路中，当放大电路工作在 $f = f_0$ 时，放大电路的放大倍数数值最大，而在 $f \neq f_0$ 时，信号均被衰减到零。引入正反馈后，使反馈电压作为放大电路的输入电压，以维持输出电压，从而形成正弦波振荡。由于 LC 正弦波振荡电路的振荡频率较高，所以放大电路多采用分立元件电路。

LC 正弦波振荡电路主要用于产生高频正弦波信号。常见的 LC 正弦波振荡电路有互感耦合反馈式正弦波振荡电路、电感反馈式正弦波振荡电路、电容反馈式正弦波振荡电路。下面分别进行讨论。

4.3.1　互感耦合反馈式正弦波振荡电路

互感耦合反馈式正弦波振荡电路，也称为变压器反馈式 LC 正弦波振荡电路。该电路的特点是振荡频率调节方便，容易实现阻抗匹配和达到起振要求，输出波形一般，频率稳定度不高，产生正弦波信号的频率为几千赫至几十兆赫，一般用于要求不高的设备。

例 4.3.1　互感耦合反馈式正弦波振荡电路也称为变压器反馈式正弦波振荡电路，如图 4.3.2 所示。

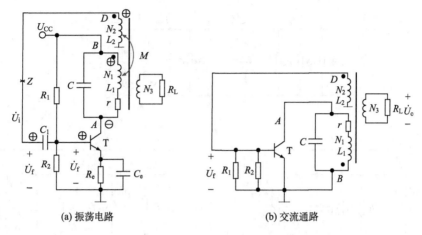

图 4.3.2　互感耦合反馈式正弦波振荡电路

试分析电路结构及交流等效电路，判断电路能否起振，试求谐振频率、起振条件。已知 R_1=21kΩ，R_2=1.5kΩ，R_e=200Ω，r=18Ω，C_1=0.1nF，C=28pF，C_e=0.1nF，L_1=4.2μH，L_2=0.15μH，K=0.3，β=89，r_{be}=200Ω，R_L=500Ω（耦合系数 K 与互感系数 M 的关系为 $M=K\sqrt{L_1L_2}$ ）。N_2 与 N_1 的匝数比 N_2/N_1=1，N_3 与 N_1 的匝数比 N_3/N_1=2。

解：（1）电路结构及交流等效电路。

图 4.3.2（a）所示电路是互感耦合反馈正弦波振荡电路。电路中，L_1C 并联电路是选频网络，同时又作为共发射极放大电路的三极管集电极负载。电阻 R_1、R_2 和 R_e 是偏置电阻，给三极管提供静态工作点。输出的正弦波通过变压器 N_3 供给负载电阻 R_L。反馈信号通过变压器副边绕组 N_2 传给基极。反馈信号是由 L_1 和 L_2 间的互感 M 实现的，因此称为互感耦合反馈振荡电路或变压器反馈式振荡电路。

当 L_1C 并联电路谐振时，耦合电容 C_1 和旁路电容 C_e 对交流而言，可视为短路，得变压器反馈式 LC 正弦波振荡电路的交流通路如图 4.3.2（b）所示。

通过交流通路的微变等效电路如图 4.3.3（a）所示。图中 R_L' 是负载电阻 R_L 折合到 A、B 两点间的等效负载，因为 $n_1=N_3/N_1=1/2$，则：

$$R_L'=\frac{1}{n_1^2}R_L=4\times500=2(\text{k}\Omega)$$

图 4.3.3（a）所示电路中 r 是线圈 N_1 的损耗电阻；L_1 为原边电感，它包括 N_3 回路参数折合到原边的等效电感；L_2 为副边电感；M 为变压器绕组 N_1 和绕组 N_2 之间的等效互感；R_i 为放大电路的输入电阻，也是 N_2 回路的负载，其值为

$$R_i=R_1//R_2//r_{be}=\left(\frac{R_2r_{be}+R_1r_{be}+R_1R_2}{R_1R_2r_{be}}\right)^{-1}=\left(\frac{1500\times200+21000\times200+21000\times1500}{21000\times1500\times200}\right)^{-1}\approx175(\Omega)$$

将 R_i 折合到 A、B 两点间，如图 4.3.3（b）所示，$n_2=N_2/N_1=1/3$，得等效负载 R_i'：

$$R_i'=\frac{1}{n_2^2}R_i=9\times175=1575(\Omega)$$

由于 R_L' 与 R_i' 并联，则集电极总负载为 R_L''，如图 4.3.3（c）所示，其值为

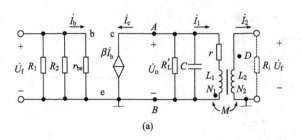

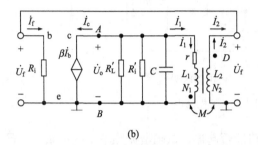
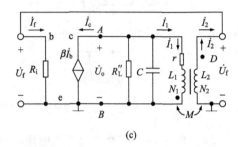

图 4.3.3　互感耦合反馈振荡电路的微变等效电路

$$R_L'' = R_L' // R_i' = \left(\frac{1}{R_L'} + \frac{1}{R_i'}\right)^{-1} = \left(\frac{1}{2000} + \frac{1}{1575}\right)^{-1} \approx 881.119(\Omega)$$

(2)判断电路能否起振。

判断图 4.3.2(a)所示电路能否起振，要看两个条件：振幅条件和相位条件，判断相位条件一般采用"瞬时极性法"。方法是：在图 4.3.2(a)中反馈端 Z 点处引入一个频率为 $f=f_0$ 的输入信号 $\dot U_i$，假定在 Z 点处 $\dot U_i$ 对地极性为正 $\oplus$，根据瞬时极性法，三极管的基极电位为 $\oplus$，三极管的集电极 A 点电位极性与基极电位极性相反，为负 $\ominus$，故变压器绕组 N_1 的 B 端极性为正 $\oplus$。由于变压器副边与原边绕组同名端的极性相同，所以绕组 N_2 的 D 端极性也为正 $\oplus$，即反馈信号 $\dot U_f$ 为正，因此，$\dot U_f$ 与 $\dot U_i$ 同相，变压器反馈是正反馈，满足正弦波振荡的相位条件。一般情况下要满足振幅条件，就要考虑变压器反馈式振荡电路中放大电路的输入电阻，因为输入电阻是放大电路负载的一部分，因此基本放大电路的放大倍数 A 与反馈系数 F 相互关联。只要合理选择变压器原、副边线圈的匝数比以及其他电路参数，电路很容易满足振幅条件。

(3)分析振荡频率。

根据微变等效电路图 4.3.3(c)所示电路，得方程：

$$\begin{cases} \dot U_o = (r + j\omega L_1)\dot I_1 + j\omega M \dot I_2 & \textcircled{1} \\[2mm] \dot U_f = -j\omega M \dot I_1 - j\omega L_2 \dot I_2 & \textcircled{2} \\[2mm] \beta \dot I_b = -\left(\dfrac{\dot U_o}{R_L''} + j\omega C \dot U_o\right) - \dot I_1 & \textcircled{3} \\[2mm] \dot I_2 = \dfrac{\dot U_f}{R_i}, \quad \dot I_b = \dfrac{\dot U_f}{r_{be}} & \textcircled{4} \end{cases} \qquad (4.3.1)$$

将④式代入①、②、③式，得一组线性齐次方程：

$$\begin{cases} \dot{U}_o - \dfrac{j\omega M}{R_i}\dot{U}_f - (r+j\omega L_1)\dot{I}_1 = 0 & \textcircled{1} \\[3mm] \left(1+\dfrac{j\omega L_2}{R_i}\right)\dot{U}_f + j\omega M\dot{I}_1 = 0 & \textcircled{2} \\[3mm] \left(\dfrac{1}{R_L''}+j\omega C\right)\dot{U}_o + \beta\dfrac{1}{r_{be}}\dot{U}_f + \dot{I}_1 = 0 & \textcircled{3} \end{cases} \tag{4.3.2}$$

由式(4.3.2)建立复系数矩阵:

$$\begin{bmatrix} 1 & -\dfrac{j\omega M}{R_i} & -(r+j\omega L_1) \\[3mm] 0 & 1+\dfrac{j\omega L_2}{R_i} & j\omega M \\[3mm] \dfrac{1}{R_L''}+j\omega C & \beta\dfrac{1}{r_{be}} & 1 \end{bmatrix} \begin{bmatrix} \dot{U}_o \\[2mm] \dot{U}_f \\[2mm] \dot{I}_1 \end{bmatrix} = \begin{bmatrix} 0 \\ 0 \\ 0 \end{bmatrix} \tag{4.3.3}$$

式(4.3.3)的解不为零的条件是它的系数矩阵的行列式等于零, 即

$$\begin{vmatrix} 1 & -\dfrac{j\omega M}{R_i} & -(r+j\omega L_1) \\[3mm] 0 & 1+\dfrac{j\omega L_2}{R_i} & j\omega M \\[3mm] \dfrac{1}{R_L''}+j\omega C & \beta\dfrac{1}{r_{be}} & 1 \end{vmatrix} = 0 \tag{4.3.4}$$

展开行列式, 整理后得复数方程:

$$\begin{aligned} &\left\{1+\frac{r}{R_L''}-\omega^2\cdot\frac{L_1L_2-M^2}{R_L''R_i}-\omega^2\cdot\left(L_1+L_2\frac{r}{R_i}\right)C\right\} \\ &+j\omega\left\{\frac{L_2}{R_i}+\frac{L_1}{R_L''}+\frac{L_2 r}{R_L''R_i}+rC-\omega^2\frac{C(L_1L_2-M^2)}{R_i}-\beta\frac{1}{r_{be}}M\right\}=0 \end{aligned} \tag{4.3.5}$$

只有非零解才表明该电路即使无激励信号也会产生输出电压。令式(4.3.5)的实数项为零, 得振荡角频率:

$$\begin{aligned} \omega_0 &= \frac{1}{\sqrt{\dfrac{L_1L_2-M^2}{R_L''R_i}+\left(L_1+L_2\dfrac{r}{R_i}\right)C}}\sqrt{1+\frac{r}{R_L''}} = \frac{1}{\sqrt{\dfrac{L_1L_2-K^2L_1L_2}{R_L''R_i}+\left(L_1+L_2\dfrac{r}{R_i}\right)C}}\sqrt{1+\frac{r}{R_L''}} \\[4mm] &= \frac{\sqrt{1+\dfrac{18}{881.119}}}{\sqrt{\dfrac{0.63\times10^{-12}-K^2 0.63\times10^{-12}}{881.119\times175}+\left(4.2\times10^{-6}+0.15\times10^{-6}\dfrac{18}{175}\right)\times28\times10^{-12}}} \\[4mm] &\approx \begin{cases} \dfrac{1.0102}{1.0864\times10^{-8}}\Big|_{k=1}\approx0.92986\times10^8\,(\text{rad}/\text{s}) \\[4mm] \dfrac{1.0102}{\sqrt{3.065\times10^{-8}+118.032\times10^{-18}}}\Big|_{k=0.3}\approx0.918\times10^8\,(\text{rad}/\text{s}) \end{cases} \end{aligned} \tag{4.3.6}$$

若 $R_L'' \to \infty$，$R_i \to \infty$，耦合系数 $K=1$，则振荡角频率为

$$\omega_0 = \frac{1}{\sqrt{L_1 C}} = \frac{1}{\sqrt{4.2 \times 10^{-6} \times 28 \times 10^{-12}}} \approx 0.92214 \times 10^8 (\text{rad} / \text{s})$$

从以上计算可以看出，当忽略电路中 R_L''、R_i、r、K 对电路的影响后，振荡回路的角频率近似等于振荡电路的角频率。所以可以利用振荡回路的角频率近似估算振荡电路的角频率。

(4)起振条件。

前面分析和试求了变压器反馈式 LC 正弦波振荡电路的振荡频率，下面分析和试求变压器反馈式 LC 正弦波振荡电路的起振条件。

根据式(4.3.2)中的②式，得反馈电压：

$$\dot{U}_f = -\frac{j\omega_0 M \dot{I}_1}{R_i + j\omega_0 L_2} \cdot R_i \tag{4.3.7}$$

在振荡点，$\omega_0 L_2 \ll R_i$，所以：

$$\left| \dot{U}_f \right| \approx \omega_0 M \left| \dot{I}_1 \right| \tag{4.3.8}$$

在振荡点，L_1 中的电流是晶体管集电极电流的 Q 倍，即

$$\left| \dot{I}_1 \right| \approx Q \left| \dot{I}_c \right| = Q\beta \left| \dot{I}_b \right| = Q\beta \frac{\left| \dot{U}_i \right|}{r_{be}} \tag{4.3.9}$$

将式(4.3.9)代入式(4.3.8)得

$$\left| \dot{U}_f \right| \approx \omega_0 M \left| \dot{I}_1 \right| = \omega_0 M Q\beta \frac{\left| \dot{U}_i \right|}{r_{be}} \tag{4.3.10}$$

整理式(4.3.10)得振荡电路的起振条件：

$$\left| AF \right| = \left| \frac{\dot{U}_o}{\dot{U}_i} \cdot \frac{\dot{U}_f}{\dot{U}_o} \right| = \frac{\left| \dot{U}_f \right|}{\left| \dot{U}_i \right|} \approx \frac{\omega_0 M Q\beta}{r_{be}} > 1 \tag{4.3.11}$$

将已知参数代入式(4.3.11)得

$$\frac{\left| \dot{U}_f \right|}{\left| \dot{U}_i \right|} \approx \frac{\omega_0 M Q\beta}{r_{be}} = \frac{\omega_0 K \sqrt{L_1 L_2} \omega_0 L_1' \beta}{r_{be} R'}$$

$$= \frac{9.22 \times 10^7 \times 2.38 \times 10^{-7} \times 9.22 \times 10^7 \times 4.2 \times 10^{-6} \times 89}{200 \times 20.76}$$

$$\approx 182.15 > 1$$

满足起振条件。

根据前面的分析，为了满足起振条件 $U_f > U_i$，晶体管需要满足 $\beta > \dfrac{r_{be}}{\omega_0 M Q}$。

下面讨论三个问题。

(1)谐振频率。从图 4.3.2 可看出，电路是一个典型的并联 LC 谐振回路，其谐振频率应该是

$$f_0 = \frac{1}{2 \cdot \pi \sqrt{L \cdot C}} = \frac{1}{2 \times 3.14 \sqrt{4.2 \times 10^{-6} \times 28 \times 10^{-12}}} = 14.68 \text{(MHz)}$$

由于 LC 并联谐振表现出最大的阻抗，因此这里的作用就是阻波回路。LC 并联谐振阻波回路和任何并联谐振回路特性一样，电容、电感可以采用任何值，只要符合谐振公式，并联谐振回路就能工作。

(2)耦合系数 K、互感系数 M。变压器反馈式 LC 正弦波振荡电路容易产生振荡，振荡电路的输出幅度的稳定是借助三极管的非线性区来达到的，所以输出波形会产生一定的失真。由于 LC 并联电路具有良好的选频作用，因此输出波形一般失真度较小，波形较好，应用范围广泛。但是由于输出电压与反馈电压靠变压器磁路耦合实现，如果变压器磁路耦合不紧密，必然造成输出电压、反馈电压损耗较大，振荡电路频率的稳定性不高。

耦合系数 K 表示两个线圈磁耦合的紧密程度，K 的取值范围是 $0 \leqslant K \leqslant 1$，当 K=1 时称为全耦合。互感系数 M 与耦合系数 K 关系为 $M = K\sqrt{L_1 \cdot L_2}$。等效电阻、等效电感都与互感系数 M 有关系。当 K 增大时，M 增大，等效电阻增大，等效电感 L_1' 变小。耦合系数 K 与线圈的结构、相互几何位置、空间磁介质有关。为了有效地传输功率，采用紧密耦合，K 值接近于 1。而在某些应用中，需要适当的、较松的耦合时，就需要调节两个线圈的相互位置。有的时候为了避免耦合作用，就应合理布置线圈的位置，使之远离，或使两线圈的轴线相互垂直，或采用磁屏蔽方法等。

(3)电容电感选择。电容电感 LC 不同值组合后，谐振的最大阻抗与电容电感有直接的关系，要想获得高的并联谐振阻抗，那么 L 就必须尽可能大，C 相对地就尽可能小。因为实体电感都有分布参数构成的电容等效值，同时特定的电感值其直流等效电阻也会因为成本、工艺等因素受到一定的限制，因此，我们一般会根据频率来选择合适的谐振电容，根据经验，谐振频率 1MHz 以上，那么就选择几十 pF 级别的电容，而 100kHz～1MHz，就选择几百 nF～pF 级别的电容。这样选择，回路可以在有效且可控的范围内选择谐振电容，同时又有最大的 Q 值。

例 4.3.2　试利用瞬时极性法，分析判断如图 4.3.4(a)、(b)所示的互感耦合振荡器是否有可能起振。

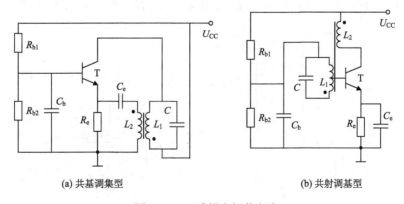

(a) 共基调集型　　　　　　　　　　　　　(b) 共射调基型

图 4.3.4　互感耦合振荡电路

解： (1)根据图 4.3.4(a)可以看出该放大器是共基极放大电路，为同相放大，即集电极和发射极的瞬时极性相同。假设此时发射极的输入电压的瞬时极性为正，则由于共基极放大器同相放大的作用，通过晶体管放大后集电极的电压瞬时极性也为正，而此时 L_1 和 L_2 的同名端保证了集电极和发射极的极性相同，也就是反馈回来到发射极处的信号的瞬时极性也为正，从而形成了正反馈，电路有可能产生振荡。

(2)根据图 4.3.4(b)可以看出该放大器是共射极放大电路，为反相放大，即基极和集电极的瞬时极性相反。假设此时基极的输入电压的瞬时极性为正，则由于共射极放大器反相放大的作用，通过晶体管放大后集电极的电压瞬时极性为负，而此时 L_1 和 L_2 的同名端保证了基极和集电极的极性相反，也就是反馈回来到基极处的信号的瞬时极性也为正，从而形成了正反馈，电路有可能产生振荡。

若以上两个电路的同名端发生改变，则反馈回来的信号的瞬时极性为负，形成负反馈，电路不可能产生振荡。

需要注意的是，图 4.3.4(b)所示的调基电路，由于基极和发射极之间的输入阻抗比较低，因此在这两个电路中晶体管与调谐回路的连接采用了部分接入的方式，从而保证了回路的 Q 值不受到太大的影响，因此该互感耦合振荡器的振荡频率可以近似地由调谐回路的 L_1 和 C 来决定，即

$$f_0 \approx \frac{1}{2\pi\sqrt{L_1 C}} \tag{4.3.12}$$

由式(4.3.12)可以看出，互感耦合振荡器在调整反馈(改变 M)时，基本上不影响振荡频率。但由于分布电容的存在，在频率较高时，难以做出稳定性高的变压器。因此，互感耦合振荡器的工作频率不宜过高，一般应用于中、短波波段。

4.3.2 电感反馈式振荡电路(电感三点式振荡电路)

变压器反馈式 LC 正弦波振荡电路的反馈电压靠变压器磁路耦合实现，如果变压器磁路耦合不紧密，必然造成输出电压、反馈电压损耗较大，造成振荡电路频率的稳定性不高。为了克服变压器反馈式振荡电路中变压器原边线圈 N_1 和副边线圈 N_2 耦合不紧密的缺点，可以将 N_1 和 N_2 合并为一个线圈，修改成电感反馈式振荡电路，如图 4.3.5 所示。

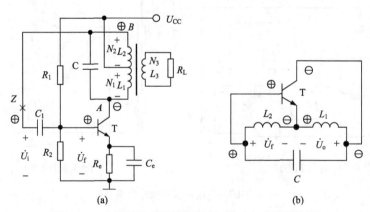

图 4.3.5　电感反馈式振荡电路(电感三点式振荡电路)

电感反馈式振荡电路，也称为电感三点式振荡电路。电感三点式正弦波振荡电路基本结构如图 4.3.5(b) 所示。它包含了放大电路、选频网络、反馈网络三个部分。电感三点式振荡电路，又称为哈特莱电路，它的反馈信号取自电感 L_2 上的电压。从结构上可以看出三极管的发射极接在两个相同性质的电抗元件(电感 L_1、L_2)之间，而集电极与基极分别接在不同性质的电抗元件(电容 C 和电感 L)之间。

例4.3.3　分析电感反馈式振荡电路(电感三点式正弦波振荡电路)，如图4.3.6(a)所示。已知 R_1=10kΩ，R_2=30kΩ，R_e=3.6kΩ，R_L=500Ω，C_1=5μF，C_e=5μF，C=0.2μF，L_1=10μH，L_2=10μH，β=89，r_{be}=200Ω，K=1.5(耦合系数 K 与互感系数 M 的关系为 $M=K\sqrt{L_1 \cdot L_2}$)。主副匝数比 $(N_1+N_2)/N_3$=1，$N_1=N_2$。分析电路结构及交流等效电路；判断电路能否起振；试求谐振频率和起振条件。

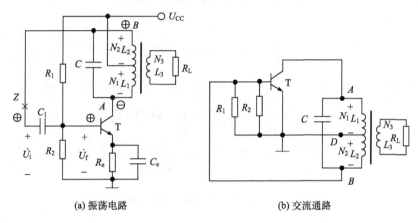

(a) 振荡电路　　　　　　　(b) 交流通路

图 4.3.6　共发射极放大电路组成的电感三点式振荡电路

解：(1)电路结构及交流等效电路。

图 4.3.6 是共发射极放大电路组成的电感三点式振荡电路。电路包含了放大电路、选频网络、反馈网络三个部分。放大电路是由 R_1、R_2、R_e、C_1、C_e、T 组成的，电路中，电阻 R_1、R_2 和 R_e 是偏置电阻，给三极管提供静态工作点。电路图中电感 L_1 与 L_2 之间紧密耦合，并在相接处作为中间抽头。为了加强谐振效果，将电容 C 跨接在整个线圈两端，构成 LC 并联谐振回路，即选频网络。选频网络作为共发射极放大电路的三极管集电极负载。反馈信号从 L_1、L_2、C 组成的 LC 谐振回路中取出，通过反馈网络传输到三极管基极，反馈网络是由 L_2、输入电阻 R_i 组成的。输出的正弦波通过变压器 N_3 供给负载电阻 R_L。

当电感反馈式振荡电路谐振时，耦合电容 C_1 和旁路电容 C_e，对交流而言可视为短路。得电感反馈式 LC 正弦波振荡电路的交流通路，如图 4.3.6(b) 所示。通过交流通路得微变等效电路，如图 4.3.7(a) 所示。

图中 R_i 为放大电路的输入电阻，也是 N_2 回路的负载，其值为

$$R_i = R_1 // R_2 // r_{be} = \left(\frac{R_2 r_{be} + R_1 r_{be} + R_1 R_2}{R_1 R_2 r_{be}} \right)^{-1} = \left(\frac{3\times10^4 \times 200 + 1\times10^4 \times 200 + 3\times10^4 \times 1\times10^4}{1\times10^4 \times 3\times10^4 \times 200} \right)^{-1}$$

$$\approx 194.81(\Omega)$$

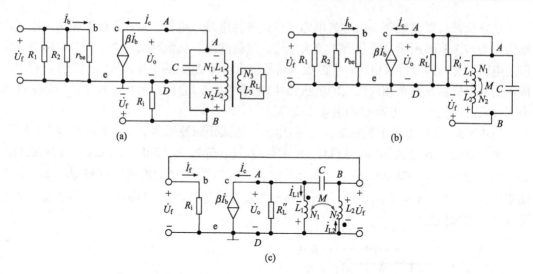

图 4.3.7　电感反馈式振荡电路的微变等效电路

将 R_i 折合到 A、D 两点间，得等效负载 R'_i，如图 4.3.7(b) 所示，$n_2 = N_2/N_1 = 1$，则：

$$R'_i = \frac{1}{n_2^2} R_i = \frac{1}{1} \times 194.81 = 194.81(\Omega)$$

将负载 R_L 折合到 A、D 两点间，得等效负载 R'_L，如图 4.3.7(b) 所示，$n_1 = N_3/N_1 = 2$ $N_1/N_1 = 2$，则：

$$R'_L = \frac{1}{n_1^2} R_L = \frac{1}{4} \times 500 = (125)\Omega$$

由于 R'_L 与 R'_i 并联，则集电极总负载为 R''_L，如图 4.3.7(c) 所示，其值为

$$R''_L = R'_L // R'_i = \left(\frac{1}{R'_L} + \frac{1}{R'_i} \right)^{-1} = \left(\frac{1}{125} + \frac{1}{194.81} \right)^{-1} = 76.14(\Omega)$$

(2) 判断电路能否起振。

采用"瞬时极性法"判断图 4.3.6(a) 所示电路能否满足起振的相位条件。方法是：将图 4.3.6(a) 中反馈端 Z 点处断开，在断开点处引入一个频率为 $f = f_0$ 的输入信号 $\dot{U}_i$，假定在 Z 点处 $\dot{U}_i$ 对地极性为正 $\oplus$，根据瞬时极性法，三极管的基极电位为 $\oplus$，三极管的集电极 A 点电位极性与基极电位极性相反，为负 $\ominus$，故电感绕组 N 的 B 端极性为正 $\oplus$。即反馈信号 $\dot{U}_f$ 为正，因此，$\dot{U}_f$ 与 $\dot{U}_i$ 同相，电感反馈是正反馈，满足正弦波振荡的相位条件。

电感反馈式振荡电路很容易满足起振的幅值条件，只要电路参数选择得当，电路就可满足幅值条件，图 4.3.6 所示电路就能产生正弦波振荡。

(3) 分析振荡频率。

根据微变等效电路图 4.3.7(c) 所示电路，得方程：

$$\begin{cases} \dot{U}_o = j\omega L_1 \dot{I}_{L1} + j\omega M \dot{I}_{L2} & ① \\ \dot{U}_f = -j\omega M \dot{I}_{L1} - j\omega L_2 \dot{I}_{L2} & ② \\ j\omega C(\dot{U}_f - \dot{U}_o) = \beta \dot{I}_b + \dfrac{\dot{U}_o}{R''_L} + \dot{I}_{L1} & ③ \\ \dot{I}_{L2} = \dot{I}_f + \dfrac{\dot{U}_f - \dot{U}_o}{\frac{1}{j\omega C}} = \dfrac{\dot{U}_f}{R_i} + j\omega C(\dot{U}_f - \dot{U}_o) & ④ \end{cases} \tag{4.3.13}$$

将④式代入①、②、③式，得一组线性齐次方程：

$$\begin{cases} (1+\omega^2 MC)\dot{U}_o + \left(\omega^2 MC - j\omega\dfrac{M}{R_i}\right)\dot{U}_f - j\omega L_1 \dot{I}_{L1} = 0 \\ \omega^2 L_2 C \dot{U}_o + \left(1 - \omega^2 L_2 C + j\omega\dfrac{L_2}{R_i}\right)\dot{U}_f + j\omega M \dot{I}_{L1} = 0 \\ \left(j\omega C + \dfrac{1}{R''_L}\right)\dot{U}_o + \left(\beta\dfrac{1}{r_{be}} - j\omega C\right)\dot{U}_f + \dot{I}_{L1} = 0 \end{cases} \tag{4.3.14}$$

由式(4.3.14)建立复系数矩阵：

$$\begin{bmatrix} 1-\omega^2 MC & \omega^2 MC - j\omega\dfrac{M}{R_i} & -j\omega L_1 \\ \omega^2 L_2 C & 1-\omega^2 L_2 C + j\omega\dfrac{L_2}{R_i} & j\omega M \\ j\omega C + \dfrac{1}{R''_L} & \beta\dfrac{1}{r_{be}} - j\omega C & 1 \end{bmatrix} \begin{bmatrix} \dot{U}_o \\ \dot{U}_f \\ \dot{I}_{L1} \end{bmatrix} = \begin{bmatrix} 0 \\ 0 \\ 0 \end{bmatrix} \tag{4.3.15}$$

式(4.3.15)的解不为零的条件是它的系数矩阵的行列式等于零：

$$\begin{vmatrix} 1-\omega^2 MC & \omega^2 MC - j\omega\dfrac{M}{R_i} & -j\omega L_1 \\ \omega^2 L_2 C & 1-\omega^2 L_2 C + j\omega\dfrac{L_2}{R_i} & j\omega M \\ j\omega C + \dfrac{1}{R''_L} & \beta\dfrac{1}{r_{be}} - j\omega C & 1 \end{vmatrix} = 0 \tag{4.3.16}$$

展开行列式，整理后得复数方程：

$$\begin{aligned} &\left\{1 - \omega^2(L_1 + L_2 + 2M)\ C - \omega^2 \cdot \dfrac{L_1 L_2 - M^2}{R''_L R_i}\right\} \\ &+ j\omega\left\{\dfrac{L_2}{R_i} + \dfrac{L_1}{R''_L} - M\beta\dfrac{1}{r_{be}} - \omega^2 C\left(\beta\dfrac{1}{r_{be}} + \dfrac{1}{R_i} + \dfrac{1}{R''_L}\right)(L_1 L_2 - M^2)\right\} = 0 \end{aligned} \tag{4.3.17}$$

只有非零解才表明该电路即使无激励信号也会产生输出电压。令式(4.3.17)的实数项为零，并将已知条件代入上式，得振荡角频率：

$$\omega_0 = \cfrac{1}{\sqrt{(L_1 + L_2 + 2M)\, C + \cfrac{L_1 L_2 - M^2}{R''_L R_i}}} = \cfrac{1}{\sqrt{(L_1 + L_2 + 2K\sqrt{L_1 L_2})\, C + \cfrac{L_1 L_2 - K^2 L_1 L_2}{R''_L R_i}}}$$

$$\approx \begin{cases} \left.\cfrac{1}{\sqrt{(L_1 + L_2 + 2\sqrt{L_1 L_2})\, C}}\right|_{k=1} \approx \cfrac{1}{\sqrt{\left(20\times10^{-6} + 2\times\sqrt{100\times10^{-12}}\right)\times 0.2\times10^{-6}}} \approx 353.553\times10^{3}\,(\text{rad}/\text{s}) \\[20pt] \left.\cfrac{1}{\sqrt{(L_1 + L_2 + \sqrt{L_1 L_2})\, C + \cfrac{L_1 L_2 (1-K^2)}{R''_L R_i}}}\right|_{k=0.5} \approx \cfrac{1}{\sqrt{6\times10^{-12} + 5.056\times10^{-15}}} \approx 408.076\times10^{3}\,(\text{rad}/\text{s}) \end{cases}$$

$$(4.3.18)$$

从以上分析可以看出，在耦合 $K=1$ 时，$M^2 = L_1 L_2$，电感反馈式振荡电路的振荡角频率为

$$\omega_0 = \cfrac{1}{\sqrt{(L_1 + L_2 + 2M)\, C}} \tag{4.3.19}$$

振荡角频率近似等于总电感(等效电感)$L = L_1 + L_2 + 2M$ 与电容 C 的谐振频率。当品质因素 $Q \gg 1$ 时，电感反馈式振荡电路的振荡频率为

$$f_0 = \cfrac{1}{2\pi\sqrt{LC}} = \cfrac{1}{2\pi\sqrt{(L_1 + L_2 + 2M)C}}$$

$$= \cfrac{1}{2\times3.14\times\sqrt{40\times10^{-6}\times0.2\times10^{-6}}} \approx 56.298\,(\text{kHz}) \tag{4.3.20}$$

电感反馈式振荡电路中 N_1 和 N_2 之间耦合紧密，振幅大。当 C 采用可变电容时，可以获得调节范围较宽的振荡频率，振荡频率可达几十兆赫到百兆赫。由于反馈电压取自电感，对高频信号具有较大的电抗，输出电压波形中常含有高次谐波。因此，电感反馈式振荡电路常用在对波形要求不高的设备之中。

(4)起振条件。

由式(4.3.13)得

$$\begin{cases} \dot{U}_o = j\omega L_1 \dot{I}_{L1} + j\omega M \dot{I}_{L2} \\ \dot{U}_f = -j\omega M \dot{I}_{L1} - j\omega L_2 \dot{I}_{L2} \end{cases}$$

振荡电路的反馈网络的反馈系数为

$$\left|\dot{F}\right| = \left|\cfrac{\dot{U}_f}{\dot{U}_o}\right| = \cfrac{j\omega M \dot{I}_{L1} + j\omega L_2 \dot{I}_{L2}}{j\omega L_1 \dot{I}_{L1} + j\omega M \dot{I}_{L2}} \approx \cfrac{L_2 + M}{L_1 + M} \approx 1 \tag{4.3.21}$$

在 $f = f_0$ 且 $Q \gg 1$ 时，LC 并联谐振回路谐振时阻抗为一个纯电阻，称为谐振电阻，谐振电阻数值可达到最大值，由于阻值非常大，电流可忽略不计，因此放大电路的电压放大倍数为

$$\left|\dot{A}_{\mathrm{u}}\right|=\left|-\frac{\dot{U}_{\mathrm{o}}}{\dot{U}_{\mathrm{i}}}\right|=\left|-\frac{\dot{U}_{\mathrm{o}}}{\dot{U}_{\mathrm{f}}}\right|=\frac{\dot{I}_{\mathrm{c}}R_{\mathrm{L}}''}{\dot{I}_{\mathrm{b}}r_{\mathrm{be}}}=\frac{\beta\dot{I}_{\mathrm{b}}R_{\mathrm{L}}''}{\dot{I}_{\mathrm{b}}r_{\mathrm{be}}}=\beta\frac{R_{\mathrm{L}}''}{r_{\mathrm{be}}}=89\times\frac{76.14}{200}\approx33 \qquad (4.3.22)$$

起振条件：

$$\left|\dot{A}_{\mathrm{u}}\dot{F}\right|>1 \qquad (4.3.23)$$

将式(4.3.21)、式(4.3.22)代入式(4.3.23)得，满足起振条件，选择晶体管 β 需要满足的条件：

$$\beta>\frac{L_1+M}{L_2+M}\cdot\frac{r_{\mathrm{be}}}{R_{\mathrm{L}}''} \qquad (4.3.24)$$

电感三点式振荡电路易起振，且采用了可变电容器，能在较宽的范围内调节振荡频率，在需要经常改变频率的场合(如收音机、信号发生器等)得到广泛的应用。由于反馈电压取自电感，故输出波形中含有高次谐波，波形较差。这种电路的振荡频率一般在几十兆赫以下。

为了克服上述缺点，可以把以上电路中的电感 L_1 与 L_2 换成电容 C_1 与 C_2，电容 C 换成 L，就构成了电容三点式正弦波振荡电路。

4.3.3　电容反馈式振荡电路(电容三点式振荡电路)

三点式 LC 振荡电路分为两种：电感三点式 LC 振荡电路和电容三点式 LC 振荡电路，如图 4.3.8 所示。

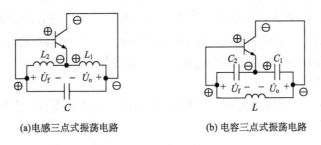

(a)电感三点式振荡电路　　　　(b) 电容三点式振荡电路

图 4.3.8　三点式振荡原理电路

图 4.3.8(a) 所示电路为电感三点式振荡电路，又称为哈特莱电路，它的反馈信号取自电感 L_2 上的电压；图 4.3.8(b) 所示电路为电容三点式振荡电路，又称为考比次电路，它的反馈信号取自电容 C_2 上的电压。从结构上可以看出三极管的发射极接两个相同性质的电抗元件，而集电极与基极则接不同性质的电抗元件。下面讨论电容三点式振荡电路。

例 4.3.4　分析电容反馈式振荡电路(电容三点式正弦波振荡电路)，如图 4.3.9(a)所示。已知 $R_1=20\mathrm{k}\Omega$，$R_2=30\mathrm{k}\Omega$，$R_\mathrm{c}=2\mathrm{k}\Omega$，$R_\mathrm{e}=1\mathrm{k}\Omega$，$C_\mathrm{b}=2.5\mu\mathrm{F}$，$C_\mathrm{e}=2.5\mu\mathrm{F}$，$C_1=200\mu\mathrm{F}$，$C_2=80\mu\mathrm{F}$，$L=10\mu\mathrm{H}$，$\beta=89$，$r_\mathrm{be}=200\Omega$。分析电容三点式 LC 振荡电路结构特点及其交流等效电路，判断电路能否起振，试求谐振频率和起振条件。

解：(1)电容反馈式振荡电路结构及交流等效电路。

图 4.3.9(a)是共发射极放大电路组成的电容三点式振荡电路。包含了放大电路、选频

网络、反馈网络三个部分。放大电路是由电阻 R_1、R_2、R_c、R_e，电容 C_b、C_c、C_e，晶体管 T 组成的。选频网络是由电感 L 和电容 C_1、C_2 组成的 LC 并联谐振回路。反馈网络是由电阻 R_1、R_2 和电容 C_2 组成的。反馈电压 $\dot{U}_f$ 取自电容 C_2 上的电压。耦合电容 C_b、C_c 和 C_e 对交流而言，可视为短路，电源 U_{CC} 对地短路处理，得电路的交流通路，如图 4.3.9(b)所示。

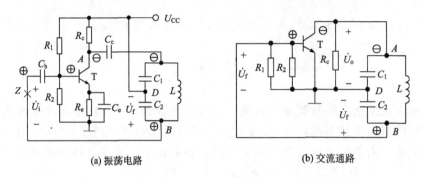

(a) 振荡电路   (b) 交流通路

图 4.3.9　共发射极放大电路组成的电容三点式振荡电路

(2)判断电路能否起振。

采用"瞬时极性法"判断图 4.3.9(a)所示电路能否满足起振的相位条件。方法是：将图 4.3.9(a)中反馈端 Z 点处断开，在断开点处引入一个频率为 $f=f_0$ 的输入信号 $\dot{U}_f$，假定在 Z 点处 $\dot{U}_i$ 对地极性为正 $\oplus$，根据瞬时极性法，三极管的基极电位为 $\oplus$，三极管的集电极 A 点电位极性与基极电位极性相反，为负 $\ominus$，故电容组的 B 端极性为正 $\oplus$，即反馈信号 $\dot{U}_f$ 为正 $\oplus$，因此，$\dot{U}_f$ 与 $\dot{U}_i$ 同相，电容反馈是正反馈，满足正弦波振荡的相位条件。

电容反馈式振荡电路很容易满足起振的幅值条件，只要电路参数选择得当，电路就可满足幅值条件，图 4.3.9(a)所示电路就能产生正弦波振荡。

(3)求谐振频率。

通过交流通路的微变等效电路，如图 4.3.10(a)所示。整理后图 4.3.10(a)的微变等效电路如图 4.3.10(b)所示。

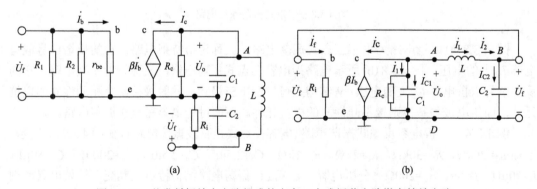

(a)   (b)

图 4.3.10　共发射极放大电路组成的电容三点式振荡电路微变等效电路

图 4.3.10(a)中 R_i 为放大电路的输入电阻，也是 C_2 回路的负载，其值为

$$R_i = R_1 /\!/ R_2 /\!/ r_{be} = \left(\frac{1}{2 \times 10^4} + \frac{1}{3 \times 10^4} + \frac{1}{200} \right)^{-1} \approx 196.721(\Omega)$$

根据微变等效电路图 4.3.10(b) 所示电路，得方程：

$$
\begin{cases}
\dot{U}_o = \dot{I}_1 \dfrac{1}{\dfrac{1}{R_c} + j\omega C_1} & ① \\[4mm]
\dot{U}_f = \dot{I}_2 \dfrac{1}{\dfrac{1}{R_i} + j\omega C_2} & ② \\[4mm]
\dot{I}_1 + \dot{I}_L + \beta \dot{I}_b = 0 & ③ \\[2mm]
\dot{I}_2 = \dot{I}_L = \dfrac{\dot{U}_o - \dot{U}_f}{j\omega L}, \quad \dot{I}_b = \dfrac{\dot{U}_f}{r_{be}} & ④
\end{cases}
\qquad (4.3.25)
$$

将④式代入①、②、③式，得一组线性齐次方程：

$$
\begin{cases}
(1 + j\omega C_1 R_c)\dot{U}_o - R_c \dot{I}_1 = 0 & ① \\[2mm]
R_i \dot{U}_o - (R_i + j\omega L - \omega^2 L C_2 R_i)\dot{U}_f = 0 & ② \\[2mm]
r_{be}\dot{U}_o - (r_{be} - j\omega L\beta)\dot{U}_f + j\omega L r_{be}\dot{I}_1 = 0 & ③
\end{cases}
\qquad (4.3.26)
$$

由式 (4.3.26) 建立复系数矩阵：

$$
\begin{bmatrix}
1 + j\omega C_1 R_c & 0 & -R_c \\
R_i & -(R_i + j\omega L - \omega^2 L C_2 R_i) & 0 \\
r_{be} & -(r_{be} - j\omega L\beta) & j\omega L r_{be}
\end{bmatrix}
\begin{bmatrix}
\dot{U}_o \\
\dot{U}_f \\
\dot{I}_1
\end{bmatrix}
=
\begin{bmatrix}
0 \\
0 \\
0
\end{bmatrix}
\qquad (4.3.27)
$$

式 (4.3.27) 的解不为零的条件是它的系数矩阵的行列式等于零：

$$
\begin{vmatrix}
1 + j\omega C_1 R_c & 0 & -R_c \\
R_i & -(R_i + j\omega L - \omega^2 L C_2 R_i) & 0 \\
r_{be} & -(r_{be} - j\omega L\beta) & j\omega L r_{be}
\end{vmatrix}
= 0
\qquad (4.3.28)
$$

展开行列式，整理后得复数方程：

$$
\left\{ \omega^2 L^2 r_{be} + \omega^2 L C_1 r_{be} R_c R_i - \omega^4 L^2 C_1 C_2 r_{be} R_c R_i + \omega^2 L C_2 r_{be} R_c R_i \right\}
$$
$$
+ j\omega L \left\{ -r_{be} R_i + \omega^2 L C_2 r_{be} R_i + \omega^2 L C_1 r_{be} R_c - \beta R_c R_i - r_{be} R_c \right\} = 0
\qquad (4.3.29)
$$

只有非零解才表明该电路即使无激励信号也会产生输出电压。令式 (4.3.29) 的实数项为零，得振荡角频率：

$$
\omega_0 = \sqrt{\frac{(C_1 + C_2)R_c R_i + L}{L C_1 C_2 R_c R_i}} = \sqrt{\frac{C_1 + C_2}{L C_1 C_2} + \frac{1}{C_1 C_2 R_c R_i}}
\qquad (4.3.30)
$$

电容三点式振荡电路的振荡角频率 ω_0 由两项组成，第一项是由 L、C_1、C_2 引起的谐振，第二项是由 C_1、C_2 和 R_c、R_i 引起的谐振偏差。将已知条件代入上式，得振荡角频率：

$$\omega_0 = \sqrt{\frac{C_1 + C_2}{LC_1C_2} + \frac{1}{C_1C_2R_cR_i}} = \sqrt{\frac{1}{L\frac{C_1C_2}{C_1 + C_2}} + \frac{1}{C_1C_2R_cR_i}} \approx 41833.003(\text{rad/s})$$

如果 $L\frac{1}{C_1 + C_2} \ll R_cR_i$，电容三点式振荡电路角频率可以近似为

$$\omega_0 = \frac{1}{\sqrt{L\frac{C_1C_2}{C_1 + C_2}}} \tag{4.3.31}$$

共发射极放大电路组成的电容三点式振荡电路谐振电容为 $C = \frac{C_1C_2}{C_1 + C_2}$，共发射极放大电路组成的电容三点式振荡电路振荡频率为

$$f_0 = \frac{1}{2\pi\sqrt{LC}} = \frac{1}{2\pi\sqrt{L\frac{C_1C_2}{C_1 + C_2}}} \approx 6.661(\text{kHz}) \tag{4.3.32}$$

(4) 起振条件。

C_1 和 C_2 的电流分别为 i_{C1} 和 i_{C2}，则反馈系数为

$$|\dot{F}| = \left|\frac{\dot{U}_f}{\dot{U}_o}\right| = \left|\frac{\dot{I}_{C2} / \text{j}\omega C_2}{\dot{I}_{C1} / \text{j}\omega C_1}\right| \approx \frac{C_1}{C_2} \tag{4.3.33}$$

电压放大倍数为

$$|\dot{A}| = \left|\frac{\dot{U}_o}{\dot{U}_i}\right| \approx \frac{\beta\dot{I}_bR'_L}{\dot{I}_br_{be}} = \beta\frac{R'_L}{r_{be}} \tag{4.3.34}$$

式中，集电极等效负载 $R'_L = \frac{R_i}{n^2}$，其中接入系数 $n = \frac{C_2}{C_1}$。

根据起振条件：

$$|\dot{A}\dot{F}| > 1$$

将式(4.3.33)和式(4.3.34)代入上式，可得起振条件：

$$\beta > \frac{C_2r_{be}}{R'_LC_1} \tag{4.3.35}$$

当电路元件参数已知的条件下，根据式(4.3.31)、式(4.3.32)、式(4.3.35)可以计算出电路的振荡频率并确定电路是否能起振。

电容三点式振荡电路的优缺点如下。

(1) 电容三点式振荡电路的输出端和输入端都是电容，对高次谐波电抗较小，滤除电流谐波能力强，因此振荡波形好。

(2) 由于反馈电压取自于电容两端的电压，反馈电压中高次谐波分量较小，输出波形较好。

(3) 只要改变电容 C_1 和 C_2 的值，就能改变振荡频率，若减小电容，就能提高振荡频率。

(4) 通过改变 C_1 或 C_2 来改变振荡频率时，C_1/C_2 的值也随之改变，这将改变反馈电压

的大小，影响振荡幅度，甚至造成停振；若同时改变 C_1 和 C_2 的值，不改变 C_1/C_2 的值，就能达到振荡要求，但是操作起来比较麻烦。一般电容振荡电路适用于固定频率的振荡器。

(5)在 C_1 和 C_2 的值很小时，晶体管的集电结和发射结将直接影响频率的稳定性。

(6)晶体管的结电容很小，若利用晶体管的结电容作为振荡回路电容，则振荡频率可高达几百兆赫，甚至上千兆赫。

4.4　电容三点式振荡电路的改进型

改进型电路主要是针对电容三点式振荡电路的缺点进行改进，提高电容三点式振荡电路的频率稳定性、振幅稳定性，方便调整频率。

4.4.1　克拉泼电路

为了方便调节振荡频率，提高频率的稳定性，在电容三点式振荡电路中的谐振回路的电感支路上串联一个可调电容 C，如图 4.4.1 所示，称串联改进型振荡电路，也称克拉泼电路。

减小 C_1 和 C_2 的电容值和 L 的电感值，可以提高电容三点式振荡电路的振荡频率。当 C_1 和 C_2 减小到一定值时，晶体管的极间电容和电路中的耦合电容分布电容将影响振荡频率。这些电容等效为放大电路的输入电容 C_i 和输出电容 C_o，它们分别与 C_1 和 C_2 并联，如图 4.4.1 所示。由于极间电容受温度的影响，耦合电容分布电容又难以确定，势必影响振荡电路频率的稳定性。

为了提高频率的稳定性，在设计电路时，要求 C_1 和 C_2 只起到分压作用，以便获得合适的反馈电压，使 C_i 和 C_o 对选频特性的影响忽略不计。具体方法是，要求 C_1 和 C_2 远大于极间电容和电路中的耦合电容分布电容，在电感所在支路串联一个小容量可调电容 C，而且 $C \ll C_1$，$C \ll C_2$，这样电路的振荡频率就可能得到稳定。

克拉泼电路的振荡电路频率为

$$f_0 = \frac{1}{2\pi\sqrt{L\left(\dfrac{1}{C_1} + \dfrac{1}{C_2} + \dfrac{1}{C}\right)^{-1}}} \approx \frac{1}{2\pi\sqrt{LC}} \tag{4.4.1}$$

式中，C 为振荡电路的总电容

$$\left(\frac{1}{C_1} + \frac{1}{C_2} + \frac{1}{C}\right)^{-1} \approx C \tag{4.4.2}$$

从式(4.4.1)和式(4.4.2)可以看出克拉泼电路的振荡频率 f_0 几乎与 C_1 和 C_2 无关。故电路的频率稳定性较高。

要注意的是，减小 C 来提高回路的稳定性是以牺牲环路增益为代价的。如果 C 取值过小，电路的放大倍数将下降，振荡器就会不满足振幅起振条件而停振。

4.4.2　西勒电路

图 4.4.2 所示电路是并联改进型振荡电路，又称西勒电路。与克拉泼电路的差别仅在于电感 L 上并联了一个调节振荡频率的可变电容 C_4。C_1、C_2、C_3 均为固定电容，且满足 $C_3 \ll C_1$，$C_3 \ll C_2$，C_4 远小于 C_1 和 C_2 值。由于 C_3、C_4 是同一数量级的电容，故回路总电容 $C_\Sigma \approx C_3 + C_4$，西勒电路的振荡频率为

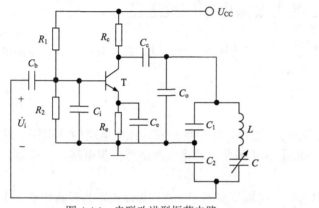

图 4.4.1　串联改进型振荡电路

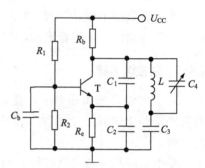

图 4.4.2　并联改进型振荡电路

$$f_0 \approx \frac{1}{2\pi\sqrt{L(C_3 + C_4)}} \tag{4.4.3}$$

与克拉泼电路相比，西勒电路不仅频率稳定性高、输出幅度稳定、频率调节方便，而且振荡频率范围宽、振荡频率高，因此，是目前应用较广泛的一种三点式振荡器电路。

例 4.4.1　试用相位平衡条件判断图 4.4.3(a)所示电路能否产生正弦波振荡?若能振荡，试计算其振荡频率 f_0，并指出它属于哪种类型的振荡电路? 分析电路中 C_e、C_b 的作用。已知电路中元器件参数 $R_1 = 5\text{k}\Omega$，$R_2 = 50\text{k}\Omega$，$R_c = 5\text{k}\Omega$，$R_e = 1\text{k}\Omega$，$C_b = 10\mu\text{F}$，$C_e = 10\mu\text{F}$，$C_1 = 0.1\mu\text{F}$，$C_2 = 0.1\mu\text{F}$，$L = 300\text{mH}$，$\beta = 89$，$r_{be} = 200\Omega$。

解：图 4.4.3 中图(a)是电路图，图(b)是交流通路。从交流通路图中可以看出，三极管的发射极接在两个相同性质的电抗元件(电容 C_1 和 C_2)之间，而集电极接在不同性质的电抗元件电容 C_1 和电感 L 之间，基极分别接在不同性质的电抗元件电容 C_2 和电感 L 之间。所以该电路属于电容三点式振荡电路。

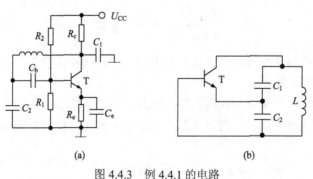

(a)　　　　　　　　　　　　　　(b)

图 4.4.3　例 4.4.1 的电路

从图中可以看出，C_1、C_2、L 组成并联谐振回路。并且，$C_b \gg C_1$、$C_e \gg C_2$，由于 C_b 和 C_e 数值较大，对于高频振荡信号可视为短路，它的交流通路如图 4.4.3(b) 所示。电容 C_2 上的电压为反馈电压，根据交流通路，用瞬时极性法判断，可知反馈电压 $\dot{U}_f$ 和放大电路输入电压 $\dot{U}_i$ 极性相同，故满足相位平衡条件。

振荡频率为

$$f_0 = \frac{1}{2\pi\sqrt{L\dfrac{C_1 \times C_2}{C_1 + C_2}}} = \frac{1}{2\pi\sqrt{300\times10^{-3}\times\dfrac{0.1\times10^{-6}\times0.1\times10^{-6}}{0.1\times10^{-6}+0.1\times10^{-6}}}} \approx 1300(\text{kHz})$$

图中，C_e 为高频旁路电容，如果把 C_e 去掉，信号在发射极电阻 R_e 上将产生损失，放大倍数降低，甚至难以起振。C_b 为高频耦合电容，它将振荡信号耦合到三极管基极。如果将 C_b 电容去掉，则三极管基极直流电位近似相等，由于静态工作点不合适，电路无法工作。

4.5　石英晶体正弦波振荡电路

4.5.1　石英晶体基本特性

在工程实际应用中，常常要求振荡的频率有一定的稳定度，频率稳定度一般用频率的相对变化量 $\Delta f/f_0$ 表示。从 LC 并联回路的频率特性可知，Q 值越大，选频性能越好，频率的相对变化量越小，即频率稳定度越高。

一般 LC 振荡电路的 Q 值只有几百，其 $\Delta f/f_0$ 值一般不小于 10^{-5}，石英晶体振荡电路的 Q 值可达 $10^4 \sim 10^6$，其频率稳定度可达 $10^{-9} \sim 10^{-11}$，因此要求频率稳定度高的场合下，常采用石英晶体振荡电路。下面首先了解石英晶体的构造和它的基本特性，然后分析具体的振荡电路。

石英晶体是一种各向异性的结晶体，其化学成分是二氧化硅 (SiO_2)。将二氧化硅结晶体按一定的方向切割成很薄的晶片，称为石英晶片。在石英晶片的两个对应表面上涂敷银层，并作为两个电极引出引脚，加上外壳封装，就构成石英晶体振荡器，简称石英晶体。石英晶体结构示意图、符号如图 4.5.1(a)、(b) 所示。

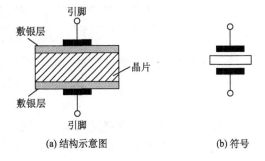

（a) 结构示意图　　　　　(b) 符号

图 4.5.1　石英晶体结构示意图、符号

1. 压电效应

石英晶片之所以能做振荡电路是因为它有压电效应。从物理学中可以知道，在晶片的两个极板间加一个电场，晶片就会产生机械变形；反之，在晶片的两侧施加机械压力，在相应的方向产生电场，这种物理现象称为压电效应。

当晶片的两极上施加交变电压时，晶片会产生机械变形振动，同时晶片的机械变形振动又会产生交变电场，在一般情况下，这种机械振动和交变电场的幅度都非常小，其振动频率是很稳定的。当外加交变电压的频率与晶片的固有振荡频率相等时，机械振动的幅度将急剧增加。石英晶片的谐振频率完全取决于晶片的切片方向及其尺寸和几何形状等。这种现象称为压电谐振。

2. 等效电路

石英晶片的压电谐振和 LC 回路的谐振现象十分相似,其等效电路如图 4.5.2(a) 所示。图中,石英晶体的等效电感 L 很大,为 $10^{-3}\sim10^{-2}$H;等效电阻 R 很小,约 100Ω;等效电容 C,为 $0.01\sim0.1$pF;C_0 表示金属极板间的静电电容,为几~几十皮法。回路品质因数 Q 很大,可达 $10^4\sim10^6$。因此利用石英晶体组成的振荡电路有很高的频率稳定度,$\Delta f/f_0$ 可达 $10^{-9}\sim10^{-11}$(Δf 为频率偏移)。等效电路中,L 和 C 分别模拟晶片振动的惯性和弹性,R 用于模拟晶片振动时的摩擦损耗。

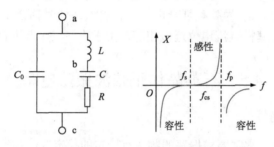

(a) 石英晶体的等效电路　　　　(b) 石英晶体的电抗-频率特性

图 4.5.2　石英晶体特性

3. 振动频率与频率特性

由图 4.5.2(a) 所示的石英晶体的等效电路得电路的等效电抗为式(4.5.1):

$$X = \frac{\left[R+\mathrm{j}\left(\omega L - \dfrac{1}{\omega C}\right)\right]\left(-\mathrm{j}\dfrac{1}{\omega C_0}\right)}{R+\mathrm{j}\left(\omega L - \dfrac{1}{\omega C} - \dfrac{1}{\omega C_0}\right)} = \mathrm{j}\left.\frac{\omega^2 LC - 1}{\omega(C_0 + C - \omega^2 LC_0 C)}\right|_{R=0} \tag{4.5.1}$$

石英晶体工作在谐振点时,可以不考虑晶体内部损耗(即理想情况下 $R=0$)。

由图 4.5.2(a) 和式(4.5.1)可知,石英晶体有两个谐振频率:串联谐振频率 f_s、并联谐振频率 f_p。

(1)当 L、C、R 支路发生串联谐振时,等效阻抗最小,若不考虑损耗电阻 R,这时等效阻抗为 $X=0$,即式(4.5.1)分子为零,回路的串联谐振频率为

$$f_s = \frac{1}{2\pi\sqrt{LC}} \tag{4.5.2}$$

在谐振频率下,整个网络的电抗等于 R 与 C_0 并联,由于 C_0 很小,它的容抗比 R 大得多,故 $1/\omega_0 C_0 \gg R$,这时可以近似认为 L、C、R 支路呈纯阻性,电阻很小,等效电阻为 R。

当谐振频率小于串联谐振频率 f_s 时,即 $f<f_s$ 时,电容 C_0 和电容 C 电抗较大,起主导作用,石英晶体呈容性。

(2)当频率高于 f_s,即 $f>f_s$ 时,L、C、R 支路呈感性。该支路与电容 C_0 发生并联谐振,

即式(4.5.1)分母为零，回路的并联谐振频率为

$$f_{\mathrm{p}} = \frac{1}{2\pi\sqrt{L\left(\dfrac{C_0 C}{C_0 + C}\right)}} = \frac{1}{2\pi\sqrt{LC}}\sqrt{1 + \frac{C}{C_0}} = f_{\mathrm{s}}\sqrt{1 + \frac{C}{C_0}} \qquad (4.5.3)$$

由于 $C_0 \gg C$，由式(4.5.3)可以看出 f_{s} 与 f_{p} 非常接近，即 $f_{\mathrm{s}} \approx f_{\mathrm{p}}$。

当 $f_{\mathrm{s}} < f < f_{\mathrm{p}}$ 时，石英晶体呈电感性；并且 C 和 C_0 的容量相差越悬殊，f_{s} 和 f_{p} 越接近，石英晶体呈感性的频带越狭窄。

当 $f > f_{\mathrm{p}}$ 时，电抗主要决定于 C_0，石英晶体呈容性。

由式(4.5.1)、式(4.5.2)、式(4.5.3)得石英晶体的电抗-频率特性曲线，如图4.5.2(b)所示。

(3)要注意：通常石英晶体产品所给出的标称频率既不是 f_{s} 也不是 f_{p}，而是外接一个小电容 C_{s} 时校正的振荡频率，C_{s} 与石英晶体串接如图 4.5.3 所示。利用 C_{s} 可使石英晶体的谐振频率在一个小范围内调整。C_{s} 的数值选择得比较大，一般 $C_{\mathrm{s}} \gg C_0 \gg C$。

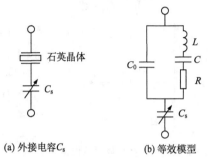

(a) 外接电容 C_{s} (b) 等效模型

图 4.5.3 石英晶体外串接
电容 C_{s} 的频率调整电路

为了计算串入 C_{s} 后的谐振频率，可从图 4.5.3 导出电抗：

$$X_{\mathrm{cs}} = \frac{\left[\mathrm{j}\left(\omega L - \dfrac{1}{\omega C}\right)\right]\left(-\mathrm{j}\dfrac{1}{\omega C_0}\right)}{\mathrm{j}\left(\omega L - \dfrac{1}{\omega C} - \dfrac{1}{\omega C_0}\right)} + \frac{1}{\mathrm{j}\omega C_{\mathrm{s}}} = -\mathrm{j}\frac{1}{\omega C_{\mathrm{s}}} \cdot \frac{C_0 + C + C_{\mathrm{s}} - \omega^2 LC(C_0 + C_{\mathrm{s}})}{C_0 + C - \omega^2 LCC_0} \qquad (4.5.4)$$

令式(4.5.4)中的分子为零，得到串入 C_{s} 后的串联谐振频率：

$$f_{\mathrm{cs}} = \frac{1}{2\pi}\sqrt{\frac{C_0 + C + C_{\mathrm{s}}}{LC(C_0 + C_{\mathrm{s}})}} = \frac{1}{2\pi\sqrt{LC}}\sqrt{1 + \frac{C}{C_0 + C_{\mathrm{s}}}} = f_{\mathrm{s}}\sqrt{1 + \frac{C}{C_0 + C_{\mathrm{s}}}} \qquad (4.5.5)$$

令式(4.5.4)中的分母为零，得到串入 C_{s} 后的并联谐振频率：

$$f_{\mathrm{ps}} = \frac{1}{2\pi}\sqrt{\frac{C_0 + C}{LCC_0}} = \frac{1}{2\pi\sqrt{LC}}\sqrt{1 + \frac{C}{C_0}} = f_{\mathrm{p}} \qquad (4.5.6)$$

从以上分析可以看出，串入 C_{s} 后，并不影响谐振频率 $f_{\mathrm{ps}} = f_{\mathrm{p}}$。

当 $C_{\mathrm{s}} \to 0$ 时，由式(4.5.5)、式(4.5.6)可得 $f_{\mathrm{cs}} = f_{\mathrm{ps}}$；当 $C_{\mathrm{s}} \to \infty$ 时，由式(4.5.5)可得 $f_{\mathrm{cs}} = f_{\mathrm{s}}$。在实际应用中，$C_{\mathrm{s}}$ 是一个微调电容，用于调整 f_{cs} 在 f_{s} 与 f_{p} 之间的一个狭窄范围内变化。

例 4.5.1 石英晶体等效模型如图 4.5.3 所示。石英晶体振荡频率为 5MHz，其模型参数 $L = 0.08\mathrm{H}$、$C = 0.013\mathrm{pF}$、$R = 50\Omega$、$C_0 = 4.5\mathrm{pF}$、微调电容 $C_{\mathrm{s}} = 600\mathrm{pF}$。

(1)计算石英晶体的两个谐振频率：f_{s}、f_{p}。

(2)计算串入微调电容后石英晶体的两个谐振频率：f_{cs}、f_{ps}。

(3)画出石英晶体等效模型电抗-频率特性曲线。

解： (1)由式(4.5.2)得石英晶体串联谐振频率 f_{s} 为

$$f_s = \frac{1}{2\pi\sqrt{LC}} = \frac{1}{2\pi\sqrt{0.08 \times 0.13 \times 10^{-12}}} = 4.9376885(\text{MHz}) \tag{4.5.7}$$

由式(4.5.3)得石英晶体并联谐振频率 f_p 为

$$f_p = \frac{1}{2\pi\sqrt{L\left(\dfrac{C_0 C}{C_0 + C}\right)}} = \frac{1}{2\pi\sqrt{LC}}\sqrt{1 + \frac{C}{C_0}} = f_s\sqrt{1 + \frac{0.013 \times 10^{-12}}{4.5 \times 10^{-12}}} = 4.9448157(\text{MHz}) \tag{4.5.8}$$

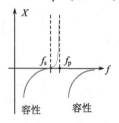

图 4.5.4　石英晶体等效模型
电抗-频率特性曲线

由式(4.5.1)、式(4.5.7)、式(4.5.8)可画出石英晶体电抗-频率特性曲线，如图 4.5.4 所示。

由特性曲线和以上计算数值可以看出，石英晶体作为感性元件使用时，石英晶体振荡频率在 f_s 与 f_p 之间的一个狭窄范围内变化。在并联型石英晶体振荡电路中，石英晶体作为一个电感元件使用。

(2)用微调电容 C_s 与石英晶体串联，可使石英晶体的谐振频率在一个小范围内调整。根据图 4.5.3(b)，可得模型电抗为

$$X' = -\text{j}\frac{1}{\omega C_s} \cdot \frac{C_0 + C + C_s - \omega^2 LC(C_0 + C_s)}{C_0 + C - \omega^2 LCC_0} \tag{4.5.9}$$

由式(4.5.9)得，串入 C_s 后石英晶体串联谐振频率 f_{cs} 为

$$f_{cs} = \frac{1}{2\pi\sqrt{LC}}\sqrt{1 + \frac{C}{C_0 + C_s}} = f_s\sqrt{1 + \frac{C}{C_0 + C_s}}$$

$$= 4.9376885 \times 10^6 \sqrt{1 + \frac{0.013 \times 10^{-12}}{4.5 \times 10^{-12} + 600 \times 10^{-12}}} = 4.9377947(\text{MHz}) \tag{4.5.10}$$

由式(4.5.9)得，串入 C_s 后石英晶体并联谐振频率 f_{ps} 为

$$f_{ps} = \frac{1}{2\pi\sqrt{L\left(\dfrac{C_0 C}{C_0 + C}\right)}} = \frac{1}{2\pi\sqrt{LC}}\sqrt{1 + \frac{C}{C_0}} = f_s\sqrt{1 + \frac{0.013 \times 10^{-12}}{4.5 \times 10^{-12}}} = 4.9448157(\text{MHz}) \tag{4.5.11}$$

从以上分析可以看出，串入了微调电容 C_s 后，调整了石英晶体串联谐振频率 f_{cs}，并不影响并联谐振频率 $f_{ps} = f_p$，石英晶体振荡频率仍然在 f_s 与 f_p 之间的一个狭窄范围内变化。

4.5.2　石英晶体振荡电路

石英晶体振荡电路的基本形式有两类：一类是并联型晶体振荡电路，它利用频率在 f_s 与 f_p 之间晶体阻抗呈感性的特点，与两个外接电容组成电容三点式振荡电路；另一类是串联型晶体振荡电路，它是利用晶体工作在串联谐振 f_s 时阻抗最小，且为纯阻性的特性来构成石英晶体振荡电路。

1. 并联型石英晶体振荡电路

图 4.5.5 所示电路是并联型石英晶体振荡电路，称皮尔斯晶体振荡电路。

图 4.5.5 可以等效于一个电容三点式振荡电路。并联型石英晶体振荡电路与电容三点式

振荡电路相比较，电路的区别是并联型石英晶体振荡电路利用石英晶体替代了电容三点式振荡电路中的电感，石英晶体在电路中起到的是感性组件作用。根据电容三点式振荡电路结构，石英晶体振荡电路中的振荡频率一定是可以使晶体工作在电感特性区域内的。其电路的振荡频率为

$$f_0 = \frac{1}{2\pi\sqrt{L\dfrac{C(C_0+C')}{C+C_0+C'}}} \tag{4.5.12}$$

式中，C_1 与 C_2 串联的电容量为 $C'=\dfrac{C_1C_2}{C_1+C_2}$；$C'$ 与 C_0 并联的电容量为 C_0+C'，并联后与 C 串联的总电容量为 $C_总=\dfrac{C(C_0+C')}{C+C_0+C'}$。

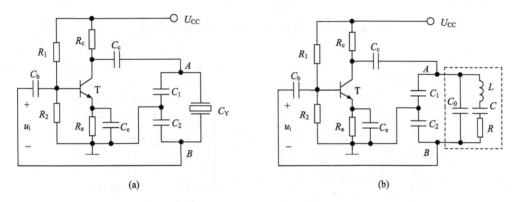

图 4.5.5 并联型石英晶体振荡电路

为了保证石英晶体工作在电感特性区域内，振荡频率 f_0 一定在 f_s 与 f_p 之间，只有这样，石英晶体才呈现电感特性，石英晶体与电容 C_1、C_2 构成的振荡电路才能满足相位平衡条件。可见石英晶体在并联型石英晶体振荡电路中只是作为一个电感元件使用的。

串入微调电容 C_s 后的石英晶体振荡电路，如图 4.5.6 所示。

串入微调电容 C_s 后石英晶体振荡电路的振荡频率为

$$f_0 = \frac{1}{2\pi\sqrt{L\dfrac{C(C_0+C')}{C+C_0+C'}}} \tag{4.5.13}$$

式中，C_1、C_2、C_s 串联的电容量为 $C'=\dfrac{C_1C_2C_s}{C_1C_2+C_1C_s+C_2C_s}$；$C'$ 与 C_0 并联的电容量为 C_0+C'，并联后与 C 串联的总电容量为 $C_总=\dfrac{C(C_0+C')}{C+C_0+C'}$。

2. 串联型晶体振荡电路

串联型晶体振荡电路如图 4.5.7 所示。在频率更高的场合，应使用串联谐振电阻很小的优质晶体。

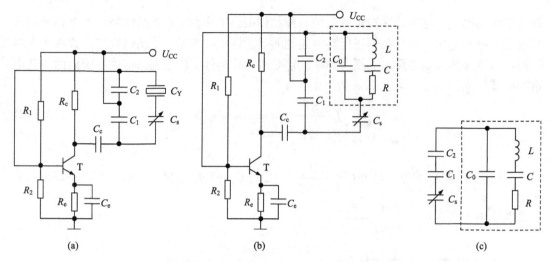

图 4.5.6　并联型串入微调电容 C_s 后石英晶体振荡电路

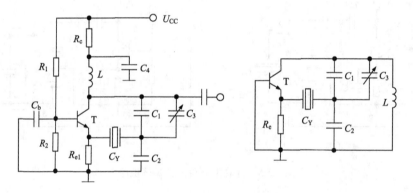

图 4.5.7　串联型晶体振荡电路

由图 4.5.7(b) 的等效电路可知，串联型晶振是在三点式振荡器基础上，晶体作为具有高选择性的短路元件接入振荡电路的适当地方，只有当振荡在回路的谐振频率等于接入的晶体的串联谐振频率时，晶体才呈现很小的纯电阻，电路的正反馈最强。因此，频率稳定度完全取决于晶体的稳定度。谐振回路的频率为

$$f_0 = \frac{1}{2\pi\sqrt{LC_\Sigma}}$$

4.6　实训：正弦波振荡器的仿真与蒙特卡罗分析

4.6 实训

本节利用 PSpice 仿真技术来完成对正弦波振荡器的测试、性能分析，熟悉蒙特卡罗（Monte Carlo）分析方法。在前面的 PSpice 电路分析中有一个共同的特点，就是电路中每一个元器件都有确定的值，称为标称值。因此这些电路分析又称为标称值分析。但如果按设计好的电路图进行生产，组装成若干块电路时，对应于设计图上的同一个元器件，在实际电路中采用的元器件值不可能完全相同，存在一定的分散性。这样，实际组装电路的电特

性就不可能与标称值模拟的结果完全相同，而呈现出一定的分散性。为了模拟实际生产中因元器件值的分散性所引起的电路特性分散性，PSpice 提供了蒙特卡罗分析功能，简称 MC 分析。蒙特卡罗分析是采取随机抽样、统计分析的方法，来完成对电路的分析。

范例：观察输出波形及蒙特卡罗分析。

1. 绘出电路图

(1)请建立一个项目 CH4，然后绘出如图 4.6.1 所示的电路图。其中，V1 脉冲信号源(VPULSE)作为正弦波振荡器激励信号。

(2)在做蒙特卡罗分析时，设定 L1 的容差(Tolerance)为"15%"；设定 L2 的容差为"15%"；

(3)将图 4.6.1 中的其他元件编号和参数按图中设置。

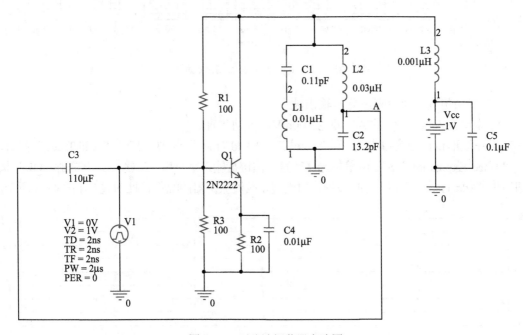

图 4.6.1　正弦波振荡器电路图

2. 瞬态分析

(1)创建瞬态分析仿真配置文件，瞬态分析参数："Run to time"(仿真运行时间)设置为"120μs"，"Start saving data after"(开始存储数据时间)设置为"0μs"，"Maximum step size"(最大时间增量)设置为"100ns"。

(2)启动仿真观察瞬态分析输出波形。

在波形窗口中选择"Trace"→"Add Trace"选项打开"Add Trace"窗口，在"Trace Expression"栏处用鼠标选择或直接由键盘输入字符串"V(A)"。再单击"OK"按钮退出"Add Trace"窗口。这时的波形窗口出现正弦波振荡器输出波形，如图 4.6.2 所示。

3. 交流分析

(1)创建交流分析仿真配置文件，设置交流分析参数：选择"Logarithmic"→"Decade"

选项，设置"Start Frequency"（仿真起始频率）为"20kHz"，"End Frequency"（仿真终止频率）为"150kHz"，设置"Points/Decade"（十倍频程扫描记录）为"1000"点。

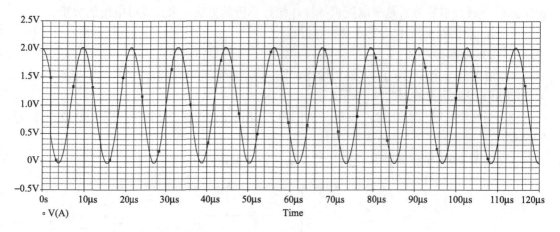

图 4.6.2　正弦波振荡器输出波形

（2）启动仿真，观察瞬态分析输出波形。

①设定输入信号 V1 的 AC 源为 100mV，启动仿真。

②在波形窗口的菜单中选择"Trace"→"Add Trace"选项，打开"Add Trace"窗口，在"Trace Expression"栏处用鼠标选择或直接由键盘输入字符串"V(A)"。再单击"OK"按钮退出"Add Trace"窗口。这时波形窗口出现正弦波振荡器的幅频特性曲线，如图 4.6.3 所示。

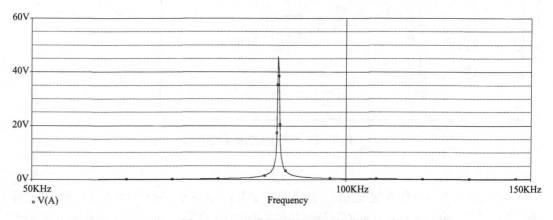

图 4.6.3　正弦波振荡器幅频特性曲线

4. 设置蒙特卡罗分析

（1）创建蒙特卡罗分析仿真配置文件，设置蒙特卡罗分析参数。

①在"Simulation Settings"窗口选择"Analysis"标签，在"Analysis Type"下拉列表里面选择"AC Sweep"（交流分析），勾选"Monte Carlo/Worse Case"，选择"Monte Carlo"。

②设置"Output variable"（输出变量）为"V(A)"。

③在 Monte Carlo Options 中，"Number of runs"（运行次数）设置为"50"，"Use

distribution"设置为"Uniform"(均匀分布),"Save data from"选择前 3 次运行结果(First->3)。

(2)启动仿真,观察蒙特卡罗分析输出波形。

仿真运行成功后将弹出 "Available Section" 窗口,单击 "OK" 按钮,将弹出波形窗口。在波形窗口的菜单中选择 "Trace" → "Add Trace" 选项,打开 "Add Trace" 窗口。在 "Trace Expression" 栏处完成这样的字符串 "V(A)"。再单击 "OK" 按钮退出 "Add Trace" 窗口。这时波形窗口出现正弦波振荡器的蒙特卡罗分析的前三次输出波形,如图 4.6.4 所示。

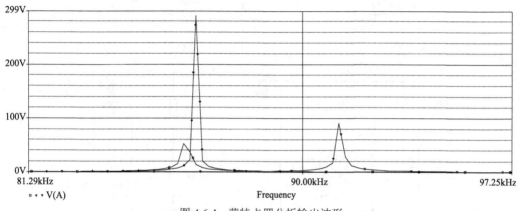

图 4.6.4　蒙特卡罗分析输出波形

思考题与习题

4.1　画出正弦波振荡器的构成方框图,说明各部分的作用。

4.2　说明正弦波振荡器的振荡条件有哪些,如何表示?

4.3　在满足相位平衡条件的前提下,既然正弦波振荡电路的振幅平衡条件为 $|AF|=1$,如果 $|F|$ 为已知,则 $|A|=1/F$ 即可起振,你认为这种说法对吗?

4.4　电容三点式振荡电路与电感三点式振荡电路比较,其输出的谐波成分小,输出波形较好,为什么?

4.5　试分别说明,石英晶体在并联晶体振荡电路和串联晶体振荡电路中起何种(电阻、电感和电容)作用。

4.6　克拉泼和西勒振荡电路是怎样改进了电容反馈振荡器性能的?

4.7　用 Multisim 仿真软件分析克拉泼电路、西勒电路、皮尔斯电路。观察其输出波形,以及电容、电感的选取对振荡器振荡频率的影响。

4.8　试画出石英谐振器的电路符号、等效电路以及电抗曲线,并说明它在 $f < f_s$、$f = f_s$、$f_s < f < f_p$、$f > f_p$ 时的电抗性质。

4.9　电路如习题图 4.9 所示,试用相位平衡条件判断哪个能振荡,哪个不能,说明理由。

4.10　试检查习题图 4.10 所示的振荡器,有哪些错误?并加以改正。

4.11　试从相位条件出发,判断习题图 4.11 所示交流等效电路中,哪些可能振荡,哪些不可能振荡。能振荡的属于哪种类型振荡器?

4.12　两种改进型电容三点式振荡电路如习题图 4.12(a)、(b)所示,试回答下列问题：(1)画出图(a)的交流通路,若 C_b 很大,$C_1 \gg C_3$,$C_2 \gg C_3$,求振荡频率的近似表达式; (2)画出图(b)的交流通路,若 C_b 很大,$C_1 \gg C_3$,$C_2 \gg C_3$,求振荡频率的近似表达式; (3)定性说明杂散电容对两种电路振荡频率的影响。

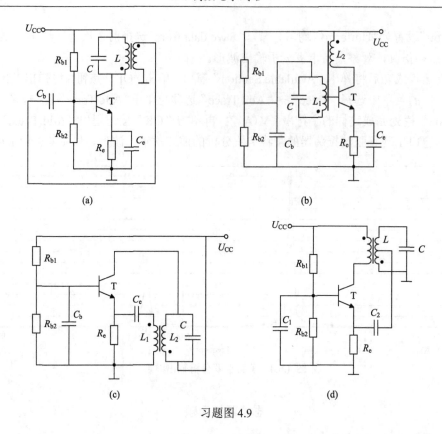

习题图 4.9

4.13　三谐振回路振荡器的交流通路如习题图 4.13 所示，设电路参数之间有以下四种关系：（1）$L_1C_1 > L_2C_2 > L_3C_3$；（2）$L_1C_1 < L_2C_2 < L_3C_3$；（3）$L_1C_1 = L_2C_2 > L_3C_3$；（4）$L_1C_1 < L_2C_2 = L_3C_3$。试分析上述四种情况是否都能振荡，振荡频率与各回路的固有谐振频率有何关系？

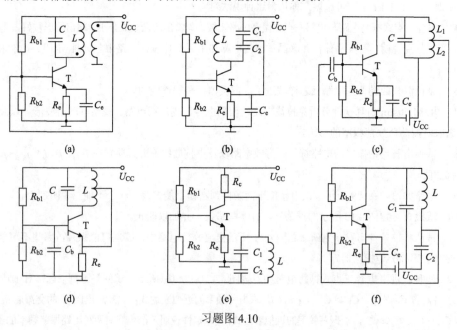

习题图 4.10

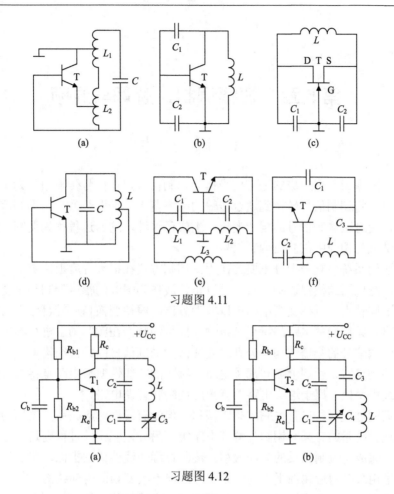

习题图 4.11

习题图 4.12

4.14　一个 5kHz 的基频石英晶体谐振器，$C_q=2.4\times10^{-2}$pF，$C_0=6$pF，$r_0=15\Omega$。求此谐振器的 Q 值和串、并联谐振频率。

4.15　两种石英晶体振荡器原理如习题图 4.15 所示，试说明它属于哪种类型的晶体振荡电路，为什么说这种电路结构有利于提高频率稳定度？

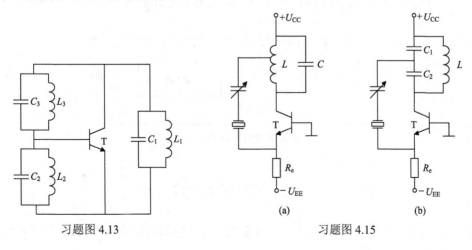

习题图 4.13　　　　　　　　　　　　　　习题图 4.15

第5章 振幅调制、解调与混频

5.1 概 述

把语音、图像或数据生成的基带信号作为调制信号，在信号传输中，为了适合信道的频率响应，需要将调制信号转换到适合传输的频率范围，借助载波，用调制信号改变载波的主要参数，使之按调制信号的规律变化，生成已调波，这一过程称为调制。解调是调制的逆过程，是从已调波中恢复出调制信号。

调制在通信系统中起着十分重要的作用，调制方式在很大程度上决定了一个通信系统的性能。最广泛应用的模拟调制方式，是以正弦波作为载波的幅度调制和角度调制。根据频谱变换的不同特点，频率变换电路可以分为频谱的线性变换(频谱搬移)电路和频谱的非线性变换电路。频谱搬移电路的特点是将输入信号的频谱在频率轴上进行不失真的线性搬移，即要求已调信号的频谱结构不失真地复现低频调制信号的频谱结构形式。属于这类电路的有振幅调制电路、解调电路和混频电路。频谱的非线性变换电路是将输入信号频谱进行特定的非线性变换，属于这类电路的有角度调制和解调电路。

在角度调制过程中，尽管也完成频谱搬移，但没有线性对应关系，故称为非线性角度调制，属于这类电路的有频率调制与解调电路等。另外，解调的过程则是从已调制波中恢复基带信号，完成与调制相反的频谱搬移。混频过程与线性调制类似，在混频过程中，将输入信号频谱由载频附近线性平移到中频附近，但不改变频谱内部结构。

无论线性搬移还是非线性搬移，作为频谱搬移电路的共同特点是：为得到所需要的新频率分量，都必须采用非线性器件进行频率变换，并用相应的滤波器选取有用频率分量。各种频率变换电路均可用图 5.1.1 所示的模型表示。图中的非线性器件可采用二极管、晶体管、场效应管、差分对管以及模拟乘法器等；而图中滤波器则起着滤除通带以外频率分量的作用，只有落在通带范围里的频率分量才会产生输出电压。

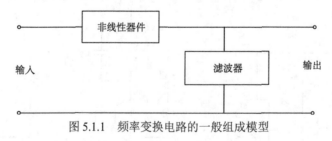

图 5.1.1 频率变换电路的一般组成模型

5.2 调制的分类

调制是利用有用信号(调制信号或基带信号)$u_\Omega(t)$控制高频载波 $u_c(t)$ 的某一参数，使

这个参数随 $u_\Omega(t)$ 而变化。根据调制信号和载波的不同，调制分为连续波模拟调制和脉冲调制。连续波模拟调制又分为振幅调制、频率调制和相位调制。脉冲调制是用调制信号控制脉冲波的振幅、宽度和位置等，从而得到已调信号。本书只介绍连续波模拟调制。

在连续波模拟调制中，载波通常为高频正弦波，可以由石英振荡器产生，并经过倍频和功率放大得到载波。载波表示为

$$u_c(t) = U_{cm}\cos(\omega_c t + \varphi)$$

式中，U_{cm} 为振幅；ω_c 为频率；φ 为相位。为了分析方便，我们把调制信号简化为单频正弦信号，表示为

$$u_\Omega(t) = U_{\Omega m}\cos\Omega t$$

用 u_Ω 改变 U_{cm}，生成振幅随 u_Ω 线性变化的已调波，这种调制称为振幅调制，简称调幅，记为 AM；用 u_Ω 改变 ω_c，生成频率随 u_Ω 线性变化的已调波，这种调制称为频率调制，简称调频，记为 FM；用 u_Ω 改变 φ，生成相位随 u_Ω 线性变化的已调波，这种调制称为相位调制，简称调相，记为 PM。频率调制和相位调制都改变了载波的总相位，可以统称为角度调制。这三种调制得到的已调波分别称为调幅信号、调频信号和调相信号。

图 5.2.1 对比了调幅信号 u_{AM}、调频信号 u_{FM} 和调相信号 u_{PM} 的典型波形。可见，调幅信号中，调制信号寄载在已调波的振幅上，形成振幅按调制信号规律变化的高频振荡；调频信号和调相信号是等幅的高频振荡，振荡频率和相位的变化体现了调制信号的变化规律。

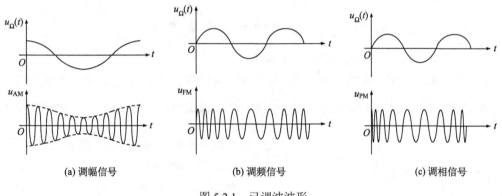

(a) 调幅信号　　　　(b) 调频信号　　　　(c) 调相信号

图 5.2.1　已调波波形

频域上，振幅调制把调制信号 u_Ω 的频谱从低频频段搬移到高频频段，成为调幅信号 u_{AM} 的频谱；振幅解调则把 u_{AM} 的频谱从高频频段搬移至低频频段，恢复 u_Ω 的频谱。u_Ω 包含多个频率分量时，以上频谱搬移不改变各个频率分量的相对振幅和频差，即信号的频谱结构不变，称为线性频谱搬移。

5.3　振幅调制原理

振幅调制电路有两个输入端和一个输出端，如图 5.3.1 所示。

图 5.3.1　调幅电路示意图

输入端有两个信号：一是输入调制信号 $u_\Omega(t) = U_{\Omega m}\cos\Omega t$，称为调制信号，它含有所需传输的信息；二是输入高频等幅信号，称为载波信号 $u_c(t) = U_{cm}\cos\omega_c t$，其中 ω_c 为载波角频率，Ω 为调制信号角频率。振幅调制电路的功能就是在调制信号 $u_\Omega(t)$ 和载波信号 $u_c(t)$ 的共同作用下产生所需的振幅调制信号 $u_o(t)$ 的输出。

振幅调制信号按其不同频谱结构可分为普通调幅（用 AM 表示）信号、抑制载波的双边带（DSB）调制信号、抑制载波的单边带（SSB）调制信号。下面分别介绍不同的调幅信号的产生方式、时域表达式、波形、频谱和功率分布。

5.3.1　普通调幅

1. 普通调幅信号数学表达式和基本模型

输入单音调制信号 $u_\Omega(t) = U_{\Omega m}\cos\Omega t$，载波信号 $u_c(t) = U_{cm}\cos\omega_c t$，输出调幅信号 $u_{AM} = u_o$，需满足 $\omega_c \gg \Omega$，根据普通振幅调制信号的定义和要求，可知 AM 信号的振幅为在载波的振幅 U_{cm} 的基础上，叠加正比于调制信号 u_Ω 的变化量，从而得到一个与 $u_\Omega(t)$ 振幅呈线性关系的时变振幅，即

$$u_m = U_{cm} + kU_{\Omega m}\cos\Omega t = U_{cm}\left(1 + k\frac{U_{\Omega m}}{U_{cm}}\cos\Omega t\right)$$

$$= U_{om}(1 + m_a\cos\Omega t) \tag{5.3.1}$$

式中，k 是由调制电路决定的比例常数，称为调制灵敏度；$U_{om} = U_{cm}$ 是未经调制的输出载波电压振幅；$m_a = k\dfrac{U_{\Omega m}}{U_{cm}}$ 是调幅信号的调幅系数，称调幅度，$0 < m_a \leqslant 1$。振幅调制不改

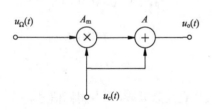

图 5.3.2　普通调幅电路的模型

变载波的频率 ω_c，所以普通调幅信号的时域表达式为

$$u_{AM} = u_o(t) = u_m\cos\omega_c t$$

$$= U_{om}(1 + m_a\cos\Omega t)\cos\omega_c t \tag{5.3.2}$$

可见，普通调幅电路的模型可由一个乘法器和一个加法器组成，如图 5.3.2 所示。

图 5.3.2 中，A_m 为乘法器的乘积常数，A 为加法器的加权系数，可得

$$u_o(t) = A\left[u_c(t) + A_m u_c(t)u_\Omega(t)\right] = AU_{cm}(1 + A_m U_{\Omega m}\cos\Omega t)\cos\omega_c t$$

$$= U_{om}(1 + m_a\cos\Omega t)\cos\omega_c t$$

$$= \left[U_{om} + k_a u_\Omega(t)\right]\cos\omega_c t \tag{5.3.3}$$

式中，$U_{om} = AU_{cm}$；$m_a = A_m U_{\Omega m} = k_a\dfrac{U_{\Omega m}}{U_{om}}$，则 $k_a = A_m AU_{cm}$，是调幅电路的比例常数。

2. 普通调幅信号的波形

通过上面的分析可知$U_{om}(1+m_a\cos\Omega t)$是$u_o(t)$的振幅，它反映调幅信号包络线的变化。图 5.3.3 给出了普通调幅信号的输入输出波形关系，在输入调制信号的一个周期内，调幅信号振幅出现波动变化，上包络线和下包络线都体现了u_Ω的变化规律，u_{AM}则是在上、下包络线约束下的高频振荡，调幅信号的最大振幅为$U_{om\,max}$，最小振幅为$U_{om\,min}$，由振幅变化规律$U_{om}(1+m_a\cos\Omega t)$可知：

$$U_{om\,max}=U_{om}(1+m_a),\qquad U_{om\,min}=U_{om}(1-m_a)$$

由上面两式可解出：

$$U_{om}=\frac{U_{om\,max}+U_{om\,min}}{2},\qquad m_a=\frac{U_{om\,max}-U_{om\,min}}{U_{om\,max}+U_{om\,min}}$$

为了能根据振幅变化还原调制信号，普通调幅信号的包络线不能过横轴，即要求m_a必须小于或等于 1。m_a越大，表示$U_{om\,max}$与$U_{om\,min}$差别越大，即调制越深，当$m_a=1$时包络线最小值到达横轴，如果$m_a>1$，此时包络线就会过横轴零点，就意味着已调幅波的包络形状与调制信号不同，产生严重失真，这种情况称为过量调幅或过调制，如图 5.3.4(a)所示。在实际调幅电路中，由于三极管截止，过调幅波形如图 5.3.4(b)所示。

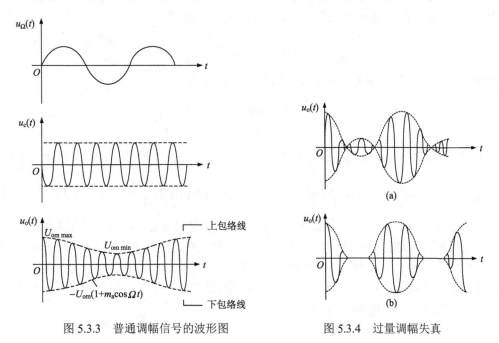

图 5.3.3　普通调幅信号的波形图　　　　图 5.3.4　过量调幅失真

3. 普通调幅信号的频谱结构和频谱宽度

将式(5.3.2)用三角函数积化和差展开：

$$u_o(t)=U_{om}(1+m_a\cos\Omega t)\cos\omega_c t=U_{om}\cos\omega_c t+m_aU_{om}\cos\Omega t\cos\omega_c t$$

$$=U_{om}\cos\omega_c t+\frac{1}{2}m_aU_{om}\cos(\omega_c+\Omega)t+\frac{1}{2}m_aU_{om}\cos(\omega_c-\Omega)t \qquad (5.3.4)$$

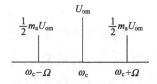

图 5.3.5　普通调幅信号的频谱

由式 (5.3.4) 可得调幅信号的频谱图，如图 5.3.5 所示。单音调制时调幅信号的频谱由三部分频率分量组成：第一部分是角频率为 ω_c 的载波分量，第二部分是角频率为 $\omega_c+\Omega$ 的上边频分量，第三部分是角频率为 $\omega_c-\Omega$ 的下边频分量，这三部分频率的幅值也可以在式 (5.3.4) 中体现。其中，上下边频分量是由乘法器对 $u_\Omega(t)$ 和 $u_c(t)$ 相乘的产物。

由图 5.3.5 可得，调幅信号的频谱宽度 $\mathrm{BW}_{\mathrm{AM}}$ 为调制信号频谱宽度的两倍，即

$$\mathrm{BW}_{\mathrm{AM}} = 2\Omega$$

从以上分析可知，普通调幅电路模型中的乘法器是对 $u_\Omega(t)$ 和 $u_c(t)$ 实现相乘运算的结果，可以将其反映在波形上和频谱上。反映在波形上将是 $u_\Omega(t)$ 不失真地转移到载波信号振幅上，反映在频谱上则是将 $u_\Omega(t)$ 的频谱不失真地搬移到 ω_c 的两边。上下边频分量携带了调制信号的全部信息，中间的载频分量则与调制信号无关。

4. 功率分配关系

发射普通调幅信号 u_{AM} 时，天线系统等效为负载电阻 R，考虑到各个频率分量的正交关系，u_{AM} 的总平均功率由各个频率分量各自的平均功率相加而成。其中，载波功率为 P_c，边带功率为 P_{SB}，$P_{\mathrm{SB}\pm}$ 表示上边带功率，$P_{\mathrm{SB}\mp}$ 表示下边带功率。

$$P_c = \frac{1}{2}\frac{U_{\mathrm{om}}^2}{R}, \qquad P_{\mathrm{SB}\pm} = P_{\mathrm{SB}\mp} = \frac{1}{2}\left(\frac{m_a}{2}U_{\mathrm{om}}\right)^2\frac{1}{R} = \frac{m_a^2}{4}P_c$$

调制信号的一个周期内，调幅波输出的平均总功率为

$$P_\Sigma = P_c + P_{\mathrm{SB}\pm} + P_{\mathrm{SB}\mp} = \left(1+\frac{m_a^2}{2}\right)P_c$$

上式表明调幅波的输出功率随 m_a 增加而增加。当 $m_a=1$ 时有 $P_c = \frac{2}{3}P_\Sigma$，$P_{\mathrm{SB}}=P_{\mathrm{SB}\pm}+P_{\mathrm{SB}\mp}=\frac{1}{3}P_\Sigma$，这说明不包含信息的载波功率占了总输出功率的 2 / 3，包含信息的上、下边频功率之和只占总输出功率的 1 / 3。从能量观点看，这是一种很大的浪费。而且实际调幅波的平均调制系数远小于 1，因此能量的浪费就更大了。能量利用不合理是 AM 制式本身固有的缺点，目前 AM 调制主要应用于中、短波无线电广播系统，基本原因是 AM 制式的解调电路简单，可使广大用户的收音机简化而价廉。而在其他通信系统中很少采用普通调幅方式，已被别的调制方式替代。

5. 非余弦的周期信号的 AM

假设调制信号为非余弦的周期信号，其傅里叶级数展开式为

$$u_\Omega(t) = \sum_{n=1}^{n_{\max}} U_{\Omega n}\cos\Omega_n t$$

把上式代入式 (5.3.3)，得到输出调幅信号电压为

$$u_o(t)=[U_{\mathrm{om}}+k_a u_\Omega(t)]\cos\omega_c t = \left(U_{\mathrm{om}}+k_a\sum_{n=1}^{n_{\max}}U_{\Omega n}\cos\Omega_n t\right)\cos\omega_c t$$

$$= U_{om} \cos \omega_c t + \frac{k_a}{2} \sum_{n=1}^{n_{max}} U_{\Omega n} \left[\cos(\omega_c + \Omega_n)t + \cos(\omega_c - \Omega_n)t \right] \tag{5.3.5}$$

由式(5.3.5)可以看到，$u_o(t)$的频谱结构中，除载波分量外，还有由相乘器产生的上、下边频分量，其角频率为$\omega_c \pm \Omega_1$、$\omega_c \pm \Omega_2 \cdots\cdots \omega_c \pm \Omega_{nmax}$。这些上、下边频分量将调制信号频谱不失真地搬移到$\omega_c$两边，如图 5.3.6 所示。调幅信号的频谱宽度为调制信号频谱宽度的两倍，即$BW_{AM} = 2\Omega_{max}$。

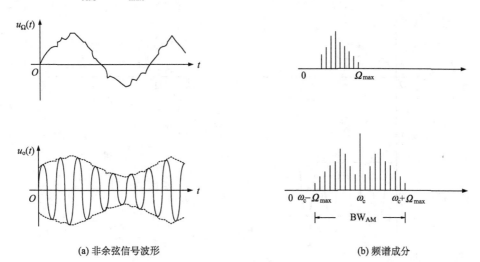

(a) 非余弦信号波形　　　　　　　　　　(b) 频谱成分

图 5.3.6　复杂调制信号生成的普通调幅信号

5.3.2　双边带调制

从上述调幅信号的频谱结构可知，占有绝大部分功率的载频分量是无用的。唯有其中上、下边频分量才反映调制信号的频谱结构，而载频分量仅起着通过相乘器将调制信号频谱搬移到ω_c两边的作用，本身并不反映调制信号的变化。如果在传输前将载频抑制掉，那么就可以大大节省发射机的发射功率。这种仅传输两个边频的调制方式称为抑制载波的双边带调制，简称 DSB 调制。电路模型可用乘法器作为双边带调制电路，如图 5.3.7 所示。

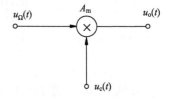

图 5.3.7　双边带调制电路的模型

双边带调幅信号数学表达式为

$$u_o(t) = A_m u_c(t) u_\Omega(t) = A_m U_{\Omega m} \cos\Omega t \, U_{cm} \cos\omega_c t$$
$$= U_{om} \cos\Omega t \cos\omega_c t \tag{5.3.6}$$

式中，$U_{om} = A_m U_{\Omega m} U_{cm}$为最大振幅；$U_{om} \cos\Omega t$为时变振幅；可得波形如图 5.3.8 (a)所示。

时变振幅决定了上、下包络线都过横轴，从而无法从振幅变化上还原调制信号。高频振荡在包络线过横轴（即$U_{om} \cos\Omega t$过零）时，会出现倒相，如果此时$\cos\omega_c t$也过零，则倒相表现为高频振荡返回原来的象限，原因是包络线$U_{om} \cos\Omega t$和高频$\cos\omega_c t$两个波形同时都变号，乘积后的 DSB 波形不变号，保持原方向，如图 5.3.8(a) 所示。也可以分析出若包络 $U_{om}\cos\Omega t$ 和高频 $\cos\omega_c t$ 不同时过零，则不会出现倒相现象，相位是连续的。可见，双边带调制与普通调幅信号的区别就在于其载波电压振幅不是在 U_{om} 上下按调制信号规律变化。当调制信号 $u_\Omega(t)$ 进入负半周时，$u_o(t)$ 就变为负值，表明载波电压产生 180° 相移。因而当 $u_\Omega(t)$ 自正值或负值通过零值变化时，双边带调制信号波形均将出现 180° 的相位突变，可见双边带调制信号的包络已不再反映 $u_\Omega(t)$ 的变化，但它仍保持频谱搬移的特性。

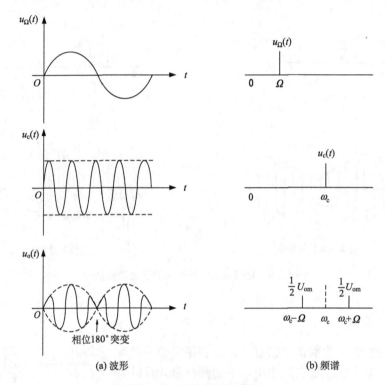

图 5.3.8　双边带调制信号

由式 (5.3.6)，根据积化和差也可得双边带调幅信号的频谱：

$$u_o(t) = \frac{1}{2}U_{om}\left[\cos(\omega_c + \Omega)t + \cos(\omega_c - \Omega)t\right] \tag{5.3.7}$$

可见，单频调制信号 u_Ω 生成的双边带调幅信号只有上边频和下边频两个频率分量，如图 5.3.8(b) 所示，双边带频谱宽度为 $BW_{DSB} = 2\Omega$。

双边带调幅信号的总平均功率等于边带功率，即

$$P_{DSB} = P_{SB} = \frac{1}{2}\left(\frac{1}{2}U_{om}\right)^2\frac{1}{R} + \frac{1}{2}\left(\frac{1}{2}U_{om}\right)^2\frac{1}{R} = \frac{1}{4}\frac{U_{om}^2}{R}$$

5.3.3　单边带调制

从双边带调制的频谱结构上看，上边带和下边带都反映了调制信号的频谱结构。因此，从传输信息的观点来说，可将其中的一个边带抑制掉，这种仅传输一个边带的调制方式称

单边带调制。保留一个边带而去掉另一个边带，可以获得最好的功率利用和频带利用。保留上边带或下边带时，分别称为上边带调幅或下边带调幅。单边带调制已成为频道特别拥挤的短波无线电通信中最主要的一种调制方式。

由式(5.3.7)可得单边带调幅信号的时域表达式为

$$u_{SSB(U)} = \frac{1}{2}U_{om}\cos(\omega_c + \Omega)t, \qquad u_{SSB(L)} = \frac{1}{2}U_{om}\cos(\omega_c - \Omega)t$$

单边带调制除可保持双边带调制波节省发射功率的优点外，还可将已调信号的频谱宽度压缩一半，即 $BW_{SSB} = \Omega$。

单边带调幅的波形及频谱如图 5.3.9 所示。

单边带调幅信号的总平均功率等于上边频或下边频分量的平均功率，即

$$P_{SSB} = P_{SSBU} = P_{SSBL} = \frac{1}{2}\left(\frac{1}{2}U_{om}\right)^2\frac{1}{R} = \frac{1}{8}\frac{U_{om}^2}{R}$$

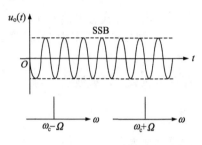

图 5.3.9　单边带调幅信号

由图 5.3.9 可见，单边带调幅信号的包络已不能反映调制信号的变化，单边带调幅信号的带宽与调制信号的带宽相同，是普通调幅和双边带调幅信号带宽的一半。

单边带调幅信号有两种基本的产生方法，分别称为滤波法和相移法。

1. 滤波法

这种实现模型可以由乘法器和带通滤波器组成，如图 5.3.10 所示，称为滤波法。其中，乘法器产生双边带调制信号，而后由带通滤波器取出一个边带信号，抑制另一个边带信号，便得到所需的单边带调制信号。

在设计时，首先调制信号和载波经过乘法器产生双边带调幅信号 u_{DSB}，再让 u_{DSB} 经过通频带只包含上边带的带通滤波器，则输出上边带调幅信号，如果带通滤波器的通频带只包含下边带，则输出下边带调幅信号。可见，滤波法要求带通滤波器在上、下边带之间实现从通带到阻带的过渡，过渡频带是调制信号的最低频率的两倍，当最低频率很低时，过渡频带很小，要求带通滤波器的矩形系数接近于 1，这实现起来比较困难。

2. 相移法

另一种方法是由两个乘法器、两个 90° 相移器和一个加法器组成电路模型，如图 5.3.11 所示，称为相移法。相移法要求移相器对复杂调制信号的每个频率分量都进行-90° 的相移，而不改变各个频率分量的相对振幅，这实现起来也比较困难。

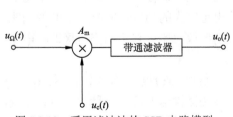

图 5.3.10　采用滤波法的 SSB 电路模型

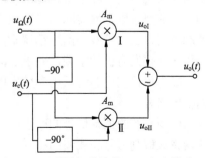

图 5.3.11　采用相移法的 SSB 电路模型

例 5.3.1 两 个 调 幅 信 号 分 别 为 $u_{s1} = \left[2 + \cos(2\pi \times 10^3 t)\right]\cos(\pi \times 10^6 t)\,\mathrm{V}$,
$u_{s2} = [1.5\cos(1.996 \times 10^6 \pi t) + 1.5\cos(2.004 \times 10^6 \pi t)]\,\mathrm{V}$,判断 u_{s1} 和 u_{s2} 的类型,确定载频和带宽,计算在单位负载电阻上产生的总平均功率。

解:分析调幅信号 1,即

$$u_{s1} = \left[2 + \cos(2\pi \times 10^3 t)\right]\cos(\pi \times 10^6 t) = 2\left[1 + 0.5\cos(2\pi \times 10^3 t)\right]\cos(\pi \times 10^6 t) \quad (\mathrm{V})$$

从式子表示形式看出信号 1 是普通的调幅信号,载波振幅 $U_{om} = 2\mathrm{V}$,调幅度 $m_a = 0.5$,载频 $\omega_c = \pi \times 10^6\,\mathrm{rad/s}$,调制信号频率 $\Omega = 2\pi \times 10^3\,\mathrm{rad/s}$,带宽为

$$\mathrm{BW_{AM}} = 2\Omega = 4\pi \times 10^3\,\mathrm{rad/s}$$

在单位负载上,载波功率为

$$P_c = \frac{1}{2}U_{om}{}^2 = \frac{1}{2} \times 2^2 = 2(\mathrm{W})$$

边带功率为

$$P_{SB} = \frac{1}{4}m_a{}^2 U_{om}{}^2 = \frac{1}{4} \times 0.5^2 \times 2^2 = 0.25(\mathrm{W})$$

总平均功率为

$$P_{AM} = P_c + P_{SB} = 2 + 0.25 = 2.25(\mathrm{W})$$

分析调幅信号 2:

$$u_{s2} = 1.5\cos(1.996 \times 10^6 \pi t) + 1.5\cos(2.004 \times 10^6 \pi t) = 3\cos(4\pi \times 10^3 t)\cos(2\pi \times 10^6 t)(\mathrm{V})$$

从式子可以看出信号 2 是双边带调幅信号,最大振幅 $U_{om} = 3\mathrm{V}$,载频 $\omega_c = 2\pi \times 10^6\,\mathrm{rad/s}$,调制信号频率 $\Omega = 4\pi \times 10^3\,\mathrm{rad/s}$,带宽为

$$\mathrm{BW_{DSB}} = 2\Omega = 2 \times 4\pi \times 10^3 = 8\pi \times 10^3 \quad (\mathrm{rad/s})$$

在单位负载电阻上,总平均功率为

$$P_{DSB} = P_{SB} = \frac{1}{4}U_{om}{}^2 = \frac{1}{4} \times 3^2 = 2.25(\mathrm{W})$$

5.4　振幅调制电路

振幅调制按其功率的高低,可分为低电平调制和高电平调制两大类。低电平调制电路主要用来实现双边带和单边带调制,对它的要求是调制线性好,载波抑制能力强,而对功率和效率的要求则是次要的。目前应用最广泛的低电平调制电路有双差分对模拟乘法器振幅调制电路、二极管双平衡振幅调制电路、双栅场效应管振幅调制电路。高电平调制电路主要用在调幅发射机的末端,要求它高效率地输出足够大的功率,同时,兼顾调制线性的要求。高电平调制电路常采用高效率的丙类谐振功率放大器,它包括集电极调幅电路、基极调幅电路等。

从前面介绍的调幅信号的产生过程可以看出,乘法器在调幅中起关键作用。在时域上,乘法器完成调制信号和载波的相乘;在频域上,乘法器输出上边频分量和下边频分量,其

振幅正比于调制信号的振幅，与载频的频率差等于调制信号的频率，携带了全部调制信号信息。上、下边频分量是乘法器产生的新的频率分量，所以乘法器是非线性电路，有非线性器件和线性时变电路两种基本设计。

线性时变电路并非线性电路，线性电路不会产生新的频率分量，不能完成频谱的搬移功能。线性时变电路本质是非线性电路，是非线性电路在一定条件下近似的结果，可以大大减少非线性器件的组合频率分量；线性时变分析方法是在非线性电路的幂级数展开分析法的基础上，在一定的条件下的近似，大大简化了非线性电路的分析。因此，为了提高系统的性能指标，大多数频谱搬移电路都工作于线性时变工作状态。

5.4.1　非线性器件调幅

在频谱搬移电路中，乘法器是完成频谱搬移的核心部件，由非线性器件来实现，一个非线性器件，如二极管电路、晶体管电路，若加到器件输入端电压为两个电压的叠加，可以实现这两个电压信号的相乘运算，起到频谱搬移的作用，起到有用作用的是非线性器件的二次项，但同时也会出现众多的无用高阶相乘项，所以，一般情况下，非线性器件的相乘作用是不理想的，需要采取措施减少这些无用的高阶项。

线性时变电路调幅采用调制信号和载波叠加成为交流输入电压，共同产生输出电流，但是要求调制信号为小信号，载波为大信号。因为调制信号是小信号，所以输出电流和调制信号呈线性数学关系，又因为载波是大信号，线性数学关系中的两个参数是与载波有关的时变参数，其中至少有一个与载波呈非线性关系。线性时变电路调幅是非线性器件调幅在大信号载波和小信号调制信号条件下的特例。

1. 二极管电路

单二极管电路如图 5.4.1(a) 所示，输入信号 u_Ω 和控制信号 u_c 相加后作用在二极管上，若二极管的伏安特性可以近似为直线，且导通区折线的斜率为 g_D，如图 5.4.1(b) 所示。当 $u=u_c+u_\Omega$，且 $u_c=U_{cm}\cos\omega_c t$，$u_\Omega=U_{\Omega m}\cos\Omega t$ 时，若 $U_{cm}\gg U_{\Omega m}$，U_{cm} 足够大，二极管将在 u_c 的控制下轮流工作在导通区和截止区。

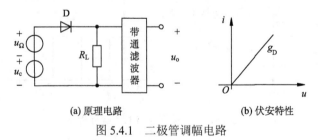

(a) 原理电路　　　　　　　　　　　(b) 伏安特性

图 5.4.1　二极管调幅电路

在 u_c 的正半周(当 $u_c \geqslant 0$ 时)，二极管导通，流过负载 R_L 的电流为

$$i=\frac{1}{r_D+R_L}u=\frac{1}{r_D+R_L}(u_c+u_\Omega)$$

式中，$\dfrac{1}{r_D+R_L}=g_D$ 为二极管导通区的折线斜率；r_D 为二极管交流电阻。

在 u_c 的负半周(当 $u_c<0$ 时)，二极管截止，流过负载 R_L 的电流为 $i=0$。故在 u_c 的整个

周期内，流过负载 R_L 的电流可以表示为

$$i=\begin{cases}\dfrac{1}{r_D+R_L}u=\dfrac{1}{r_D+R_L}(u_c+u_\Omega), & u_c\geqslant 0\\[3mm] 0, & u_c<0\end{cases} \tag{5.4.1}$$

现引入开关函数 $K_1(\omega_c t)=\begin{cases}1, & u_c\geqslant 0\\ 0, & u_c<0\end{cases}$，该函数表示高度为 1 的单向周期性方波，称为单向开关函数，于是电流 i 可以表示为

$$i=\frac{1}{r_D+R_L}(u_c+u_\Omega)K_1(\omega_c t)=\frac{1}{r_D+R_L}u_cK_1(\omega_c t)+\frac{1}{r_D+R_L}u_\Omega K_1(\omega_c t)=I_0(t)+g(t)u_\Omega \tag{5.4.2}$$

式中，$I_0(t)$、$g(t)$ 的波形如图 5.4.2(a)、(b) 所示。$I_0(t)$ 是调制信号为零、交流输入电压仅有载波时的输出电流，称为时变静态电流；$g(t)$ 是调制信号为零、交流输入电压仅有载波时的交流跨导，称为时变电导。因此，可将二极管等效为受 u_c 控制的开关，按角频率 ω_c 做周期性的开启闭合，闭合时的导通电导为 g_D。

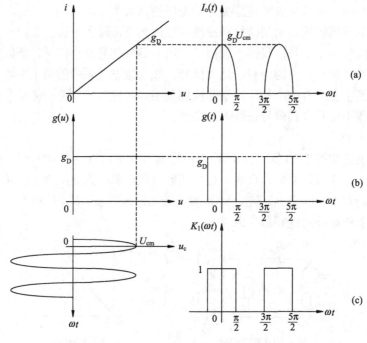

图 5.4.2　二极管电路的图解分析

单向开关函数 $K_1(\omega_c t)$ 的傅里叶级数展开式为

$$K_1(\omega_c t)=\frac{1}{2}+\frac{2}{\pi}\cos\omega_c t-\frac{2}{3\pi}\cos 3\omega_c t+\cdots$$

$$=\frac{1}{2}+\sum_{n=1}^{\infty}(-1)^{n-1}\frac{2}{(2n-1)\pi}\cos(2n-1)\omega_c t \tag{5.4.3}$$

把式 (5.4.3) 代入式 (5.4.2) 中，可得电流 i 中包含的频率分量为 $2n\omega_c$、$(2n-1)\omega_c\pm\Omega$、

ω_{c}、Ω。其中有用成分为 $i_{\text{有用}}=\dfrac{2}{\pi}\dfrac{1}{r_{\text{D}}+R_{\text{L}}}u_{\Omega}\cos\omega_{\text{c}}t$，通过设计带宽 BW≥2$\Omega$ 的带通滤波器，取出通频带内的频率分量，可以产生调幅信号。电路可以实现频谱搬移功能。

例 5.4.1 采用平衡对消技术的二极管调幅电路如图 5.4.3(a) 所示，Tr$_1$、Tr$_2$ 和 Tr$_3$ 是宽频变压器，Tr$_1$ 和 Tr$_3$ 为中心抽头。忽略二极管 D$_1$ 和 D$_2$ 的导通电压，D$_1$ 和 D$_2$ 的交流电阻为 r_{D}，$u_{\Omega}=U_{\Omega\text{m}}\cos\Omega t$，$u_{\text{c}}=U_{\text{cm}}\cos\omega_{\text{c}}t$，$U_{\text{cm}}\gg U_{\Omega\text{m}}$，$\omega_{\text{c}}\gg\Omega$。分析该电路的工作原理。

解： 去除变压器后的等效电路如图 5.4.3(b) 所示，变压器 Tr$_3$ 原边的上半部分和下半部分轮流与副边电感耦合，匝数比都是 1∶1，负载电阻 R_{L} 经过 $(1∶1)^2$ 的阻抗变换，反射到上、下回路，得到的负载电阻都是 R_{L}。

当 $u_{\text{c}}>0$ 时，D$_1$ 导通，D$_2$ 截止，上回路和下回路的输入电流为 $i_1=\dfrac{u_{\Omega}+u_{\text{c}}}{R_{\text{L}}+r_{\text{D}}}$，$i_2=0$，此时 Tr$_3$ 原边的上半部分与副边电感耦合，负载电流为

$$i_{\text{L1}}=i_1=\frac{u_{\Omega}+u_{\text{c}}}{R_{\text{L}}+r_{\text{D}}} \tag{5.4.4}$$

当 $u_{\text{c}}<0$ 时，D$_1$ 截止，D$_2$ 导通，上回路和下回路的输入电流为 $i_1=0$，$i_2=\dfrac{u_{\Omega}-u_{\text{c}}}{R_{\text{L}}+r_{\text{D}}}$，此时 Tr$_3$ 原边的下半部分与副边电感耦合，负载电流为

$$i_{\text{L2}}=-i_2=-\frac{u_{\Omega}-u_{\text{c}}}{R_{\text{L}}+r_{\text{D}}} \tag{5.4.5}$$

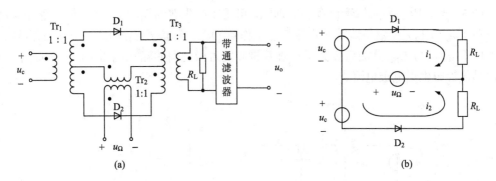

图 5.4.3 平衡二极管调幅

利用单向开关函数 $K_1(\omega_{\text{c}}t)$ 和双向开关函数 $K_2(\omega_{\text{c}}t)$（高度为 1 的双向周期性方波），将式(5.4.4)和式(5.4.5)综合起来，可以表示出任意时刻负载电流值为

$$i_{\text{L}}=i_{\text{L1}}-i_{\text{L2}}$$

$$
\begin{aligned}
i_{\text{L}}&=\frac{u_{\Omega}+u_{\text{c}}}{R_{\text{L}}+r_{\text{D}}}K_1(\omega_{\text{c}}t)-\frac{u_{\Omega}-u_{\text{c}}}{R_{\text{L}}+r_{\text{D}}}K_1(\omega_{\text{c}}t-\pi)\\
&=\frac{u_{\text{c}}}{R_{\text{L}}+r_{\text{D}}}\big[K_1(\omega_{\text{c}}t)+K_1(\omega_{\text{c}}t-\pi)\big]+\frac{u_{\Omega}}{R_{\text{L}}+r_{\text{D}}}\big[K_1(\omega_{\text{c}}t)-K_1(\omega_{\text{c}}t-\pi)\big]\\
&=\frac{u_{\text{c}}}{R_{\text{L}}+r_{\text{D}}}+\frac{u_{\Omega}}{R_{\text{L}}+r_{\text{D}}}K_2(\omega_{\text{c}}t)
\end{aligned} \tag{5.4.6}
$$

式中，利用了 $K_1(\omega_c t)+K_1(\omega_c t-\pi)=1$，$K_1(\omega_c t)-K_1(\omega_c t-\pi)=K_2(\omega_c t)$，前者去除了 i_L 中载频分量的谐波分量，后者去除了 i_L 中的调制信号分量，实现了平衡对消，可进一步减少无用的频率分量。

双向开关函数 $K_2(\omega_c t)$ 的傅里叶展开式为

$$K_2(\omega_c t)=\frac{4}{\pi}\cos\omega_c t-\frac{4}{3\pi}\cos 3\omega_c t+\cdots$$

$$=\sum_{n=1}^{\infty}(-1)^{n-1}\frac{4}{(2n-1)\pi}\cos(2n-1)\omega_c t \tag{5.4.7}$$

整理可得 i_L 中包含频率为 ω_c 和 $(2n-1)\omega_c \pm \Omega (n=1,2,3,\cdots)$ 的频率分量，在负载电阻 R_L 上产生的负载电压 u_L 经过中心频率 $\omega_0=(2n-1)\omega_c \ (n=1,2,3,\cdots)$，带宽 $\mathrm{BW}\geqslant 2\Omega$ 的带通滤波器可以输出普通调幅信号或双边带调幅信号。

在上面的分析中，假设电路是理想对称的，可以抵消一些无用频率分量，但实际上难以做到这点。例如，两个二极管特性不一致，i_1 和 i_2 中频率为 Ω 的电流值将不同，致使 Ω 及其谐波分量不能完全抵消。变压器不对称也会造成这个结果。

2. 晶体管电路

晶体管和场效应管是非线性器件，在大信号状态下工作时，它们的转移特性(即输出电流与输入电压)呈明显的非线性关系。利用这一特点，可以设计晶体管放大器和场效应管放大器，以调制信号和载波作为输入电压，输出电流中会出现许多新的频率分量，对其滤波，取出上边频分量和下边频分量，实现振幅调制。

图 5.4.4(a) 所示为晶体管调幅的原理图，可用来产生普通调幅信号 u_{AM}。电路中，直流电压源 U_{BB} 和 U_{CC} 设置晶体管的直流静态工作点 Q。调制信号 u_Ω 和载波 u_c 相加得到交流输入电压 u_{be}，与 U_{BB} 叠加后成为晶体管基极和发射极之间的输入电压 u_{BE}。在 u_{BE} 的作用下，晶体管产生集电极电流 i_c。

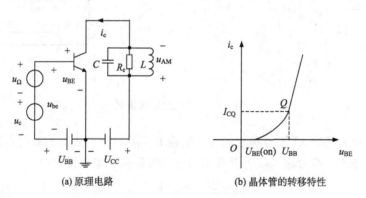

(a) 原理电路　　　　　　　　(b) 晶体管的转移特性

图 5.4.4　晶体管放大器调幅

如图 5.4.4(b) 所示，在放大状态下，晶体管非线性转移特性在 Q 附近可以表达为一个非线性函数：$i_c=f(u_{BE})$，以 U_{BB} 为 u_{BE} 变化的中心值，将 $f(u_{BE})$ 展开成泰勒级数：

$$i_c = f(U_{BB}) + f'(U_{BB})u_{be} + \frac{1}{2}f''(U_{BB})u_{be}^2 + \frac{1}{6}f^{(3)}(U_{BB})u_{be}^3 + \cdots$$

$$= a_0 + a_1 u_{be} + a_2 u_{be}^2 + \sum_{n=3}^{\infty} a_n u_{be}^n$$

式中，$a_n = \dfrac{f^{(n)}(U_{BB})}{n!}$，$n=1,2,3,\cdots$。

为了便于分析，同时保留 i_c 和 u_{BE} 的非线性关系，对以上级数近似保留前三项，得到

$$i_c \approx a_0 + a_1 u_{be} + a_2 u_{be}^2 = a_0 + a_1(u_\Omega + u_c) + a_2(u_\Omega + u_c)^2$$

$$= a_0 + a_1 u_\Omega + a_1 u_c + a_2 u_\Omega^2 + a_2 u_c^2 + 2a_2 u_\Omega u_c \qquad (5.4.8)$$

将 $u_c = U_{cm}\cos\omega_c t$，$u_\Omega = U_{\Omega m}\cos\Omega t$ 代入式 (5.4.8) 中，利用三角函数的降幂与积化和差，整理得到

$$i_c = a_0 + \frac{a_2}{2}(U_{\Omega m}^2 + U_{cm}^2) + a_1 U_{\Omega m}\cos\Omega t + \frac{a_2}{2}U_{\Omega m}^2\cos 2\Omega t$$

$$+ a_1 U_{cm}\cos\omega_c t + a_2 U_{\Omega m}U_{cm}\cos(\omega_c + \Omega)t + a_2 U_{\Omega m}U_{cm}\cos(\omega_c - \Omega)t + \frac{a_2}{2}U_{cm}^2\cos 2\omega_c t$$

$$(5.4.9)$$

据此可以得出 i_c 的频谱，包含直流分量、Ω、2Ω、$\omega_c-\Omega$、Ω、$\omega_c+\Omega$、$2\omega_c$ 的频率分量，每个频率分量的振幅各不相同，分别为式 (5.4.9) 中的各项系数。

式 (5.4.8) 中项 $2a_2 u_\Omega u_c$ 在频域上产生的上边频分量和下边频分量分别为 $a_2 U_{\Omega m}U_{cm}\cos(\omega_c + \Omega)t$ 和 $a_2 U_{\Omega m}U_{cm}\cos(\omega_c - \Omega)t$，它们之间还有载频 ω_c 分量 $a_1 U_{cm}\cos\omega_c t$。可以通过带通滤波器滤波输出这三个频率分量，并把结果变成电压。

以上分析忽略了 i_c 展开式中 $n \geq 3$ 的高阶项。当高阶项的取值较大时，不可忽略，其产生的组合频率分量就会叠加在普通调幅信号上，导致输出电压失真。根据高阶项的组合频率分量的叠加位置，可以把失真分为包络失真和非线性失真。

5.4.2　集成模拟乘法器

1. 模拟乘法器的电路符号

模拟乘法器是对两个以上互不相关的模拟信号实现相乘功能的非线性函数电路。通常它有两个输入端 (X 端和 Y 端) 及一个输出端，其电路符号如图 5.4.5 所示。

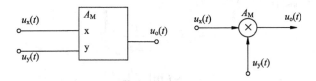

图 5.4.5　模拟乘法器符号

表达相乘特性的方程为 $u_o(t) = A_M u_x(t) u_y(t)$，式中 A_M 称为乘法器增益系数。

在 XY 平面上，乘法器有四个可能的工作区域。若乘法器限定 $u_x(t)$ 和 $u_y(t)$ 均为正极性，则称它为一象限乘法器。若乘法器只能允许 $u_x(t)$ (或 $u_y(t)$) 为一种极性，而允许 $u_y(t)$ (或

$u_x(t)$）为两种极性，则称它为二象限乘法器。若乘法器允许 $u_x(t)$ 和 $u_y(t)$ 均可为两种极性，则称它为四象限乘法器。具有四象限的乘法器很适合在通信电路中完成调制、混频等功能。

2. 双差分对管模拟乘法器

1）电路的结构

图 5.4.6 所示为双差分对管模拟乘法器，它是电压输入、电流输出的乘法器。由图可见，它由三个差分对管组成，差分对管 T_1、T_2 和 T_3、T_4 分别由 T_5、T_6 提供偏置电流。I_0 为恒流源电流，差分对管 T_5、T_6 由 I_0 提供偏置。输入信号电压 u_1 交叉地加在 T_1、T_2 和 T_3、T_4 的输入端，输入电压 u_2 加在 T_5、T_6 的输入端。平衡调制器的输出电流为

$$i = i_I - i_{II} = (i_1 + i_3) - (i_2 + i_4) = (i_1 - i_2) - (i_4 - i_3) \tag{5.4.10}$$

式中，$i_1 - i_2$、$i_4 - i_3$ 分别是差分对管 T_1、T_2 和 T_3、T_4 的输出差值电流。

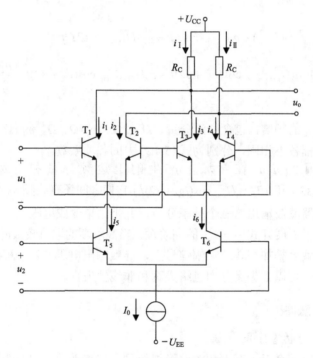

图 5.4.6　双差分对管模拟乘法器

根据差分对放大器的电流方程，有

$$\left. \begin{aligned} i_1 - i_2 &= i_5 \mathrm{th}\left(\frac{u_1}{2U_T}\right) \\ i_4 - i_3 &= i_6 \mathrm{th}\left(\frac{u_1}{2U_T}\right) \\ i_5 - i_6 &= I_0 \mathrm{th}\left(\frac{u_2}{2U_T}\right) \end{aligned} \right\} \tag{5.4.11}$$

式中，U_T 为热力学电压，把式(5.4.11)代入式(5.4.10)，可得

$$i = I_0 \text{th}\left(\frac{u_1}{2U_T}\right)\text{th}\left(\frac{u_2}{2U_T}\right) \tag{5.4.12}$$

式 (5.4.12) 表明，i 和 u_1、u_2 之间是双曲正切函数关系，u_1 和 u_2 不能实现乘法运算关系。只有当 u_1 和 u_2 均限制在 26mV 以下时，才能够实现理想的相乘运算：

$$i \approx I_0 \frac{u_1 u_2}{4U_T^2}$$

因此 u_1 和 u_2 的线性动态范围比较小。在实际运用中可在 x 通道引入预失真网络，在 y 通道引入负反馈，从而提高模拟乘法器的性能。

根据式 (5.4.12) 可以得出，当 u_1 为任意值，u_2 小于 26mV 时，$i = I_0 \text{th}\left(\dfrac{u_1}{2U_T}\right)\text{th}\left(\dfrac{u_2}{2U_T}\right) \approx \dfrac{I_0}{2U_T}\text{th}\left(\dfrac{u_1}{2U_T}\right)u_2$ 可以认为是线性时变工作状态；当 u_2 小于 26mV，而 $u_1 \geqslant 260\text{mV}$ 时，$\text{th}\left(\dfrac{u_2}{2U_T}\right) \approx K_2(\omega_1 t)$，可认为实现了开关功能。

可见，为了实现频谱搬移功能，u_2 必须为小信号，这将使双差分对模拟乘法器的应用范围受到限制，在实际应用中可以采用负反馈技术来扩展 u_2 的动态范围。

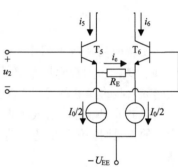

图 5.4.7　扩展 u_2 的动态范围

2）扩展 u_2 的动态范围电路

为了扩大输入电压 u_2 的线性动态范围，可在 T_5、T_6 管发射极之间接入负反馈电阻 R_E。为了便于集成化，图中将电流源 I_0 分成两个 $I_0/2$ 的电流源，如图 5.4.7 所示。

当接入 R_E 后双差分对管的输出差值电流为

$$i \approx \frac{2u_2}{R_E}\text{th}\left(\frac{u_1}{2U_T}\right)$$

可以计算出 u_2 允许的最大动态范围为

$$-\left(\frac{1}{4}I_0 R_E + U_T\right) \leqslant u_2 \leqslant \frac{1}{4}I_0 R_E + U_T$$

5.4.3　高电平调制电路

前面所讲的非线性器件调幅和线性时变电路调幅属于低电平调幅，主要用来产生小功率的调幅信号，包括双边带调幅信号和单边带调幅信号，经功率放大后再发送。另外一种调幅称为高电平调幅，其电路位于发射机末端，广泛采用谐振功率放大器，根据其调制特性，用调制信号控制集电极电压或基极电压，在实现功率放大的同时完成调幅，获得大功率的普通调幅信号，直接馈入天线发送。根据调制信号加载谐振功放的集电极回路或基极回路，高电平调幅分为集电极调幅和基极调幅。

1. 集电极调幅电路

图 5.4.8(a) 所示的集电极调幅原理电路中，输入交流电压为载波 u_c，谐振功率放大器集电极回路的偏置电压 U_{CC} 上叠加了调制信号 u_Ω。在过压状态下，谐振功放的集电极调制

特性近似为线性，决定了输出电压 u_o 的振幅 u_{cm}（三极管集电极输出）近似按 u_Ω 规律变化，而 u_o 的高频振荡和 u_c 频率相同，相位相反，所以 u_o 成为普通调幅信号 u_{AM}，如图 5.4.8（b）所示。

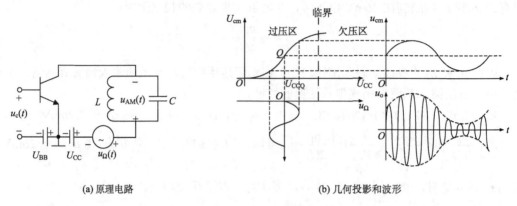

(a) 原理电路   (b) 几何投影和波形

图 5.4.8　集电极调幅

在谐振功率放大器中，只要使放大器工作于过压状态，通过改变集电极电源电压 u_{cc}（$u_{cc}=U_{CC}+u_\Omega$）便可使 I_{c1m}（基频电流）发生变化，这就是所谓集电极调制特性。应用谐振功率放大器的集电极调制特性，可构成集电极调幅电路。

集电极调幅时，谐振功放工作在过压状态，效率较高，适用于大功率调幅发射机，但产生的普通调幅信号的边带功率由调制信号供给，需要较大功率的调制信号接入集电极回路。

2. 基极调幅电路

基极调幅原理电路如图 5.4.9（a）所示，图中载波 u_c 仍然作为交流输入电压，输出电压 u_o 的高频振荡和 u_c 同频反相。调制信号 u_Ω 和直流偏置电压 U_{BB} 叠加，得到谐振功率放大器基极回路的偏置电压 u_{BB}。在欠压状态下，谐振功放的基极调制特性近似为线性，所以输出 u_o 的振幅 u_{cm} 近似按 u_Ω 规律变化，u_o 成为普通调幅信号，过程如图 5.4.9（b）所示。

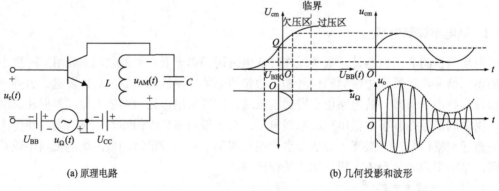

(a) 原理电路   (b) 几何投影和波形

图 5.4.9　基极调幅

在谐振功率放大器中，只要使放大器工作于欠压状态，通过改变基极电源电压 u_{BB} 便可得到相同变化规律的 I_{c1m}，这就是所谓基极调制特性。应用谐振功率放大器的基极调制特性，实现调幅过程。基极调幅因为调制信号介入基极回路被放大，所以调制信号功率可以很小，但是谐振功放工作在欠压状态，效率较低，适用于小功率调幅发射机。

5.5 振幅解调电路

振幅调制信号的解调电路称为振幅检波电路，简称检波电路，它是调制的逆过程。其作用是从振幅调制信号中不失真地检出调制信号来，如图 5.5.1 所示。

图 5.5.1 检波器输入输出波形

由于振幅调制有三种信号形式：AM、DSB 和 SSB。它们在反映同一调制信号时，频谱结构和波形不同，因此解调方法也有所不同。鉴于 AM 波的包络线不过横轴，其振幅变化完整地体现了调制信号的变化规律，所以可以设计电路输出正比于包络线的电压，还原调制信号，这个过程称为包络检波。DSB 波的包络线过横轴，SSB 波的包络线不反映调制信号的变化规律，因此不能使用包络检波方式直接解调，而需要接收机产生一个与发射机的载波同频同相的同步信号，称为本振信号，利用本振信号实现检波，这个过程称为同步检波。所以，基本有两类解调方法，即同步检波和包络检波。这里有两点需要说明：①不论哪种振幅调制信号，对于同步检波电路，都可实现解调；②对于普通调幅信号来说，由于载波分量的存在，可以直接采用非线性器件(二极管、三极管)实现相乘作用，得到所需的解调电压，不必另加同步信号，这种检波电路称为包络检波。另外，超外差接收机在检波之前，已调波经过混频称为中频信号，并经过中频放大器放大，所以检波是对中频已调波进行的。

5.5.1 二极管包络检波电路

1. 二极管包络检波电路的工作原理

二极管包络检波电路有两种电路形式：二极管串联型和二极管并联型，如图 5.5.2 所示。下面主要讨论二极管串联型包络检波电路。

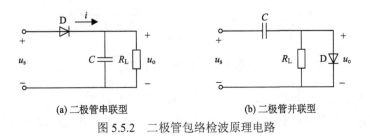

(a) 二极管串联型   (b) 二极管并联型

图 5.5.2 二极管包络检波原理电路

图 5.5.2(a)是二极管 D 和低通滤波器 R_LC 相串接而构成的二极管包络检波电路。

当有足够大输入信号电压 $u_s(t) = U_{om}(1 + m_a \cos \Omega t)\cos \omega_c t$ 时，二极管伏安特性可用折线逼近来描述，即二极管导通时，正向电导为 $g_D = 1/r_D$。若 $\omega_c \gg \Omega$，$1/(\Omega C) \gg R_L$，在二极管导通时，$u_s(t)$ 向 C 充电(充电时间常数为 r_DC)；在二极管截止时 C 向 R_L 放电(放电时间常数为 R_LC)。在输入信号作用下，二极管导通和截止不断重复，直到充、放电达到动态平衡后，输出电压 $u_o(t)$ 便在平均值 U_{AV} 上、下按载波角频率 ω_c 做锯齿状波动，如图 5.5.3(a)所示，u_o 的波形近似与 u_{AM} 的上包络线重合，只是叠加了高频波纹电压，经过滤波，就可以输出调制信号。对应地，二极管的电流为高度按输入调幅信号包络变化的窄脉冲序列，如图 5.5.3(b)所示。输出电压 $u_o(t)$ 的平均值 u_{AV} 是由直流电压 U_{AV} 和 $u_\Omega = U_{\Omega m}\cos \Omega t$ 组成的，如图 5.5.3(c)所示。即有

$$u_{AV} = i_{AV}R_L = U_{AV} + U_{\Omega m}\cos \Omega t$$

式中，u_{AV} 与输入调幅信号包络 $U_{om}(1 + m_a \cos \Omega t)$ 成正比。式中

$$U_{AV} = k_d U_{om}$$

$$U_{\Omega m} = k_d m_a U_{om}$$

k_d 为检波效率，其值恒小于 1。

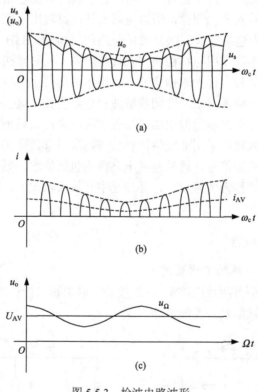

图 5.5.3　检波电路波形

包络检波电路中，二极管实际上起着受载波电压控制的开关作用，二极管 D 仅在载波一个周期中接近正峰值的一段时间内导通(开关闭合)，而在大部分时间内截止(开关断开)。

导通与截止时间的长短与 R_LC 大小有关，R_LC 取值不当会产生失真。在实际电路中，为了提高检波性能，R_LC 取值应足够大，满足 $R_L \gg \dfrac{1}{\omega_c C}$ 和 $R_L \gg r_D$，使时间常数 R_LC 远大于输入调幅信号载波的周期，而又远小于调制信号的周期（包络周期），否则将会引起解调的失真。

2. 性能指标

二极管峰值包络检波器的性能指标主要有检波效率、等效输入电阻、惰性失真和底部切割失真等几项。

1）检波效率（检波增益）k_d

当输入信号 $u_i(t) = U_{im}\cos\omega_c t$ 时，检波效率定义为输出直流电压 U_a 与输入 $u_i(t)$ 的振幅的比值，即

$$k_d = \frac{U_a}{U_{im}}$$

当输入信号为调幅信号时，检波效率定义为输出 $u_o(t)$ 中低频分量振幅 U_{om} 与输入已调波包络振幅的比值。若输入信号是单频调幅波，即 $u_i(t) = U_{im}(1 + m_a\cos\Omega t)\cos\omega_c t$，则检波效率为

$$k_d = \frac{U_{om}}{m_a U_{im}}$$

此时输出为

$$u_o(t) = U_a + U_{om}\cos\Omega t = k_d U_{im}(1 + m_a\cos\Omega t)$$

利用折线近似分析方法，可以求得检波效率近似为

$$k_d = \frac{U_a}{U_{im}} = \cos\theta \tag{5.5.1}$$

θ 为通角，通过推导可得

$$\theta = \sqrt[3]{\frac{3\pi}{g_D R_L}} \tag{5.5.2}$$

由式(5.5.1)和式(5.5.2)可以得出以下结论。

(1)检波器的检波效率 k_d 与 g_D、R_L 有关，与信号强度无关。g_D 或 R_L 越大，通角 θ 越小，检波效率越高。

(2)当电路一定时，二极管与负载 R_L 一定，则 θ 恒定，与输入信号大小无关。原因是负载电阻 R_L 的反作用，使电路具有自动调节作用而维持 θ 不变。例如，输入电压增加，引起 θ 增大，I_{av} 增大，使负载上获得电压 $U_{av} = I_{av} R_L$ 加大，加到二极管上的反偏电压增大，使 θ 下降。θ 确定，则检波效率确定，输出信号与输入信号包络呈线性关系，称为线性检波。

(3)从提高检波效率的角度出发，总是希望 R_L 大一些为好。R_L 越大，θ 越小，k_d 越大，并趋近于 1。但是，R_L 的增大将受到检波器中非线性失真的限制。

2）等效输入电阻 R_i

检波器电路作为前级放大器的输出负载，可用检波器输入电阻 R_i 来表示，其定义为输入高频电压振幅 U_{om} 与二极管电流 i 中基波分量 I_{1m} 振幅的比值， $R_i = \dfrac{U_{om}}{I_{1m}}$ ，可近似从能量守恒原理求得在 $k_d \to 1$ 的情况下， $U_{av} \approx U_{sm}$ ，可得 $R_i = \dfrac{R_L}{2}$ 。

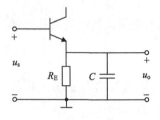

图 5.5.4　三极管包络检波器

R_i 的作用会使谐振回路的谐振电阻由 R_P 减小到（ $R_P // R_i$ ），为了减小二极管检波器对谐振回路的影响，必须增大 R_i ，相应地，就必须增大 R_L 。但是，增大 R_L 将受到检波器中非线性失真的限制。解决这个矛盾的一个有效方法是采用图 5.5.4 所示的三极管射极包络检波电路。由图可见，就其检波物理过程而言，它利用发射极产生与二极管包络检波器相似的工作过程，不同的仅是输入电阻比二极管检波器增大了 $1+\beta$ 倍，这种检波电路适宜集成化，在集成电路中得到了广泛的应用。

3）二极管包络检波电路中的失真

如果电路参数选择不当，二极管包络检波器会产生惰性失真和负峰切割失真。

（1）惰性失真。惰性失真是 $R_L C$ 取值过大而造成的。在实际电路中，为了提高检波性能， $R_L C$ 取值应足够大，但是 $R_L C$ 取值过大，将会导致二极管截止期间电容 C 对 R_L 放电速度变慢，检波输出电压就不能跟随包络线变化，于是产生惰性失真，如图 5.5.5 所示，该失真是 C 的惰性太大引起的，所以称为惰性失真。

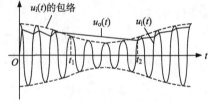

图 5.5.5　惰性失真

从图中可以看出，在 $t_1 \sim t_2$ 时间内， $u_o > u_i$ ，二极管总是处于截止状态，输出电压不受输入信号电压的控制，而是取决于 $R_L C$ 的放电，只有当输入信号电压的振幅重新超过输出电压时，二极管才能重新导通。

为了避免产生惰性失真，二极管必须保证在每一个高频周期内导通一次，这就要求电容 C 的放电速度大于或等于调幅波包络线的下降速度，选择 $R_L C$ 的数值，使 C 的放电加快，能跟上高频信号电压包络的变化才可以。

要避免惰性失真，就要保证电容 C 两端的电压减小速率（放电速度）在任何一个高频周期内都要大于或等于包络线的下降速度。

单频率调制的普通调幅波包络表达式为

$$U_{AM}(t) = U_{om}(1 + m_a \cos \Omega t)$$

经过推导，可得到避免产生惰性失真的条件为

$$R_L C \leqslant \frac{\sqrt{1 - m_a^2}}{\Omega m_a} \tag{5.5.3}$$

式（5.5.3）表明， m_a 和 Ω 越大，包络下降速度就越快，反之， m_a 和 Ω 越小，包络线的变化越慢，就越不容易发生惰性失真，式（5.5.3）对 $R_L C$ 的限制就越宽松。在多音调制时，作为工程估算， m_a 和 Ω 应取其中的最大值。

　　(2) 负峰切割失真(底部切割失真)。实际应用中，检波电路总是要和下级放大器相连接，如图 5.5.6(a)所示。

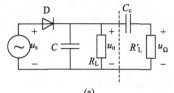

(a)

　　为了避免 u_{AV} 中的直流分量 U_{AV} 影响下级放大器的静态工作点，在电路中，使用隔直流电容 C_c (对 Ω 呈交流短路)；图中 R'_L 为下级电路的输入电阻。检波器的交流负载 $Z_L(j\Omega)$ 和直流负载 $Z_L(0)$ 分别为

$$Z_L(j\Omega) \approx R_L // R'_L$$

$$Z_L(0) = R_L$$

　　这说明包络检波电路中，输出的直流负载不等于交流负载，并且交流负载电阻小于直流负载电阻。

　　假设输入调幅波的包络为 $U_{om}(1 + m_a \cos \Omega t)$，当电路达到稳态时，输出电压 u_o 中直流分量 U_{AV} 全部加在 C_c 的两端，而 u_o 中交流分量全部加在 R'_L 两端。若认为 $k_d = 1$，则可写出 $u_o = m_a U_{om} \cos \Omega t$，由于 C_c 的容量很大，在低频一个周期内可认为其两端的直流电压 U_{AV} 基本维持不变，它在电阻 R_L 和 R'_L 上产生分压，R_L 两端的额外增加的直流电压为

$$U_a = \frac{R_L}{R_L + R'_L} U_{AV} \qquad (5.5.4)$$

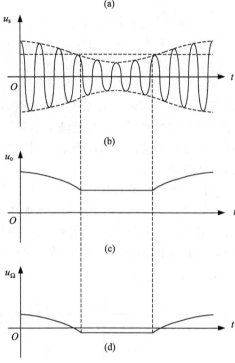

图 5.5.6　负峰切割失真

U_a 对二极管来说是反向电压。因而在输入调幅波 U_{om} 最小值附近(图 5.5.6(b))有一段时间的电压数值小于 U_a，那么二极管在这段时间内就会始终截止，电容 C 只放电不充电，但由于电容 C_c 的容量很大，它两端的电压放电很慢，因此输出电压 U_o 被维持在 U_a，u_o 波形的底部被切割，如图 5.5.6(c)所示，u_Ω 波形同样失真，如图 5.5.6(d)所示。通常把这种失真称为负峰切割失真。

　　当 m_a 一定时，R'_L 越大，也就是越接近 $Z_L(0)$，则负峰切割失真越不容易产生。另一方面也表明，负峰切割失真与调制信号频率的高低无关，这是与惯性失真的不同之处。

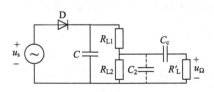

图 5.5.7　减小交、直流负载
电阻值差别的检波电路

　　在实际电路中，可以采用各种措施来减小交、直流负载电阻值的差别。例如，将 R_L 分成 R_{L1} 和 R_{L2}，并通过隔直流电容 C_c 将 R'_L 并接在 R_{L2} 两端，如图 5.5.7 所示。当 $R_L = R_{L1} + R_{L2}$ 维持一定时，R_{L1} 越大，交、直流负载电阻值的差别就越小，但是，输出音频电压也就越小。为了折中地解决这个矛盾，实用电路中，常取 $R_{L1}/R_{L2} = 0.1 \sim 0.2$。电路中 R_{L2} 上还并接了电容 C_2，它

用来进一步滤除高频分量，提高检波器的高频滤波能力。

当 R'_L 过小时，减小交、直流负载电阻值差别的最有效办法是在 R_L 和 R'_L 之间插入高输入阻抗的射极跟随器。

5.5.2 同步检波电路

同步检波，又称相干检波，主要用来解调双边带和单边带调制信号。二极管包络检波电路检波出来的是输入信号的包络，而双边带调幅波和单边带调幅波的包络都已不再反映调制信号的规律，所以不能用二极管包络检波电路对双边带信号和单边带信号检波。为此，可采用另一种检波电路，即同步检波电路。同步检波器用于对载波被抑制的双边带或单边带信号进行解调，也可以对普通调幅波解调。它的特点是必须外加一个频率和相位都与载波相同的电压，同步检波的名称即由此而来。同步检波有两种实现电路，一种是采用二极管包络检波器构成叠加型同步检波器；另一种由乘法器和低通滤波器组成乘积型同步检波器。

1. 叠加型同步检波电路

叠加型同步检波电路实现模型如图 5.5.8 所示。叠加型同步检波电路的工作原理是将双边带调制信号 $u_s(t)$ 与同步信号 $u_r(t)$ 叠加，叠加后的信号是普通调幅波，然后再经包络检波器，解调出调制信号。二极管包络检波器构成叠加型同步检波器如图 5.5.8(b) 所示。

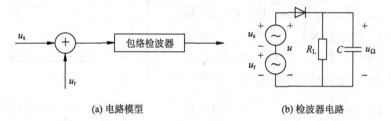

(a) 电路模型 (b) 检波器电路

图 5.5.8 叠加型同步检波电路模型

若 $u_r(t) = U_{rm} \cos \omega_c t$ ，当 $u_s(t) = U_{sm} \cos \Omega t \cos \omega_c t$ 为双边带信号时，合成电压为

$$u(t) = u_s(t) + u_r(t) = U_{rm} \cos \omega_c t + U_{sm} \cos \Omega t \cos \omega_c t$$

$$= U_{rm} \left(1 + \frac{U_{sm}}{U_{rm}} \cos \Omega t \right) \cos \omega_c t$$

$$= U_{rm} (1 + m_a \cos \Omega t) \cos \omega_c t = u_{AM}$$

由此式可见，只要满足 $U_{rm} \geqslant U_{sm}$，$m_a \leqslant 1$，合成信号即为不失真的调幅信号，利用包络检波器可以解调出所需要的音频信号。包络检波的输出电压如下，其中 k_d 为检波增益。

$$u_o = k_d U_{rm} \left(1 + \frac{U_{sm}}{U_{rm}} \cos \Omega t \right)$$

当 $u_s(t)$ 为单边带调幅信号时，若 $u_s(t) = U_{sm} \cos(\omega_c + \Omega) t$ ，加法器的输出合成电压为

$$u(t) = u_s(t) + u_r(t) = U_{rm} \cos \omega_c t + U_{sm} \cos(\omega_c + \Omega)t$$
$$= (U_{sm} \cos \Omega t + U_{rm}) \cos \omega_c t - U_{sm} \sin \Omega t \sin \omega_c t$$
$$= U_m \cos(\omega_c t + \varphi) \tag{5.5.5}$$

式中

$$U_m = \sqrt{(U_{rm} + U_{sm} \cos \Omega t)^2 + (U_{sm} \sin \Omega t)^2} \tag{5.5.6}$$

$$\varphi = -\arctan \frac{U_{sm} \sin \Omega t}{U_{sm} \cos \Omega t + U_{rm}} \tag{5.5.7}$$

设 $D = \dfrac{U_{sm}}{U_{rm}}$，则式 (5.5.6) 可以写为

$$U_m = U_{rm} \sqrt{1 + D^2} \sqrt{1 + \frac{2D}{1+D^2} \cos \Omega t} \tag{5.5.8}$$

合成信号的包络和相角均受调制信号的控制，很难不失真地反映原调制信号的变化规律。一般情况下，由包络检波器构成的叠加型同步检波器不能对单边带信号实现线性解调。

当 $D \ll 1$ 时，式 (5.5.8) 中的第一个根式近似为 1，第二个根式利用 $\sqrt{1 \pm x} \approx 1 \pm \dfrac{x}{2} - \dfrac{x^2}{8} \pm \cdots (x \ll 1)$ 展开，有

$$U_m \approx U_{rm} \left(1 + D \cos \Omega t - \frac{D^2}{2} \cos^2 \Omega t + \cdots \right) \tag{5.5.9}$$

进一步忽略式 (5.5.9) 中的三次方及其以上的各项，经三角变换降幂后式子中只保留角频率为 Ω 和 2Ω 的分量，这两个频率分量的振幅之比定义为二次谐波失真系数，用 k_{f2} 表示，其值为

$$k_{f2} = \frac{U_{2\Omega m}}{U_{\Omega m}} = \frac{1}{4} D$$

若要求 $k_{f2} < 2.5\%$，则要求 $D < 0.1$。所以为了将 k_{f2} 限制在允许的范围内，必须要求同步信号 $u_r(t)$ 有足够大的振幅 U_{rm}。

在满足条件时，式 (5.5.9) 可近似为

$$U_m \approx U_{rm}(1 + D \cos \Omega t) \tag{5.5.10}$$

把式 (5.5.10) 代入式 (5.5.5)，得到

$$u(t) = U_{rm}(1 + D \cos \Omega t) \cos(\omega_c t + \varphi) = u_{AM}$$

可见加法器能输出近似的普通调幅信号，对其包络检波后输出电压如下，其中 k_d 为检波增益。

$$u_o = k_d U_{rm}(1 + D \cos \Omega t) \tag{5.5.11}$$

实际上，忽略的高阶项产生的组合频率分量会叠加到 u_o 的频率分量上或在其附近，引起线性和非线性失真。所以单边带调幅信号的叠加型同步检波要求 $D \ll 1$，即 $U_{rm} \gg U_{sm}$，这样可以减小高阶项的幅度，以致可以将其忽略，从而减小失真，实现了线性解调。此外，还可以采用平衡对消技术设计平衡式叠加型同步检波器，以对消高阶项的组合频率分量，

并去除输出电压中的直流分量。

　　2. 乘积型同步检波

　　1）模型分析

　　乘积型同步检波的电路框图如图 5.5.9 所示，检波电路模型可由一个乘法器和一个低通滤波器组成，在频域上，振幅检波电路的作用就是将振幅调制信号频谱不失真地搬回到零频率附近。图中 $u_{\mathrm{s}}(t)$ 为输入振幅调制信号，$u_{\mathrm{r}}(t)$ 为输入同步信号，$u_{\mathrm{o}}(t)$ 为解调后的调制信号。

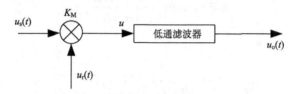

图 5.5.9　同步检波电路模型

　　与载波同步的本振信号 $u_{\mathrm{r}}(t)=U_{\mathrm{rm}}\cos\omega_{\mathrm{c}}t$，当已调波 u_{s} 是双边带调幅信号时，可以表示为 $u_{\mathrm{s}}(t)=u_{\mathrm{DSB}}=U_{\mathrm{sm}}\cos\Omega t\cos\omega_{\mathrm{c}}t$，则乘法器的输出电压为

$$u(t)=k_{\mathrm{M}}u_{\mathrm{DSB}}u_{\mathrm{r}}=k_{\mathrm{M}}U_{\mathrm{sm}}\cos\Omega t\cos\omega_{\mathrm{c}}t\,U_{\mathrm{rm}}\cos\omega_{\mathrm{c}}t$$

$$=k_{\mathrm{M}}U_{\mathrm{sm}}U_{\mathrm{rm}}\cos\Omega t\cos^2\omega_{\mathrm{c}}t$$

$$=\frac{1}{2}k_{\mathrm{M}}U_{\mathrm{sm}}U_{\mathrm{rm}}\cos\Omega t+\frac{1}{4}k_{\mathrm{M}}U_{\mathrm{sm}}U_{\mathrm{rm}}\cos(2\omega_{\mathrm{c}}+\Omega)t+\frac{1}{4}k_{\mathrm{M}}U_{\mathrm{sm}}U_{\mathrm{rm}}\cos(2\omega_{\mathrm{c}}-\Omega)t$$

$u(t)$ 通过增益为 k_{F} 的低通滤波器，输出电压就是调制信号。

$$u_{\mathrm{o}}(t)=\frac{1}{2}k_{\mathrm{M}}k_{\mathrm{F}}U_{\mathrm{sm}}U_{\mathrm{rm}}\cos\Omega t \tag{5.5.12}$$

　　2）同步信号的获取

　　必须指出，同步信号必须与载波信号保持严格同步（同频、同相），否则检波性能就会下降。如果二者之间存在着相位差 $\varphi(t)$，将直接影响解调输出，此时低通滤波器的输出为

$$u_{\mathrm{o}}(t)=\frac{1}{2}k_{\mathrm{M}}k_{\mathrm{F}}U_{\mathrm{sm}}U_{\mathrm{rm}}\cos\Omega t\cos\varphi(t) \tag{5.5.13}$$

　　从式(5.5.13)可以看出，若 $\varphi(t)=\varphi_0$ 是常数，即同步信号与发射端载波的相位差始终保持恒定，同频不同相，则解调输出的低频分量仍与原调制信号成正比，只不过振幅有所减小。当然 $\varphi(t)\neq\dfrac{\pi}{2}$，否则 $\cos\varphi(t)=0$，将无解调信号输出。若 $\varphi(t)$ 是随时间变化的，$\varphi(t)=\Delta\omega t+\varphi_0$（$\Delta\omega$ 表示两个载波之间的频率误差），则 $u_{\mathrm{r}}(t)$ 与发射端载波不再同频，这时式(5.5.13)变为

$$u_{\mathrm{o}}(t)=\frac{1}{2}k_{\mathrm{M}}k_{\mathrm{F}}U_{\mathrm{sm}}U_{\mathrm{rm}}\cos\Omega t\cos(\Delta\omega t+\varphi_0) \tag{5.5.14}$$

　　这个结果表示解调输出是一个具有小的载波角频率和相位的 DSB 信号，信号的幅度缓慢且周期性地变化，不再与原调制信号呈线性关系，u_{o} 是振幅按 $\cos(\Delta\omega t+\varphi_0)$ 规律变化的音频电压，因此接收机发出的声音就会高度起伏，存在失真。

如果解调的是单边带信号，经过同样的分析表明，同步信号的不同步不仅会引起输出音频电压的频率偏移，而且会引起相位偏移。实验证明，在进行语音通信时，频率偏移 20Hz，就会察觉声音不自然，偏移 200Hz，语音将不可被听懂。

通过上面的分析可知，同步解调电路中的关键问题是如何获得与发射端载波同步的信号 $u_r(t)$。通常情况下，欲解调的信号不同，获得 $u_r(t)$ 的电路（称为载波恢复或载波提取电路）也各不相同。

必须指出，实现同步检波的关键是要产生一个与载波信号同频同相的同步信号。对同步信号提取可采用下面的方法。

对于普通调幅信号来说，可将调幅波限幅去除包络线变化，这时得到的是角频率为 ω_c 的方波，用窄带滤波器取出 ω_c 成分的同步信号。

对于双边带调制信号 u_{DSB} 来说，可以直接从 u_{DSB} 中提取本振信号，电路框图如图 5.5.10 所示，设 $u_{DSB} = U_{sm}\cos\Omega t\cos\omega_c t$，将双边带调制信号 u_{DSB} 取平方 u_{DSB}^2，得到 u_{o1}。经过中心频率为 $2\omega_c$、带宽小于 4Ω 的带通滤波器，取出频率为 $2\omega_c$ 的分量，输出电压 u_{o2}，再对其进行二分频，就得到了与载波同步的频率为 ω_c 的同步信号 $u_r(t)$。

图 5.5.10　用双边带调幅信号产生的本振信号

单边带调幅信号无法直接提取本振信号，往往需要发射机再发射一个振幅较小的载波，称为导频信号，接收机根据导频信号控制本振信号与其同步。对于发射导频信号的单边带调制波来说，可采用高选择性的窄带滤波器。从输入信号中取出该导频信号，导频信号经放大后就可作为同步信号。如果发射机不发射导频信号，那么接收机就要采用高稳定度晶体振荡器产生指定频率的同步信号。

5.6　混 频 电 路

在不改变调制信号信息的前提下，改变已调波的载波频率，这个过程称为混频。如果混频提高了载波的频率，称为上混频；如果混频降低了载波的频率，则称为下混频。

无线电通信发射机中，可以首先产生中频已调波，再经由上混频提高载波的频率，得到高频已调波，馈入天线系统发射到信道中，接收机通过天线和调谐回路得到高频已调波，对其下混频，降低载波的频率，得到中频已调波，经过中频放大后再检波。在信号的无线传输中，也需要在中继中进行混频，改变已调波的载波频率，以适应不同信道的传输要求。

混频的过程是把载波为 f_c 的已调信号不失真地变换成载波为 f_I 的已调信号，同时保持调制类型、调制参数不变，即保持原调制规律、频谱结构不变的过程。完成这种功能的电路称为混频器或变频器。

混频的典型应用为超外差接收机。例如，在超外差式广播接收机中（中波广播收音机），把载波频率 f_c 在 535～1605kHz 频段内的各电台 AM 信号变换为中频频率 f_I 为 465kHz 的

AM 信号。

经过混频后，中频信号频率固定，便于针对该频率设计和优化中频放大器，可以在中频带宽内实现高增益，提高接收机的接收灵敏度。同时，中频信号的带宽相对较大，频率低，两个边频分量的相对距离大，便于设计选择性较好的滤波器，提高接收机的选择性。另外，适当选择中频频率，能够提高接收机抗组合频率干扰的能力，有利于减少各种非线性干扰，优化各项性能指标，提高接收机质量。

5.6.1　混频器的主要性能指标

混频器的主要性能指标有混频增益、噪声系数、1dB 压缩电平、选择性、混频失真、隔离度等。

1. 混频增益

混频增益(或混频损耗)是指混频器输出中频信号电压振幅 U_{Im}(或功率 P_I)与输入高频信号电压 U_{Sm}(或功率 P_S)的比值，用分贝数表示，即

$$A_{vc} = 20\lg\frac{U_{Im}}{U_{Sm}} \quad 或 \quad G_{Pc} = 10\lg\frac{P_I}{P_S}$$

在相同输入信号的情况下，分贝数越大，表明混频增益越高，混频器将输入信号变换为输出中频信号的能力越强，接收机的灵敏度越高。

混频损耗是对不具备混频增益的混频器而言的，它定义为在最大功率传输条件下，输入信号功率与输出中频功率的比值，用分贝表示。显然在相同输入信号条件下，分贝数越大，即混频损耗越大，混频器将输入信号变换为输出中频信号的能力越差。

2. 噪声系数

噪声系数为输入端高频信号信噪比与输出端中频信号信噪比的比值，即

$$N_F(dB) = 10\lg\frac{(P_S/P_N)_i}{(P_I/P_N)_o}$$

接收机的噪声系数主要取决于它的前端电路，在没有高频放大器的情况下，接收机的噪声系数主要由混频电路决定。因此，降低混频器的噪声对减小噪声系数十分重要。

3. 1dB 压缩电平

当输入信号功率较小时，混频增益为定值，输出中频功率随输入信号功率线性增大。由于器件的非线性，随着输入信号功率的增大，输出中频功率的增大将趋于缓慢，直到比线性增长低于 1dB 时所对应的中频输出功率电平称为 1dB 压缩电平，用 P_{I1dB} 表示，如图 5.6.1 所示。

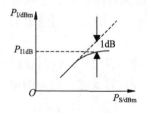

图 5.6.1　1dB 压缩电平

4. 选择性

混频器的有用成分为中频，输出应该只有中频信号，实际上由于各种因素，它会混杂很多干扰信号。因此为了抑制中频以外的不需要的干扰，就要求混频器的高频输入、中频输出回路有良好的选择性，即回路应有较理想的谐振曲线。为此，可以选用高 Q 值的 LC 并联谐振回路或集中选择性滤波器。

5. 混频失真

混频失真包括频率失真、非线性失真以及各种非线性干扰，如组合频率干扰、交叉调制干扰等。混频失真的存在将影响通信质量，所以要求混频器要有良好的频率特性，应工作在特性曲线接近平方律的区域内，以保证既能完成频率变换的功能，又能抑制各种干扰。

6. 隔离度

理论上要求混频器的各端口之间是隔离的，任一端口上的功率不会泄漏到其他端口。但在实际电路中，会有极少量功率在各端口之间泄漏，隔离度就是用来评价这一大小的性能指标，定义为本端口功率与泄漏到其他端口的功率之比，用分贝数表示。分贝数越大，表明两个端口之间的功率隔离度越好。

在接收机中，本振端口功率向输入信号端口的泄漏危害最大。一般情况下，为保证混频性能，加在本振端口的功率都比较大，当它泄漏到输入端口时，就会通过输入信号回路加到天线上，产生本振功率的反向辐射，严重干扰邻近接收机。

5.6.2　混频原理

混频电路是一种典型的频率变换电路。它将某一个频率的输入信号变换成另一个频率的输出信号，而保持原有的调制规律。混频电路是超外差式接收机的重要组成部分。它的作用是将载频为 f_c 的已调信号 $u_s(t)$ 不失真地变换为载频为 f_I 的已调信号 $u_I(t)$，如图 5.6.2 所示。通常将 $u_I(t)$ 称为中频信号，相应的 f_I 称为中频频率，简称中频。图中，$u_L(t) = U_{Lm} \cos \omega_L t$ 是由本地振荡器产生的本振信号电压，$\omega_L = 2\pi f_L$ 称为本振角频率。

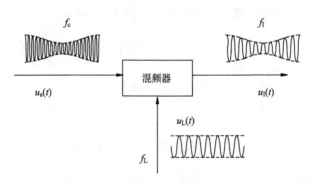

图 5.6.2　混频电路输入输出波形

混频器的功能可以分别用时域和频域两种方法表示，图 5.6.2 为时域波形图，因为混频不影响调制信号对载波的作用，所以在时域上，如果混频前的已调波 u_s 是普通调幅信号，则混频后的已调波 u_I 的包络线没有变化，只是在包络线约束下的振荡频率(或载波频率)发生了变化，可见混频前后的调制规律保持不变，即输出中频信号的波形与输出高频信号的波形相同，只是载波频率不同。从频域角度看，如图 5.6.3 所示，混频前后各频率分量的相对大小和相互间隔并不发生变化，即混频与振幅调制和解调一样，是一种频谱的线性搬移，输出中频信号与输入高频信号的频谱结构相同，只是中心的载波频率发生了改变。

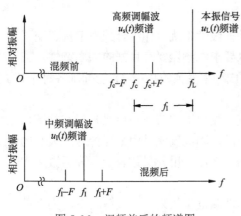

图 5.6.3　混频前后的频谱图

混频器是一个三端口网络，它有两个输入端口，分别是频率为 f_c 的高频信号 $u_s(t)$ 输入端口和频率为 f_L 的本地振荡信号 $u_L(t)$ 输入端口。一个混频输出端口，输出频率为 f_I 的中频信号 $u_I(t)$。f_I 与 f_c 和 f_L 的关系是 $f_I = f_L \pm f_c$，常称为中频，由此可见，混频器在频域上起着频率加减的作用。

混频器是通信机的重要组成部件。在发射机中一般用上混频(和频)，在频谱上将已调制的高频信号搬移到更高的频段上；接收机一般用下混频(差频)，在频谱上将接收到的高频已调制的信号搬移到中频上。

把 $f_I > f_c$ 的混频称为上混频，输出高中频；$f_I < f_c$ 的混频称为下混频，输出低中频。虽然高中频比输入的载波信号的频率高，仍将其称为中频。根据信号频率范围的不同，常用的中频也不同，如调幅广播收音机一般采用下混频，它的中频规定为 465kHz，调频接收机的中频为 10.7MHz，微波接收机、卫星接收机的中频为 70MHz 或 140MHz 等。

混频电路是一种典型的频谱变换电路，所以混频电路可以用乘法器和带通滤波器来实现这种频谱变换。混频器也是频率合成器等电子设备的重要组成部分，用来实现频率加、减的运算功能。

可以用乘法器与带通滤波器来实现混频，如图 5.6.4 所示。

图 5.6.4　用乘法器和带通滤波器实现混频

混频的过程与调幅、检波的过程一样，也是频谱的线性搬移过程，因此实现混频的关键部件仍然是乘法器。混频前的已调波 $u_s(t)$ 与本振信号 $u_L(t)$ 相乘，并通过带通滤波器滤波，就得到了混频后的已调波 $u_I(t)$，$u_s(t)$ 的载波频率为 ω_c，$u_L(t)$ 的频率为 ω_L，两者相乘后得到三个重要频率，分别是 ω_c、$\omega_L+\omega_c$ 和 $\omega_L-\omega_c$，选取带通滤波器可以获得上混频 $u_I(t)$ 信号，频率为 $\omega_L+\omega_c$，同样也可获得下混频 $u_I(t)$ 信号，频率为 $\omega_L-\omega_c$。选取其他中心频率的带通滤波器，也可以得到其他载波频率的 $u_I(t)$ 信号，如 $\omega_I=3\omega_L\pm\omega_c$ 等。

5.6.3　常用混频电路

与振幅调制一样，混频用的乘法器可以采用非线性器件或线性时变电路的原理来实现。在接收机中，高频已调波是小信号，而本振信号相对是大信号，所以混频器的实现主要采用线性时变电路的原理。考虑到各种器件噪声的频域分布特点，不同信号段频率器线性时变电路的实现形式不同，在中频和高频频段可以采用模拟乘法器和差分对放大器实现，在高频和甚高频频段可以采用晶体管放大器、场效应管放大器实现，在特高频、超高频和极高频频段则可以采用二极管实现混频。

1. 二极管混频

二极管混频属于无源混频，存在混频损耗。二极管便于构成单平衡混频电路和双平衡混频电路，即环形混频电路，通过平衡对消技术，减少无用频率分量。

图 5.6.5 所示的电路与二极管调幅原理电路相同，就是把调制信号 u_Ω 和载波 u_c 分别换成混频前的已调波 u_s 和本振信号 u_L，就构成了二极管混频原理电路。

在 $U_{Lm} \gg U_{sm}$，并忽略混频后的已调波反作用的前提下，二极管 D 的导通和截止近似取决于 u_L 的正负。忽略 D 的导通电压，D 的交流电阻为 r_D，设带通滤波器的输入电阻已并联折算入负载电阻 R_L，则 R_L 中的电流为

$$i_L \approx \frac{u_s + u_L}{R_L + r_D} K_1(\omega_L t) \tag{5.6.1}$$

单向开关函数 $K_1(\omega_L t)$ 可展开成下列傅里叶级数：

$$K_1(\omega_L t) = \frac{1}{2} + \frac{2}{\pi}\cos\omega_L t - \frac{2}{3 \cdot \pi}\cos 3\omega_L t + \frac{2}{5 \cdot \pi}\cos\omega_L t + \cdots \tag{5.6.2}$$

将式(5.6.2)代入式(5.6.1)可得

$$\begin{aligned}
i_L \approx & \frac{1}{R_L + r_D}\left(\frac{1}{2} + \frac{2}{\pi}\cos\omega_L t - \frac{2}{3\pi}\cos 3\omega_L t + \cdots\right)U_{Lm}\cos\omega_L t \\
& + \frac{1}{R_L + r_D}\left(\frac{1}{2} + \frac{2}{\pi}\cos\omega_L t - \frac{2}{3\pi}\cos 3\omega_L t + \cdots\right)U_{sm}\cos\omega_c t
\end{aligned} \tag{5.6.3}$$

因为 i_L 中包含许多频率分量，所以为了得到混频后的已调波，需要用带通滤波器滤波。以上混频为例，设带通滤波器的中心频率为高频频率，即 $\omega_0 = \omega_I = \omega_L + \omega_c$，则高频电流的时变振幅为

$$i_{Im} \approx \frac{1}{2}\frac{1}{R_L + r_D}\frac{2}{\pi}u_{sm} = \frac{1}{\pi}\frac{1}{R_L + r_D}u_{sm} \tag{5.6.4}$$

高频已调波为

$$u_I = k_F R_L i_{Im}\cos\omega_I t = \frac{1}{\pi}\frac{k_F R_L}{R_L + r_D}u_{sm}\cos(\omega_L + \omega_c)t \tag{5.6.5}$$

式中，k_F 为滤波器的增益。

2. 晶体三极管混频电路

1)晶体三极管混频电路的工作原理

三极管混频电路的原理电路如图 5.6.6 所示。图中，L_1C_1 为输入已调信号回路，谐振在 f_c 上，L_2C_2 为输出中频信号，谐振在 f_I 上。加在基极和发射极间的电压为 $u_{BE}(t) = U_{BB} + u_L + u_s$，其中，输入已调信号 $u_s(t) = U_{sm}\cos\omega_c t$，本振信号 $u_L(t) = U_{Lm}\cos\omega_L t$，输入信号远小于本振信号，即 $U_{Lm} \gg U_{sm}$，U_{BB} 为静态偏置电压。

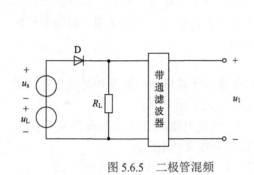

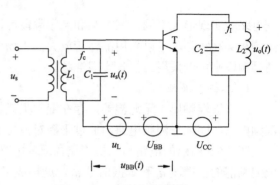

图 5.6.5　二极管混频　　　　　　　图 5.6.6　三极管混频电路

三极管的等效基极偏置电压为 $u_{BB}(t)=U_{BB}+u_L$，由于该偏置是不断变化的，故称为时变基极偏压。在 $u_{BB}(t)$ 作用下，三极管的工作点在原静态工作点 Q 的基础上上下移动，即本振电压控制了三极管工作点。这时三极管混频电路可看作以 u_s 为输入信号且基极偏压不断变化的电路，称为时变电路。

三极管的集电流 $i_c = f(u_{BE}) = f(U_{BB} + u_L + u_s) = f(u_{BB}(t) + u_s)$，由于输入信号 u_s 很小，三极管的集电流在工作点 $u_{BB}(t)=U_{BB}+u_L$ 展成幂级数，并取级数的前两项，即

$$i_c = f(U_{BB} + u_L) + f'(U_{BB} + u_L)u_s$$

式中，$f(U_{BB} + u_L)$ 和 $f'(U_{BB} + u_L)$ 都随 u_L 变化，即随时间变化，故分别用时变静态集电极电流 $I_c(u_L)$ 和时变跨导 $g_m(u_L)$ 表示，即

$$i_c = I_c(u_L) + g_m(u_L)$$

在时变偏压作用下，$g_m(u_L)$ 的傅里叶级数展开式为

$$g_m(u_L) = g_m(t) = g_0 + g_{m1} \cos \omega_L t + g_{m2} \cos 2\omega_L t + \cdots \tag{5.6.6}$$

$g_m(t)$ 中的基波分量 $g_{m1} \cos \omega_L t$ 与输入信号电压 u_s 相乘：

$$g_{m1} \cos \omega_L t \cdot U_{sm} \cos \omega_c t = \frac{1}{2} g_{m1} U_{sm} [\cos(\omega_L - \omega_c)t + \cos(\omega_L + \omega_c)t] \tag{5.6.7}$$

从式 (5.6.7) 中取出 $\omega_I = \omega_L - \omega_c$ 中频电流分量为

$$i_I = I_{Im} \cos \omega_I t = \frac{1}{2} g_{m1} U_{sm} \cos \omega_I t = g_{mc} U_{sm} \cos \omega_I t$$

式中

$$g_{mc} = \frac{1}{2} g_{m1}$$

称为混频跨导，其值等于 $g_m(t)$ 中基波分量幅度 g_{m1} 的一半。

以上分析表明，只有时变跨导 $g_m(t)$ 中的基波分量 g_{m1} 才能起混频作用，所以在混频电路的输出端要用 L_2C_2 谐振回路取出中频信号。

2) 晶体三极管混频电路形式

晶体三极管混频电路有图 5.6.7 所示的四种基本形式。这四种形式的混频电路各自具有不同的特点，但是它们的混频原理都是相同的。尽管 u_L 和 u_s 的输入点不同，但是实际上 u_L 和 u_s 都是串接后加到三极管的发射结上的。

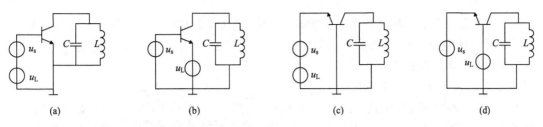

图 5.6.7　晶体三极管混频电路的几种基本形式

3）晶体三极管混频电路应用

图 5.6.8 是晶体三极管混频电路的应用。图中，由 T_2 管组成本振信号，接成电感三点式电路，本振信号通过耦合线圈 L_e 加到 T_1 管的发射极上。天线接收的信号通过耦合线圈 L_a 加到输入回路上，再经过耦合线圈 L_b 加到 T_1 管基极上。中频信号的输出是通过 LC 谐振回路取出的。中频频率为 $f_I = 465\,\text{kHz}$。

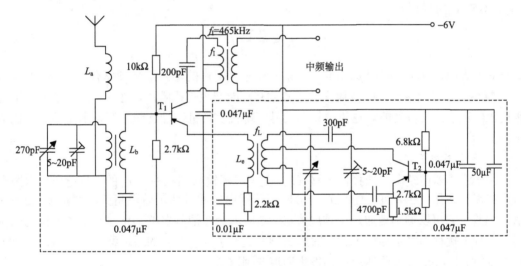

图 5.6.8　晶体三极管混频电路的应用

5.6.4　混频过程中产生的干扰和失真

由于混频器件的非线性，混频器在信号电压和本振电压共同作用下，不仅产生所需要的频率分量，而且产生许多无用（干扰）的组合频率分量，如果这些无用（干扰）的组合频率分量等于和接近中频，即

$$f_{p,q} = \left| \pm p f_L \pm q f_c \right| \approx f_I, \quad p,q = 0,1,2,\cdots \tag{5.6.8}$$

它将和有用信号一起通过中频放大和解调，在输出端形成干扰，并影响有用信号的正常接收。但这些组合频率分量，并不都能在混频器输出端出现，只有落在输出滤波器通带内的那些频率分量才能输出。组合频率分量的电平是随着|p|和|q|增大而减小的。因此，在考虑组合频率分量干扰时，主要考虑较小的|p|和|q|值分量所引起的干扰。

一般情况下，混频器的干扰和失真可以分为干扰哨声、寄生通道干扰、混频器中的失真和强信号阻塞等。前两种干扰是混频器中特有的干扰，后面的失真不仅在混频器中存在，在具有非线性器件的电路(各类放大器)中都有可能产生。下面分别讨论产生这些干扰和失真的原因及克服干扰的措施。

1. 干扰哨声(组合频率干扰)

当混频器输入端的调幅信号与本振电压产生混频后，在输出端存在两种频率分量，一种是有用的中频分量 $f_L - f_c = f_I$；另一种是仍落在中频滤波器通带内并满足式(5.6.8)的组合频率分量(无用分量)。有用分量和无用分量通过中频放大器后，再经检波器的非线性作用就会产生差拍信号，这时接收机输出端在听到有用信号声音的同时还会听到由检波器检出的差拍信号所形成的哨叫声，称为混频器的干扰哨声。

式(5.6.8)中 p、q 取正负号的情况可有四种组合，而超外差接收机通常要求 $f_L > f_c > f_I \geqslant$ BW 且 $f_L - f_c = f_I$，则只有两式是合理的，即 $-pf_L + qf_c = f_I \pm \Delta F$ 和 $pf_L - qf_c = f_I \pm \Delta F$，其中 ΔF 为差拍信号(可听音频)形成的干扰哨声，将 $f_L = f_c + f_I$ 代入且合并该两式($f_I \gg \Delta F$)，可以得到

$$f_c \approx \frac{p \pm 1}{q - p} f_I \tag{5.6.9}$$

式(5.6.9)表明，对应不同的 p、q 值，可能产生干扰哨声的输入信号频率有许多个。但只有 p、q 较小而且必须落在接收频段内的信号才有可能产生干扰哨声，当 $p + q \geqslant 5$ 时，干扰幅度已经很小，可以忽略。这里要说明的是，现代收音机性能优越，基本上见不到干扰哨声。

2. 寄生通道干扰

由于混频器前端电路选择性不够好，加到混频器输入端频率为 f_M 的干扰电压与本振电压产生混频作用。当满足 $pf_L + qf_M = f_I$ 时，干扰电压通过通道就能将其频率由 f_M 变换为 f_I，而且，它可以顺利地通过中频放大器，这时就会在混频器的输出端有中频干扰电压输出，这种干扰称为寄生通道干扰。对应于频率变换 $f_L - f_c = f_I$ 的通道称为主通道，对应于频率变换 $pf_L + qf_M = f_I$ 的通道称为寄生通道或副通道。

$p = 0$，$q = 1$ 时的寄生通道，由 $pf_L + qf_M = f_I$ 求得 $f_M = f_I$，故称为中频干扰。混频器对这种干扰信号起到中频放大作用，而且它具有比有用信号更强的传输能力。

$p = -1$，$q = 1$ 时的寄生通道，由 $pf_L + qf_M = f_I$ 求得 $f_K = f_M = f_L + f_I = f_c + 2f_I$ (把 $f_L = f_c + f_I$ 代入)，称为镜像干扰。对于这种信号，它所通过的寄生通道具有与有用通道相同的 $p = q = 1$ 值，因而具有与有用通道相同的变换能力。

从以上分析可以看出，只要这两种干扰信号电压进入混频器，混频器自身就很难予以削弱或抑制。因而，要对抗这两种干扰信号，就必须在混频器前将它们抑制掉。

3. 混频器中的失真

(1)交叉失真：当有用信号电压和干扰电压同时作用在混频器的输入端时，由于混频器的非线性作用，输出中频信号的包络(调幅波)上叠加有干扰电压的包络，造成有用信号的失真，这种现象称为交叉失真。一般抑制交叉失真的措施是，提高混频器前级的选择性，尽量减小干扰信号；选择合适的器件和合适的工作状态，使混频器的非线性高次方项尽可能小；采用抗干扰能力较强的平衡混频器和模拟乘法器混频电路。

(2)互调失真：当混频器输入端有两个干扰电压同时作用时，由于混频器的非线性，这两个干扰电压与本振电压相互作用，会产生接近中频的组合频率分量，与高频已调波一起经过混频，并通过中频放大器，在输出端形成干扰信号。互调失真要求同时存在两个以上的干扰信号，而且干扰信号的频率需要满足一定的关系。以上两种失真来源于输出电流的高阶项，所以其根本解决方法是应用平方律器件，或使器件工作在平方律范围内，以去除或减小高阶项。提高前级高频放大器抑制干扰的能力，减小干扰信号的强度，也可以减弱这两种失真。

(3)包络失真：随着高频已调波振幅的增大，混频电路从线性时变工作状态逐渐过渡到非线性时变工作状态，振幅增益随之减小，导致混频后中频已调波的时变振幅和混频前高频已调波的时变振幅不再维持正比，表现为非线性关系，所以混频后的中频已调波的包络线不能正确反映混频前高频已调波的包络线，造成包络失真。

4. 强信号阻塞

当强干扰信号输入混频器时，干扰信号使混频电路的时变静态工作点进入非线性区，导致混频后中频已调波功率下降，无法实现正常接收，造成强信号阻塞。例如，晶体管混频器在强干扰下，其时变静态工作点进入饱和区或截止区，混频增益明显减小甚至为零，影响中频已调波的功率。

5.7 实训：幅度调制电路及幅度解调电路的仿真

本节利用 PSpice 仿真技术来观察调幅电路、解调电路的输出波形。调幅电路及解调电路都是线性频谱搬移电路。普通调幅和双边带调幅电路都可以用模拟乘法器构成。本节采用分立元器件构成模拟乘法电路来实现调制信号与载波信号间的调制。幅度解调电路也称为幅度检波器，本节采用同步检波器来实现解调。

5.7.1 普通调幅和双边带调幅电路仿真

5.7.1 实训

1. 绘出普通调幅电路图

(1)建立一个项目 CH5，然后绘出如图 5.7.1 所示的电路图。其中 V1 是载波信号源用 VSIN，V2 是调制信号源用 VSIN。

(2)将图 5.7.1 中的其他元件编号和参数按图中设置。

(3)单击测试笔选项工具栏的 🖋 按钮，在 C10 和 R14 之间设置电压测试笔，用于测试输出波形。

2. 观察普通幅度调制电路的输出波形及频谱图

(1)设定瞬态分析参数："Run to time"设置为"100μs"，"Start saving data after"设置为"0μs"，"Maximum step size"设置为"10ns"。

(2)启动仿真，观察普通调幅电路的输出波形及频谱图。

①由于使用了测试笔观察输出电压波形，仿真成功后，会自动弹出输出波形，这时波形窗口出现普通调幅电路的输出波形，如图 5.7.2 所示。根据波形图可以分析并读出调幅信号的最大振幅、最小振幅，并计算出调制度。

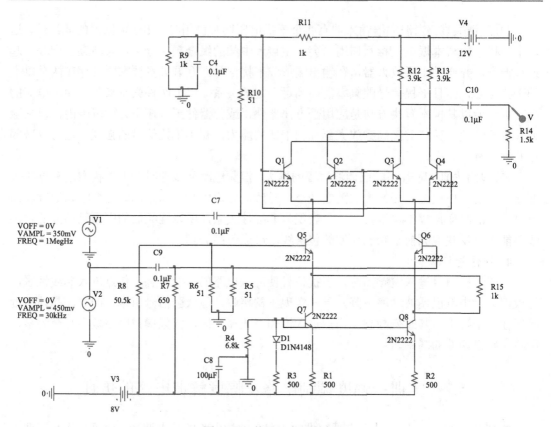

图 5.7.1　普通幅度调制电路

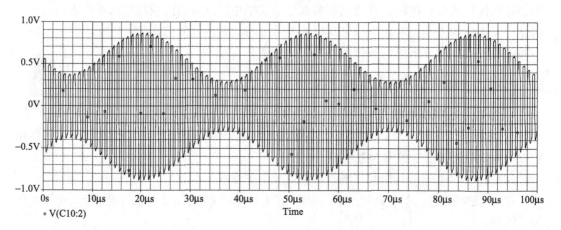

图 5.7.2　普通调幅电路的输出波形

②执行"Trace"→"Fourier"命令，或者单击工具栏上的 🔣 按钮，会出现普通调幅波的频谱图，如图 5.7.3 所示。根据频谱图可以分析频谱结构，读出频谱宽度。

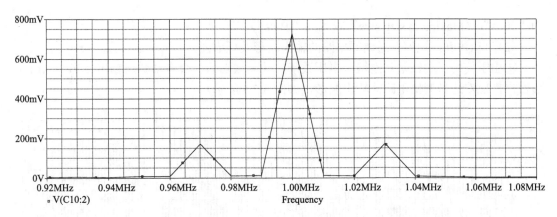

图 5.7.3　普通调幅波的频谱图

3. 绘出双边带调幅电路图

(1) 建立一个项目 CH6，绘出如图 5.7.4 所示的电路图。

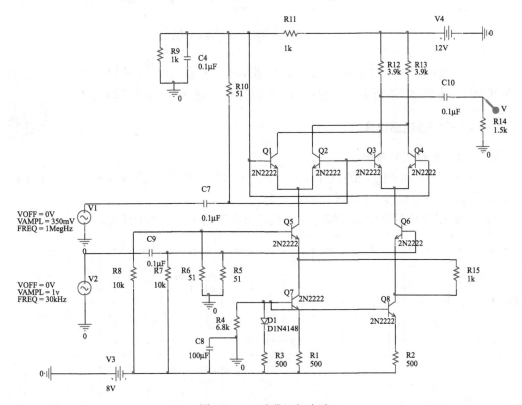

图 5.7.4　双边带调幅电路

(2) 单击测试笔选项工具栏的 按钮，在 C10 和 R14 之间设置电压测试笔，用于测试输出波形。

4. 观察双边带幅度调制电路的输出波形及频谱图

(1) 设定瞬态分析参数："Run to time" 设置为 "100μs"，"Start saving data after" 设置

为"20μs","Maximum step size"设置为"10ns"。

(2)启动仿真,观察普通调幅电路的输出波形及频谱图。

①由于使用了测试笔观察输出电压波形,仿真成功后,会自动弹出输出波形,这时波形窗口出现双边带调幅电路的输出波形,如图5.7.5所示。

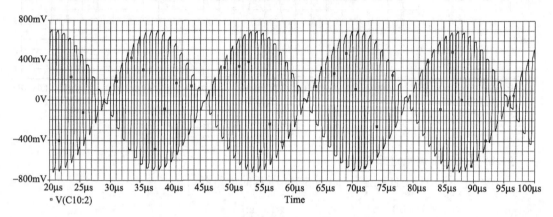

图 5.7.5　双边带调幅电路的输出波形

②执行"Trace"→"Fourier"命令,或者单击工具栏上的 **FFT** 按钮,会出现普通调幅波的频谱图,如图5.7.6所示。根据频谱图可以分析频谱结构,读出频谱宽度。

5.7.2　同步检波器电路仿真

5.7.2 实训

1. 绘出同步检波电路图

(1)建立一个项目CH7,然后绘出如图5.7.7所示的电路图。乘法器A采用MULT/ABM,同步信号V5与载波信号V1同频、同相。

(2)将图5.7.7中的其他元件编号、参数以及电压测试笔按图中设置。

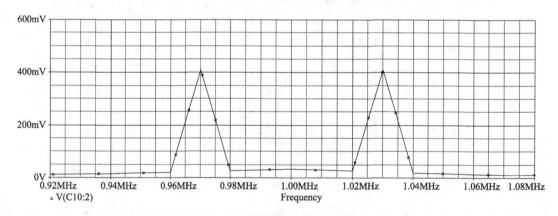

图 5.7.6　双边带调幅波的频谱图

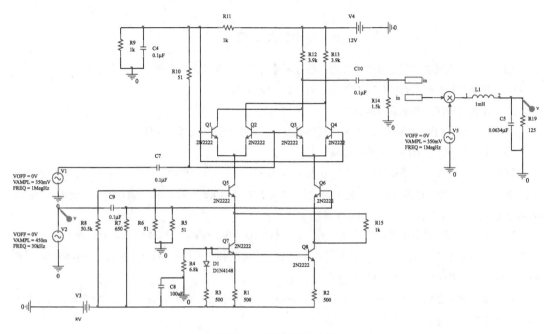

图 5.7.7 同步检波电路

2. 观察同步检波器输出波形并与调制信号进行比较

(1)设定瞬态分析参数:"Run to time"设置为"200μs","Start saving data after"设置为"40μs","Maximum step size"设置为"10ns"。

(2)启动仿真,观察普通调幅电路的输出波形及频谱图。

由于使用了测试笔观察输出电压波形,仿真成功后,会自动弹出输出的两路波形,这时波形窗口出现同步检波电路的输出波形与调制信号波形,如图 5.7.8 所示。根据波形可以分析得出解调后的波形与调制信号同频,但存在很小的相移,这在音频信号调制中人的耳朵是听不出来的。

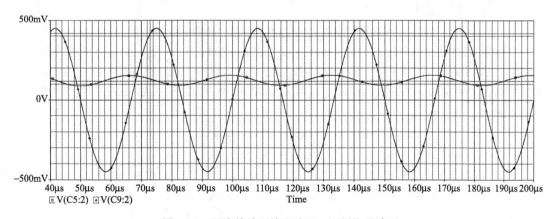

图 5.7.8 同步检波器输出波形、调制信号波形

思考题与习题

5.1　为什么调制必须利用电子器件的非线性才能实现？它和放大在本质上有什么不同？

5.2　调幅信号的解调有哪几种？各自适用什么调幅信号？

5.3　调幅与检波的基本原理是什么？

5.4　在大信号检波电路中，若加大调制频率 Ω，将会产生什么失真，为什么？

5.5　外部组合干扰有哪些？影响如何？怎样克服？

5.6　一个超外差式广播接收机，中频 f_1 为 465kHz。$f_L > f_c$，在收听频率 $f_c = 931$kHz 的电台播音时，发现除了正常信号外，还伴有音调约为 1kHz 的哨叫声，而且如果转动接收机的调谐旋钮，此哨叫声的音调还会变化。试分析原因，并指出减小干扰的途径。

5.7　超外差式广播收音机，中频 $f_1 = f_L - f_c = 465$kHz，试分析下列两种现象属于何种干扰：(1) 当接收 $f_c = 560$kHz 的电台信号时，还能听到频率为 1490kHz 的强电台信号；(2) 当接收 $f_c = 1460$kHz 的电台信号时，还能听到频率为 730kHz 的强电台信号。

5.8　如果平衡调幅器中，一个二极管接反，对电路会产生什么影响？若将 u_c 和 u_Ω 的接入位置互相对换，电路还能实现调幅吗？

5.9　已知调幅波电压 $u_{AM}(t) = (10 + 3\cos 2\pi \times 100t + 5\cos 2\pi \times 10^3 t)\cos 2\pi \times 10^6 t$ V，试画出该调幅波的频谱图，求出其频带宽度。

5.10　两信号的数学表示式分别为 $u_1 = U_Q + \cos 2\pi ft = (2 + \cos 2\pi ft)$V，$u_2 = \cos 2\pi ft$ V。(1) 写出两者相乘后的数学表示式，画出其波形和频谱图；(2) 写出两者相加后的数学表示式，画出其波形和频谱图；(3) 如 u_1 中，$U_Q = 0$，写出两者相乘后的数学表示式，画出其波形和频谱图；(4) 用 PSpice 验证上述结果。

5.11　试分别画出下列电压表示式的波形和频谱图，并说明它们各为何种信号？（令 $\omega_c = 9\Omega$）(1) $u = (1 + \cos\Omega t)\cos\omega_c t$；(2) $u = \cos\Omega t\cos\omega_c t$；(3) $u = \cos(\omega_c + \Omega)t$；(4) $u = \cos\Omega t + \cos\omega_c t$。

5.12　已知调制信号 $\mu_\Omega(t) = \left[2\cos\left(2\pi \times 2 \times 10^3 t\right) + 3\cos\left(2\pi \times 300t\right)\right]$ V，载波信号 $\mu_c(t) = 5\cos\left(2\pi \times 5 \times 10^5 t\right)$ V，$k_a = 1$，试写出调幅波的表示式，画出频谱图，求出频带宽度 BW。

5.13　有一个调幅波的表达式为

$$u = 25(1 + 0.7\cos 2\pi \times 5000t - 0.3\cos 2\pi \times 10000t)\cos 2\pi \times 10^6 t\, V$$

(1) 试求出它所包含的各分量的频率与振幅；(2) 绘出该调幅波包络的形状，并求出峰值与谷值幅度。

5.14　如习题图 5.14 所示电路中，调制信号 $u_\Omega(t) = U_{\Omega m}\cos\Omega t$，载波信号 $u_c(t) = U_{cm}\cos\omega_c t$，并且 $U_{cm} \gg U_{\Omega m}$，$\omega_c \gg \Omega$，二极管特性相同，均为从原点出发，斜率为 g_d 的直线，试问图中电路能否实现双边带调幅？为什么？

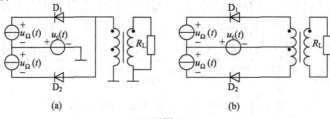

习题图 5.14

5.15　二极管包络检波器，如习题图 5.15 所示，$R_L = 5.1\text{k}\Omega$，$R_L' = 3\text{k}\Omega$，$C = 6800\text{pF}$，$C_c = 20\mu\text{F}$，已知 $u_s = (2\cos2\pi\times465\times10^3 t + 0.3\cos2\pi\times469\times10^3 t + 0.3\cos2\pi\times461\times10^3 t)\,\text{V}$：(1)试问该电路会不会产生惰性失真和负峰切割失真？(2)若检波效率 $k_d = 1$，按对应关系画出输入端和输出端的瞬时电压波形，并标出电压的大小。

5.16　二极管包络检波器，如习题图 5.16 所示，$R_{L1} = 1.2\text{k}\Omega$，$R_{L2} = 6.2\text{k}\Omega$，$C_c = 20\mu\text{F}$。已知 $F = 300\sim4500\text{Hz}$，载频 $f_c = 5\text{MHz}$，最大调幅系数 $m_{amax} = 0.8$，要求电路不产生惰性失真和负峰切割失真，试决定 C 和 R_L' 的值。

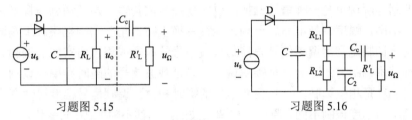

习题图 5.15　　　　　　　　　　　　　　习题图 5.16

5.17　混频器输入端除了作用有用信号 $f_s = 20\text{MHz}$ 外，还作用频率分别为 $f_{N1} = 19.2\text{MHz}$，$f_{N2} = 19.6\text{MHz}$ 的两个干扰电压，已知混频器的中频 $f_I = f_L - f_s = 3\text{MHz}$，试问这两个干扰电压会不会产生干扰？

5.18　习题图 5.18 所示为单边带(上边带)发射机的方框图。调制信号为 $300\sim3000\text{Hz}$ 的音频信号，其频谱分布如图所示。试画出图中各点输出信号的频谱图。

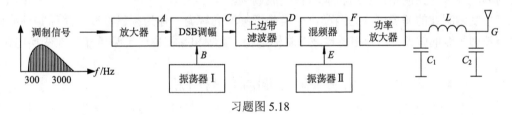

习题图 5.18

第6章 角度调制与解调

6.1 概　述

角度调制与解调也是一种信号变换，以实现信号的传输。角度调制与幅度调制在频谱变换上有所不同，幅度调制电路属于频谱线性变换电路，角度调制电路属于频谱非线性变换电路。角度调制是利用调制信号去控制载波信号的频率或相位而实现的调制。角度调制可分为两种基本调制方法。一种是频率调制，它是载波信号的瞬时频率随调制信号幅度线性变化；另一种是相位调制，它是载波信号的瞬时相位随调制信号幅度线性变化。

角度调制与幅度调制不同，调频波和调相波的振幅都不随 $u_\Omega(t)$ 而变化，它们都是等幅波，它们的振幅不携带调制信号的信息。调频波是把信息寄载于载波频率的变化之中，调相波是把信息寄载于载波相位的变化之中，调相波相位变化必然伴随着瞬时频率的变化，所以调相波的瞬时频率也是变化的。调频与调相所得到的已调波波形及数学方程式是非常相似的，它们的基本性质有许多相同的地方，但调相的缺点较多，在模拟系统中一般都使用调频，或者是先调相，然后将调相转变成调频。

角度调制波的解调可分为两类，一类是调频波的解调，称为频率检波，简称鉴频；另一类是调相波的解调，称为相位检波，简称鉴相。鉴频和鉴相也属于频谱非线性变换电路。

6.2　角度调制信号分析

6.2.1　调频波分析

调频波是指调频时载波信号的瞬时角频率 $\omega(t)$ 随调制信号 $u_\Omega(t)$ 线性变化，而调频波的振幅不变。下面根据调频波的定义，分析调频波的性质。

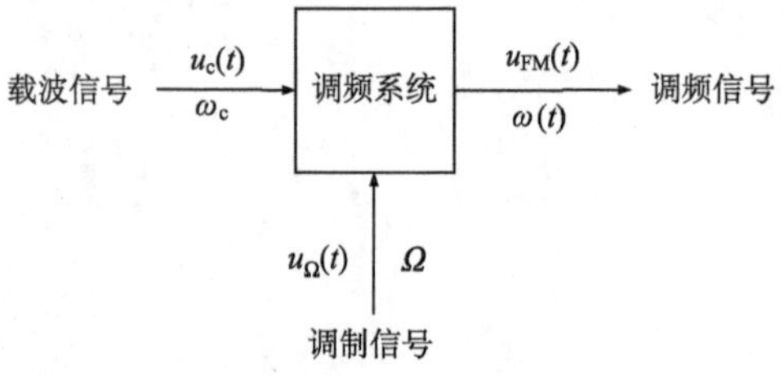

例 6.2.1　有一个调频系统如图 6.2.1 所示。输入载波为 $u_c(t)$，载波的角频率为 ω_c。输入调制信号为 $u_\Omega(t)$，调制信号角频率为 Ω。根据调频波的定义，试分析调频波特点。

图 6.2.1　调频系统

（1）写出调频波数学表达式，画出调频波波形图；（2）求出调频波的频谱与带宽；（3）求出调频波的平均功率。

解：（1）写出调频波数学表达式，画出调频波波形图。

设载波信号为

$$u_c(t) = U_{cm}\cos(\omega_c t + \varphi_0) = U_{cm}\cos\varphi(t) \tag{6.2.1}$$

式中，$\varphi(t)=\omega_c t+\varphi_0$ 为载波的瞬时相位；ω_c 为载波的角频率，$\omega_c=2\pi f_c$；φ_0 为载波初相角（一般可以令 $\varphi_0=0$）。

设调制信号（单频信号）为

$$u_\Omega(t)=U_{\Omega m}\cos\Omega t \tag{6.2.2}$$

①调频波的瞬时角频率 $\omega(t)$ 表达式。用式(6.2.2)对式(6.2.1)进行调频，根据调频波定义，调频时载波信号的瞬时角频率 $\omega(t)$ 随调制信号 $u_\Omega(t)$ 线性变化，即

$$\omega(t)=\omega_c+k_f u_\Omega(t)=\omega_c+\Delta\omega(t) \tag{6.2.3}$$

式中，ω_c 为未调制时载波的角频率（中心频率）；k_f 为比例常数（与调频电路有关参数），量纲为 rad/(s·V)；$\Delta\omega(t)$ 是瞬时角频率 $\omega(t)$ 偏离中心频率 ω_c 的角频率偏移，简称频移或频偏。

$$\Delta\omega(t)=k_f u_\Omega(t) \tag{6.2.4}$$

瞬时角频率偏离中心频率 ω_c 的最大值，叫最大频偏，表达式为

$$\Delta\omega(t)=k_f\left|u_\Omega(t)\right|_{max} \tag{6.2.5}$$

将单频调制信号式(6.2.2)代入式(6.2.3)，得单频调制信号作用时调频波的瞬时角频率 $\omega(t)$ 的表达式：

$$\omega(t)=\omega_c+k_f u_\Omega(t)=\omega_c+k_f U_{\Omega m}\cos\Omega t=\omega_c+\Delta\omega_m\cos\Omega t \tag{6.2.6}$$

式(6.2.6)中，$\Delta\omega_m\cos\Omega t$ 说明调频波的角频偏随单频信号做周期性变化，其中最大角频偏 $\Delta\omega_m=k_f U_{\Omega m}$ 与调制信号振幅 $U_{\Omega m}$ 成正比。

②调频波的瞬时相位 $\varphi_f(t)$ 表达式。对式(6.2.3)进行积分可得调频波的瞬时相位 $\varphi_f(t)$：

$$\varphi_f(t)=\int_0^t\omega(t)\mathrm{d}t=\omega_c t+k_f\int_0^t u_\Omega(t)\mathrm{d}t=\omega_c t+\Delta\varphi_f(t) \tag{6.2.7}$$

式中，$\Delta\varphi_f(t)=k_f\int_0^t u_\Omega(t)\mathrm{d}t$ 表示调频波的相移，它反映调频波的瞬时相位按调制信号的时间积分的规律变化。

将单频调制信号式(6.2.2)代入式(6.2.7)，得单频调制信号作用时调频波的瞬时相位：

$$\varphi_f(t)=\omega_c t+k_f\int_0^t u_\Omega(t)\mathrm{d}t=\omega_c t+k_f\int_0^t U_{\Omega m}\cos\Omega t\ \mathrm{d}t$$

$$=\omega_c t+\frac{k_f U_{\Omega m}}{\Omega}\sin\Omega t=\omega_c t+m_f\sin\Omega t \tag{6.2.8}$$

式(6.2.8)中，瞬时相移 $\frac{k_f U_{\Omega m}}{\Omega}\sin\Omega t$ 与单频信号相位相差 $\pi/2$，其中

$$m_f=\frac{k_f U_{\Omega m}}{\Omega}=\frac{\Delta\omega_m}{\Omega}=\frac{\Delta f_m}{F} \tag{6.2.9}$$

m_f 称为调频波的调频指数，其值与 $U_{\Omega m}$ 成正比，而与 Ω 成反比，m_f 值可大于 1。

③调频波数学表达式。将式(6.2.7)代入式(6.2.1)得调频波的数学表达式：

$$u_{FM}(t)=U_{cm}\cos\varphi_f(t)=U_{cm}\cos\left[\omega_c t+\Delta\varphi_f(t)\right]=U_{cm}\cos\left[\omega_c t+k_f\int_0^t u_\Omega(t)\mathrm{d}t\right] \tag{6.2.10}$$

将单频调制信号式(6.2.2)代入式(6.2.10)，得调频波数学表达式：

$$u_{FM}(t) = U_{cm}\cos\varphi_f(t) = U_{cm}\cos\left[\omega_c t + \Delta\varphi_f(t)\right]$$

$$= U_{cm}\cos\left[\omega_c t + k_f\int_0^t u_\Omega(t)dt\right] = U_{cm}\cos\left[\omega_c t + k_f\int_0^t U_{\Omega m}\cos\Omega t dt\right]$$

$$= U_{cm}\cos\left[\omega_c t + \frac{k_f U_{\Omega m}}{\Omega}\sin\Omega t\right] = U_{cm}\cos\left(\omega_c t + m_f\sin\Omega t\right)$$

$$(6.2.11)$$

以上分析说明：在调频时，瞬时角频率的变化与调制信号呈线性关系，瞬时相位的变化与调制信号的积分呈线性关系。

调制信号 $u_\Omega(t)$、调频波的角频偏 $\Delta\omega(t)$、调频波的相移 $\Delta\varphi_f(t)$ 和调频波 $u_{FM}(t)$ 的波形图，如图 6.2.2 所示。

在调频波时角频偏 $\Delta\omega_m$ 是不变的，但 $m_f \propto \dfrac{1}{\Omega}$ 有很大的变化。图 6.2.3 说明了调制指数 m_f 的变化规律和角频偏 $\Delta\omega_m$ 的规律。

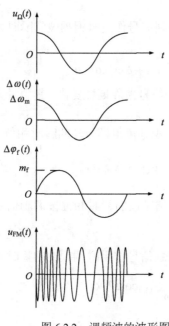
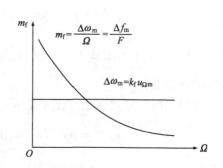

图 6.2.2　调频波的波形图　　　　图 6.2.3　调频波调制指数 m_f 的变化、角频偏 $\Delta\omega_m$

（2）调频波的频谱与带宽。

①调频波的展开式。由式（6.2.11）可知，单频信号的调频波可表示为

$$u_{FM}(t) = U_{cm}\cos\left(\omega_c t + m_f\sin\Omega t\right) \tag{6.2.12}$$

对式（6.2.12）进行三角函数变换，得

$$u_{FM}(t) = U_{cm}[\cos(m_f\sin\Omega t)\cos\omega_c t - \sin(m_f\sin\Omega t)\sin\omega_c t] \tag{6.2.13}$$

将式（6.2.13）中的 $\cos(m_f\sin\Omega t)$ 和 $\sin(m_f\sin\Omega t)$ 两项展开成傅里叶级数。利用贝塞尔函数 $J_n(m_f)$ 来确定展开式中各次分量的幅度：

$$\cos(m_{\mathrm{f}}\sin\varOmega t) = \mathrm{J}_0(m_{\mathrm{f}}) + 2\sum_{n=1}^{\infty}\mathrm{J}_{2n}(m_{\mathrm{f}})\cos 2n\varOmega t \tag{6.2.14}$$

$$\sin(m_{\mathrm{f}}\sin\varOmega t) = 2\sum_{n=1}^{\infty}\mathrm{J}_{2n-1}(m_{\mathrm{f}})\sin(2n-1)\varOmega t \tag{6.2.15}$$

将式(6.2.14)和式(6.2.15)代入式(6.2.13)展开，得调频波的级数展开式：

$$
\begin{aligned}
u_{\mathrm{FM}}(t) &= U_{\mathrm{cm}}[\mathrm{J}_0(m_{\mathrm{f}}) + 2\mathrm{J}_2(m_{\mathrm{f}})\cos 2\varOmega t + 2\mathrm{J}_4(m_{\mathrm{f}})\cos 4\varOmega t + \cdots]\cos\omega_{\mathrm{c}}t\\
&\quad - U_{\mathrm{cm}}[2\mathrm{J}_1(m_{\mathrm{f}})\sin\varOmega t + 2\mathrm{J}_3(m_{\mathrm{f}})\sin 3\varOmega t + 2\mathrm{J}_5(m_{\mathrm{f}})\sin 5\varOmega t + \cdots]\sin\omega_{\mathrm{c}}t\\
&= U_{\mathrm{cm}}\mathrm{J}_0(m_{\mathrm{f}})\cos\omega_{\mathrm{c}}t && \text{载频}\\
&\quad + U_{\mathrm{cm}}\mathrm{J}_1(m_{\mathrm{f}})[\cos(\omega_{\mathrm{c}}+\varOmega)t - \cos(\omega_{\mathrm{c}}-\varOmega)t] && \text{第一对旁频}\\
&\quad + U_{\mathrm{cm}}\mathrm{J}_2(m_{\mathrm{f}})[\cos(\omega_{\mathrm{c}}+2\varOmega)t + \cos(\omega_{\mathrm{c}}-2\varOmega)t] && \text{第二对旁频}\\
&\quad + U_{\mathrm{cm}}\mathrm{J}_3(m_{\mathrm{f}})[\cos(\omega_{\mathrm{c}}+3\varOmega)t - \cos(\omega_{\mathrm{c}}-3\varOmega)t] && \text{第三对旁频}\\
&\quad + \cdots\\
&= U_{\mathrm{cm}}\sum_{n=-\infty}^{\infty}\mathrm{J}_n(m_{\mathrm{f}})\cos(\omega_{\mathrm{c}}+n\varOmega)t
\end{aligned}
\tag{6.2.16}
$$

式中，$\mathrm{J}_n(m_{\mathrm{f}})$ 称为第一类贝塞尔函数，n 为阶数，m_{f} 为调制指数。贝塞尔函数 $\mathrm{J}_n(m_{\mathrm{f}})$ 的表达式由式(6.2.17)表示。其数值均有曲线或查表可得。贝塞尔函数与调制指数 m_{f} 的变化关系，如图 6.2.4 所示。贝塞尔函数数值表，如表 6.2.1 所示。

$$\mathrm{J}_n(m_{\mathrm{f}}) = \sum_{m=0}^{\infty}\frac{(-1)^n\left(\dfrac{m_{\mathrm{f}}}{2}\right)^{n+2m}}{m!(n+m)!} \tag{6.2.17}$$

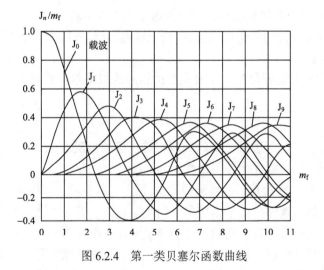

图 6.2.4　第一类贝塞尔函数曲线

②调频波的频谱。在振幅调制中，单频调制时 AM、DSB 的频谱只产生两个边频，SSB 的频谱只产生一个边频。而调频中，由调频波数学表达式(6.2.16)可以看出，调频波是由许多频率分量组成的，因此调频属于非线性调制。

表 6.2.1　贝塞尔函数数值表（$\times 10^{-2}$）

n ＼ m $\diagdown$ $J_n(m_f)$	$J_n(0)$	$J_n(0.5)$	$J_n(1)$	$J_n(2)$	$J_n(3)$	$J_n(4)$	$J_n(5)$	$J_n(6)$	$J_n(7)$	$J_n(8)$
0	1.00	93.85	76.52	22.39	−26.01	−39.71	−17.76	15.06	30.01	17.17
1		24.23	44.01	57.67	33.91	−6.60	−32.76	−27.67	−0.49	23.46
2		3.00	11.49	35.28	48.61	36.41	4.66	−24.29	−30.14	−11.30
3			1.96	12.89	30.91	43.02	36.48	11.48	−16.76	−29.11
4			0.25	3.40	13.20	28.11	39.12	35.76	15.78	−10.54
5				0.70	4.30	13.21	26.11	36.21	34.79	18.58
6				0.12	1.14	4.91	13.11	24.58	33.92	33.76
7					0.26	1.52	5.34	12.96	23.30	32.06
8					0.40	1.84	5.65	12.80	22.35
9						0.55	2.12	5.89	12.68
10						0.15	0.70	2.35	6.10
11							0.20	0.83	2.56
12							0.27	0.96
13							0.08	0.33
14								0.10
15								0.03

从式（6.2.16）看出，单频调制时调频波的频谱具有以下特点。

a. 单频调制时调频波的频谱由载频 ω_c 和无数对边频分量 $\omega_c \pm n\Omega$ 所组成。相邻的两个频率分量的间隔为 Ω。

b. 载频分量和各对边频分量的相对幅度由相应的贝塞尔函数确定。$J_n(m_f)$ 具有以下特性：

$$J_n(m_f) = (-1)^n J_{-n}(m_f) \tag{6.2.18}$$

当 n 为奇数时，上、下边频分量的幅度相等，极性相反 $J_n(m_f) = -J_{-n}(m_f)$；当 n 为偶数时，上、下边频分量的幅度相等，极性相同 $J_n(m_f) = J_{-n}(m_f)$。

c. 由贝塞尔函数数值表看出，调制指数 m_f 越大，具有较大振幅的边频分量就越多。

③调频信号的频谱宽度。由于调频信号的频谱包含无限多对边频分量，所以其频谱宽度应为无限宽。但从能量上看，调频信号的能量实际上绝大部分集中在载频附近的有限边频上，因此没有必要把带宽设计成无限大。为了便于处理调频信号，一般在高质量通信系统中规定，幅度小于未调制前载频振幅的 1% 的边频分量均可忽略不计，保留下来的频谱分量就确定为调频波的频带宽度，用 $\mathrm{BW}_{0.01}$ 表示。

调频波的有效频谱宽度，可由卡森（Carson）公式估算（称卡森带宽）：

$$\mathrm{BW}_{CR} = 2(m_f + 1)\Omega = 2(\Delta\omega_m + \Omega) \tag{6.2.19}$$

或

$$BW_{CR} = 2(m_f + 1)F = 2(\Delta f_m + F) \tag{6.2.20}$$

由具体计算发现，BW_{CR} 介于 $BW_{0.1}$ 和 $BW_{0.01}$ 之间，但比较接近于 $BW_{0.1}$。

根据调制后载波瞬时相位偏移的大小，可以将调制分为窄带和宽带两种，从卡森公式可得调频波带宽的特点。

当 $m_f \ll 1$ 时，有 $m_f + 1 \approx 1$，式 (6.2.20) 简化为

$$BW_{CR} \approx 2\Omega \tag{6.2.21}$$

式 (6.2.21) 表明，在调制指数较小的情况下，调频波只有角频率分别为 ω_0 和 $\omega_0 \pm \Omega$ 的三个分频，由式 (6.2.16) 可知，调频波的表达式为

$$u_{FM}(t) = U_{cm} J_0(m_f)\cos\omega_c t + U_{cm} J_1(m_f)[\cos(\omega_c + \Omega)t - \cos(\omega_c - \Omega)t] \tag{6.2.22}$$

根据式 (6.2.22) 得到频谱图，如图 6.2.5 所示。它与用同样调制信号进行标准调幅所得到的调幅波的频带宽度相同。通常将这种调频信号称为窄带调频信号。

当 $m_f \gg 1$ 时，有 $m_f + 1 \approx m_f$，式 (6.2.20) 简化为

$$BW_{CR} \approx 2m_f\Omega = 2\Delta\omega_m \tag{6.2.23}$$

式 (6.2.23) 表明，在调制指数较大的情况下，调频波的带宽等于 2 倍频偏。通常将这种调频信号称为宽带调角信号。

当 m_f 介于前两种情况之间时，调频波的带宽由 $\Delta\omega$ 和 Ω 共同确定，并可由式 (6.2.20) 计算。

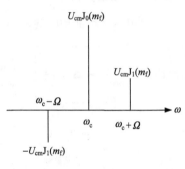

图 6.2.5 窄带调频信号的频谱图

(3) 调频波的平均功率。

调频信号 $u_{FM}(t)$ 在电阻 R_L 上消耗的平均功率为

$$P_{FM} = \frac{\overline{u_{FM}^2(t)}}{R_L} \tag{6.2.24}$$

由于余弦项的正交性，总和的均方值等于各项均方值的总和，得调频波的平均功率等于各个频率分量平均功率之和。由式 (6.2.16) 可得

$$P_{FM} = \frac{1}{2R_L} U_{cm}^2 \sum_{n=-\infty}^{\infty} J_n^2(m_f) \tag{6.2.25}$$

根据贝塞尔函数特性：

$$\sum_{n=-\infty}^{\infty} J_n^2(m_f) = 1$$

得调频波的平均功率为

$$P_{FM} = \frac{1}{2R_L} U_{cm}^2 \tag{6.2.26}$$

式 (6.2.26) 说明以下几点。

① 在 U_{cm} 一定时，调频波的平均功率也就一定，且等于未调制时的载波功率，调频波

的平均功率与 m_f 无关。

②改变 m_f 仅引起各个边频分量间的功率的重新分配，已调制的载频功率改变，而总功率不变。这样可适当选择 m_f 的大小，使载波分量携带的功率很小，绝大部分功率由边频分量携带，从而极大地提高调频系统设备的利用率。

③调频器可以理解为一个功率分配器，它将载波功率分配给每个边频分量，分配的原则与调频指数 m_f 有关。

由于边频功率包含有用信息，这样便有利于提高调制系统接收机输出端的信噪比。可以证明，调频指数越大，调频波的抗干扰能力越强。但是，调频波占有的有效频谱宽度也就越宽。所以，调频器抗干扰能力的提高是以增加有效带宽为代价的。

6.2.2　调相波分析

调相波是指调相时载波信号的瞬时相位 $\varphi(t)$ 随调制信号 $u_\Omega(t)$ 线性变化，而调相信号的振幅不变。下面根据调相波的定义，分析调相波的性质。

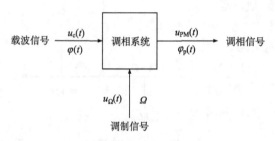

图 6.2.6　例 6.2 .2 调相系统

例 6.2.2　有一个调相系统如图 6.2.6 所示。输入载波为 $u_c(t)$，载波的相位为 $\varphi(t)$，载波的角频率为 ω_c。输入调制信号为 $u_\Omega(t)$，调制信号角频率为 Ω。根据调相波的定义，试分析调相信号特点。(1) 写出调相波数学表达式，画出调相波波形图；(2) 求出调相波的频谱与带宽；(3) 求出调相波的平均功率。

解：(1) 写出调相波数学表达式，画出调相信号波形图。

设载波信号为

$$u_c(t) = U_{cm}\cos(\omega_c t + \varphi_0) = U_{cm}\cos\varphi(t) \tag{6.2.27}$$

式中，$\varphi(t) = \omega_c t + \varphi_0$ 为载波的瞬时相位；$\omega_c = 2\pi f_c$ 为载波信号的角频率；φ_0 为载波初相角（一般令 $\varphi_0 = 0$）。

设调制信号（单频信号）为

$$u_\Omega(t) = U_{\Omega m}\cos\Omega t \tag{6.2.28}$$

①调相波的瞬时相位 $\varphi(t)$ 表达式。根据调相波的定义，调相时载波信号的瞬时相位 $\varphi(t)$ 随调制信号 $u_\Omega(t)$ 线性变化。用式 (6.2.28) 对式 (6.2.27) 进行调相，得

$$\varphi_p(t) = \omega_c t + k_p u_\Omega(t) = \omega_c t + \Delta\varphi_p(t) \tag{6.2.29}$$

式中，k_p 是由调相电路决定的比例常数，量纲为 rad/V；$\Delta\varphi_p(t) = k_p u_\Omega(t)$ 是按调制信号的规律变化部分，称为调相波的相移。

②调相波的瞬时角频率 $\omega(t)$ 表达式。对式 (6.2.29) 求导，可得调相波的瞬时角频率：

$$\omega(t) = \frac{d\varphi_p(t)}{dt} = \omega_c + k_p \frac{du_\Omega(t)}{dt} = \omega_c + \Delta\omega_p(t) \tag{6.2.30}$$

式中，$\Delta\omega_{\mathrm{p}}(t)=k_{\mathrm{p}}\dfrac{\mathrm{d}u_{\Omega}(t)}{\mathrm{d}t}$ 称为调相波的频偏，又称为频移。

③调相波的数学表达式。

$$u_{\mathrm{PM}}(t)=U_{\mathrm{cm}}\cos\varphi_{\mathrm{p}}(t)=U_{\mathrm{cm}}\cos\left[\omega_{\mathrm{c}}t+\Delta\varphi_{\mathrm{p}}(t)\right]$$
$$=U_{\mathrm{cm}}\cos\left[\omega_{\mathrm{c}}t+k_{\mathrm{p}}u_{\Omega}(t)\right] \tag{6.2.31}$$

以上分析说明：在调相时，瞬时相位的变化与调制信号呈线性关系，瞬时角频率的变化与调制信号的导数呈线性关系。

将单频信号 $u_{\Omega}(t)=U_{\Omega\mathrm{m}}\cos\Omega t$ 分别代入式(6.2.29)、式(6.2.30)、式(6.2.31)得

$$\varphi_{\mathrm{p}}(t)=\omega_{\mathrm{c}}t+k_{\mathrm{p}}u_{\Omega}(t)=\omega_{\mathrm{c}}t+k_{\mathrm{p}}U_{\Omega\mathrm{m}}\cos\Omega t$$
$$=\omega_{\mathrm{c}}t+m_{\mathrm{p}}\cos\Omega t \tag{6.2.32}$$

$$\omega(t)=\frac{\mathrm{d}\varphi_{\mathrm{p}}(t)}{\mathrm{d}t}=\omega_{\mathrm{c}}+k_{\mathrm{p}}\frac{\mathrm{d}u_{\Omega}(t)}{\mathrm{d}t}=\omega_{\mathrm{c}}+k_{\mathrm{p}}\frac{\mathrm{d}U_{\Omega\mathrm{m}}\cos\Omega t}{\mathrm{d}t}$$
$$=\omega_{\mathrm{c}}-k_{\mathrm{p}}U_{\Omega\mathrm{m}}\Omega\sin\Omega t=\omega_{\mathrm{c}}-m_{\mathrm{p}}\Omega\sin\Omega t=\omega_{\mathrm{c}}-\Delta\omega_{\mathrm{m}}\sin\Omega t \tag{6.2.33}$$

$$u_{\mathrm{PM}}(t)=U_{\mathrm{cm}}\cos\left[\omega_{\mathrm{c}}t+k_{\mathrm{p}}u_{\Omega}(t)\right]=U_{\mathrm{cm}}\cos\left[\omega_{\mathrm{c}}t+k_{\mathrm{p}}U_{\Omega\mathrm{m}}\cos\Omega t\right]$$
$$=U_{\mathrm{cm}}\cos\left[\omega_{\mathrm{c}}t+m_{\mathrm{p}}\cos\Omega t\right] \tag{6.2.34}$$

式中，$m_{\mathrm{p}}=k_{\mathrm{p}}U_{\Omega\mathrm{m}}$ 是调相波的最大相移，又称为调相指数，它与 $U_{\Omega\mathrm{m}}$ 成正比；$\Delta\omega_{\mathrm{m}}=m_{\mathrm{p}}\Omega=k_{\mathrm{p}}U_{\Omega\mathrm{m}}\Omega$ 称为调相波的最大角频偏，它与 $U_{\Omega\mathrm{m}}$ 和 Ω 的乘积成正比。

调制信号 $u_{\Omega}(t)$、调相波的相移 $\Delta\varphi_{\mathrm{p}}(t)$、调相波的频移 $\Delta\omega(t)$ 和调相波 $u_{\mathrm{PM}}(t)$ 的波形如图 6.2.7 所示。

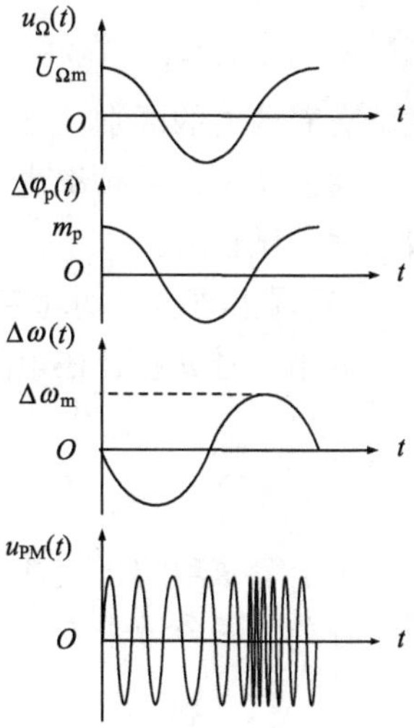

(2) 调相信号的频谱与带宽。

①调相波的展开式。对调相波表达式(6.2.33)进行三角函数变换，得

$$u_{\mathrm{PM}}(t)=U_{\mathrm{cm}}\cos\left[\omega_{\mathrm{c}}t+m_{\mathrm{p}}\cos\Omega t\right]$$
$$=U_{\mathrm{cm}}\left[\cos(m_{\mathrm{p}}\cos\Omega t)\cos\omega_{\mathrm{c}}t-\sin(m_{\mathrm{p}}\cos\Omega t)\sin\omega_{\mathrm{c}}t\right] \tag{6.2.35}$$

图 6.2.7　调相波的波形图

将式(6.2.35)中 $\cos(m_{\mathrm{p}}\cos\Omega t)$ 和 $\sin(m_{\mathrm{p}}\cos\Omega t)$ 两项展开级数并代入式(6.2.35)展开，得调相波的级数展开式：

$$
\begin{aligned}
u_{\mathrm{PM}}(t)&=U_{\mathrm{cm}}\cos\left[\omega_{\mathrm{c}}t+m_{\mathrm{p}}\cos\Omega t\right]\\
&=U_{\mathrm{cm}}\mathrm{J}_0(m_{\mathrm{p}})\cos\omega_{\mathrm{c}}t && \text{载频}\\
&\quad+U_{\mathrm{cm}}\mathrm{J}_1(m_{\mathrm{p}})[\cos(\omega_{\mathrm{c}}+\Omega)t-\cos(\omega_{\mathrm{c}}-\Omega)t] && \text{第一对旁频}\\
&\quad-U_{\mathrm{cm}}\mathrm{J}_2(m_{\mathrm{p}})[\cos(\omega_{\mathrm{c}}+2\Omega)t+\cos(\omega_{\mathrm{c}}-2\Omega)t] && \text{第二对旁频}\\
&\quad-U_{\mathrm{cm}}\mathrm{J}_3(m_{\mathrm{p}})[\cos(\omega_{\mathrm{c}}+3\Omega)t-\cos(\omega_{\mathrm{c}}-3\Omega)t] && \text{第三对旁频}\\
&\quad+U_{\mathrm{cm}}\mathrm{J}_4(m_{\mathrm{p}})[\cos(\omega_{\mathrm{c}}+4\Omega)t+\cos(\omega_{\mathrm{c}}-4\Omega)t] && \text{第四对旁频}\\
&\quad+\cdots
\end{aligned}
\tag{6.2.36}
$$

从式 (6.2.36) 看出，调相波与调频波级数展开式基本上是一样。式中，n 为阶数，m_p 为调相指数，$J_n(m_p)$ 称为第一类贝塞尔函数。贝塞尔函数数值可由表 6.2.1 获得。

②调相波的频谱。由调相波数学表达式 (6.2.36) 可以看出，调相波频谱是由许多频率分量组成的，因此调相属于非线性调制。从式 (6.2.36) 看出，调相波的频谱具有以下特点。

a. 单频调制时调相波的频谱是由载频 ω_c 和无数对边频分量 $\omega_c \pm n\Omega$ 所组成的。相邻的两个频率分量的间隔为 Ω。

b. 载频分量和各对边频分量的相对幅度由相应的贝塞尔函数确定。$J_n(m_p)$ 具有以下特性：

$$J_n(m_p) = (-1)^n J_{-n}(m_p) \tag{6.2.37}$$

c. 由表 6.2.1 看出。调制指数 m_p 越大，具有较大振幅的边频分量就越多。

③调相信号的频谱宽度。调相波的频谱宽度计算公式为

$$BW_{CR} = 2(m_p + 1)\Omega = 2(\Delta\omega_m + \Omega) \tag{6.2.38}$$

或

$$BW_{CR} = 2(m_p + 1)F = 2(\Delta f_m + F) \tag{6.2.39}$$

与调频波的频谱宽度计算公式一样。但是调频波的调频指数 $m_f = \dfrac{k_f U_{\Omega m}}{\Omega} = \dfrac{\Delta\omega_m}{\Omega} = \dfrac{\Delta f_m}{F}$ 与调制频率 Ω 成反比；调相波的调相指数 $m_p = k_p U_{\Omega m}$ 与调制频率 Ω 无关，因此两者的频谱宽度就有着很大的区别。

随着调制信号频率高低的变化，调频波的频谱有效宽度变化不大，而调相波的频谱有效宽度变化较大。

(3) 调相波的平均功率。

调相信号 $u_{PM}(t)$ 在电阻 R_L 上消耗的平均功率为

$$P_{PM} = \frac{\overline{u_{PM}^2(t)}}{R_L} \tag{6.2.40}$$

由于余弦项的正交性，总的均方值等于各项均方值的总和，得出调相波的平均功率等于各个频率分量平均功率之和：

$$P_{PM} = \frac{1}{2R_L} U_{cm}^2 \sum_{n=-\infty}^{\infty} J_n^2(m_p) \tag{6.2.41}$$

根据贝塞尔函数特性：

$$\sum_{n=-\infty}^{\infty} J_n^2(m_p) = 1$$

得调相波的平均功率为

$$P_{PM} = \frac{1}{2R_L} U_{cm}^2 \tag{6.2.42}$$

调相波的平均功率与调频波的平均功率表达式一样。

6.2.3　调频波与调相波的关系

1. 调频波与调相波的主要参数关系

调频波和调相波都可以用统一形式的表示式 $u(t) = U_{cm} \cos[\varphi(t)]$ 描述，只不过相角 $\varphi(t)$ 随调制信号变化的规律不同。因此，把频率调制和相位调制统称为角度调制。

频率调制与相位调制之间存在着内在联系。表 6.2.2 列出了调频波和调相波的主要参数。从表 6.2.2 可以看出，如果将调制信号 $u(t)$ 先进行积分处理，再对载波进行相位调制，那么所得到的已调信号将是以 $u(t)$ 为调制信号的调频波。类似地，如果将调制信号 $u(t)$ 先经微分处理，再对载波进行频率调制，那么所得到的已调信号将是以 $u(t)$ 为调制信号的调相波。利用这种关系，可采用对调制信号预处理的方法以实现两种调制的转换。图 6.2.8 所示是实现频率调制和相位调制的方法。

表 6.2.2　调频波和调相波的主要参数比较

项目	调频波	调相波
载波	$u_c(t) = U_{cm} \cos(\omega_c t + \varphi_0) = U_{cm} \cos\varphi(t)$	$u_c(t) = U_{cm} \cos(\omega_c t + \varphi_0) = U_{cm} \cos\varphi(t)$
信号	$u_{\Omega}(t) = U_{\Omega m} \cos\Omega t$	$u_{\Omega}(t) = U_{\Omega m} \cos\Omega t$
偏移的物理量	频率	相位
调制指数	$m_f = \dfrac{k_f U_{\Omega m}}{\Omega} = \dfrac{\Delta\omega_m}{\Omega} = \dfrac{\Delta f_m}{F}$	$m_p = \dfrac{\Delta\omega_m}{\Omega} = k_p U_{\Omega m}$
最大频谱	$\Delta\omega_m = k_f U_{\Omega m}$	$\Delta\omega_m = m_p \Omega = k_p U_{\Omega m} \Omega$
瞬时角频率	$\omega(t) = \omega_0 + k_f u_{\Omega}(t)$	$\omega(t) = \dfrac{\mathrm{d}\varphi_p(t)}{\mathrm{d}t} = \omega_0 + k_p \dfrac{\mathrm{d}u_{\Omega}(t)}{\mathrm{d}t}$
附加相位	$\Delta\varphi_f(t) = k_f \displaystyle\int_0^t u_{\Omega}(t)\mathrm{d}t$	$\Delta\varphi_p(t) = k_p u_{\Omega}(t)$
瞬时相位	$\varphi_f(t) = \omega_c t + k_f \displaystyle\int_0^t u_{\Omega}(t)\mathrm{d}t$	$\varphi_p(t) = \omega_c t + k_p u_{\Omega}(t)$
已调信号	$u_{FM}(t) = U_{cm} \cos(\omega_c t + m_f \sin\Omega t)$	$u_{PM}(t) = U_{cm} \cos(\omega_c t + m_p \cos\Omega t)$
信号带宽	$\mathrm{BW}_{CR} = 2(m_f + 1)F = 2(\Delta f_m + F)$	$\mathrm{BW}_{CR} = 2(m_p + 1)F = 2(\Delta f_m + F)$

2. 调频波与调相波抗干扰性的比较

(1) 抗干扰性是衡量调制方式性能的一个重要指标，它的大小决定着信息传输的质量。对 AM 来说，主要干扰是振幅噪声，而对 FM、PM 而言，主要干扰是频率噪声和相位噪声。另外，常见的天线或工业用电干扰，主要影响 FM 或 PM 的幅度，只要加限幅器就可去掉，因为调角波的振幅不包含信息；所以，如果其他条件相同，FM 或 PM 的抗干扰性比 AM 好。

(2) 调频波与调相波统称为调角波，但是调相波的频谱有效宽度随着调制信号频率的提高而增加较大。调相波在高频率信号调制时，占用频谱很宽，往往会干扰其他信道；而在低频率信号调制时，占用频谱很窄，又造成信道频带不能充分地利用。调频波则无此缺点。另外，调频波除较高的调制频率外，大部分频率都能得到较大的调频指数，调频波具有较大的抗干扰能力。所以，在调角系统中，FM 比 PM 优越。

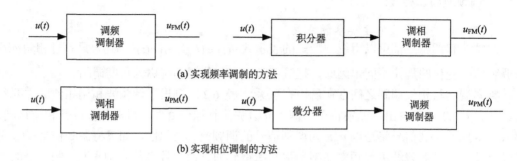

(a) 实现频率调制的方法

(b) 实现相位调制的方法

图 6.2.8　实现频率调制和相位调制的方法

（3）由于边频功率包含有用信息，这样便有利于提高调制系统接收机输出端的信噪比。可以证明，调频指数越大，调频波的抗干扰能力越强。但是，调频波占有的有效频谱宽度也就越宽。所以，调频制抗干扰能力的提高是以增加有效带宽为代价的。

（4）调频在带宽利用率和抗干扰性能方面比调相好，所以，在模拟通信系统中广泛采用调频而很少用调相。不过在数字通信中，相位键控的抗干扰能力优于频率键控和幅度键控，因而调相制在数字通信中获得了广泛应用。

6.3　调　频　电　路

由上面的讨论可知，无论调频或调相，都会使瞬时相位发生变化，说明调频和调相可以互相转化，它们都可以称为角度调制。通常有直接调频电路、间接调频电路、直接调相电路、间接调相电路。本节重点讨论频率调制电路。

调频电路的主要要求如下。

1. 调制特性为线性

调频波的频率偏移与调制电压的关系称为调制特性，在一定的调制电压范围内，尽量提高调频电路调制特性线性度，这样才能保证不失真地传输信息。

2. 调制灵敏度要高

单位调制电压变化所产生的频率偏移称为调制灵敏度，$S_F = \dfrac{\Delta f}{\Delta u_\Omega}$。提高灵敏度，可提高调制信号的控制作用。要注意的是过高的灵敏度会对调频电路性能带来不利影响。

3. 中心频率的稳定度要高

调频波的中心频率就是载波频率。为了保证接收机能正常接收调频信号，要求调频电路中心频率要有足够的稳定度。

4. 最大频偏

在正常调制电压作用下所能达到的最大频率偏移称最大频率偏移 Δf_m，它是根据对调频指数 m_f 的要求确定的，要求其数值在整个调制信号所占有的频带内保持恒定。不同的调频系统要求有不同的最大频偏值 Δf_m。

6.3.1　直接调频电路

直接调频是用调制信号电压直接控制主振荡器的振荡频率而实现调频的。

直接调频的主要优点是在实现线性调频的要求下，可以获得较大的频偏。它的主要缺点是在直接调频过程中会导致载频(FM 波的中心频率)偏移，需要采用自动频率微调电路来克服载频的偏移。

压控振荡器中，最常用的压控元件是压控变容二极管。也可以采用由晶体管、场效应管等放大器件组成的电抗管电路来等效压控电容或压控电感。

下面介绍变容二极管直接调频电路。

变容管结电容 C_j 与反向偏置电压 u 之间的关系为

$$C_j = \frac{C_{j0}}{\left(1 + \dfrac{u}{U_D}\right)^r} \tag{6.3.1}$$

式中，C_{j0} 为 $u=0$ 时的结电容；U_D 为 PN 结势垒电位差，硅管 $U_D=0.4\sim0.6V$；r 为变容指数，对突变结 r 值接近 1/2，缓变结 r 值接近 1/3，超突变结 r 值在 1/2～6 范围内。

将变容二极管 C_j 与 L 组成 LC 谐振回路，如图 6.3.1(a)所示。图中，虚方框为控制电路，即外加控制信号，其取值为

$$u(t) = U_Q + u_\Omega(t) = U_Q + U_{\Omega m}\cos\Omega t \tag{6.3.2}$$

式中，U_Q 用来为变容二极管提供静态直流反向偏压，保证由 U_Q 值决定的振荡频率等于所要求的载波频率；$u_\Omega(t)$ 是调制信号电压；$u(t)$ 始终工作在反向偏置状态。通常调制电压比振荡回路的高频振荡电压大得多，所以变容二极管的反向电压随调制信号变化。

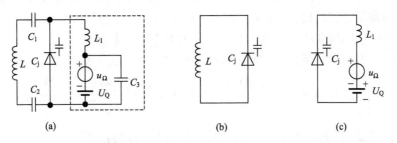

图 6.3.1　变容二极管直接调频电路

为了防止 U_Q 和 $u_\Omega(t)$ 对 LC 振荡回路的影响，在控制电路中必须接入 L_1 和 C_3。L_1 为高频扼流圈，它对高频的感抗很大，接近开路，而对直流和调制频率接近短路。C_3 为高频滤波电容，它对高频的容抗很小，接近短路，而对调制信号的频率容抗很大，接近开路。为了防止振荡回路 L 对 U_Q 和 u_Ω 短路，必须在变容二极管和 L 之间加入隔直电容 C_1 和 C_2，它对高频接近短路，对调制频率接近开路。综上所述，对高频而言，由于 L_1 开路、C_3 短路，可得高频通路如图 6.3.1(b)所示。这时振荡频率可由回路电感 L 和变容二极管结电容 C_j 所决定，即

$$\omega = \frac{1}{\sqrt{LC_j}} \tag{6.3.3}$$

对直流和调制频率而言，由于 C_1 的阻断，U_Q 和 u 可有效地加到变容二极管上，可得直流和调制频率通路，见图 6.3.1(c)。将式(6.3.2)代入式(6.3.1)，可得变容二极管结电容随调制信号电压的变化规律，即

$$C_j = \frac{C_{j0}}{\left[1 + \frac{1}{U_D}\left(U_Q + U_{\Omega m}\cos\Omega t\right)\right]^r} = \frac{C_{jQ}}{\left(1 + m_c\cos\Omega t\right)^r} \tag{6.3.4}$$

式中，$m_c = \frac{U_{\Omega m}}{U_D + U_Q} \approx \frac{U_{\Omega m}}{U_Q}$ 为电容调制度，电容调制度表示结电容受调制信号调变的程度；

$C_{jQ} = \dfrac{C_{j0}}{\left(1 + \dfrac{U_Q}{U_D}\right)^r}$ 为静态偏压为 U_Q 时变容二极管的电容量。

将式(6.3.4)代入式(6.3.3)，可得变容二极管构成的直接调频电路振荡频率随调制信号电压的变化规律：

$$\omega(t) = \frac{1}{\sqrt{LC_{jQ}}}\left(1 + m_c\cos\Omega t\right)^{\frac{r}{2}} = \omega_0\left(1 + m_c\cos\Omega t\right)^{\frac{r}{2}} \tag{6.3.5}$$

式中，$\omega_0 = \dfrac{1}{\sqrt{LC_{jQ}}}$ 是调制器未受调制信号作用时 $(u_\Omega = 0)$ 的振荡频率，即调频波的中心频率。

根据式(6.3.5)可以看出，只有在 $r = 2$ 时为理想线性，其余都是非线性。因此，在变容管作为振荡回路总电容的情况下，必须选用 $r = 2$ 的超突变结变容管。否则，频率调制器产生的调频波不仅会出现非线性失真，而且会出现中心频率不稳定。

将式(6.3.5)展开成幂级数，并忽略式中的三次方及其以上各次方项，则

$$\omega(t) = \omega_0\left[1 + \frac{r}{2}m_c\cos\Omega t + \frac{r}{2!}\frac{(r/2-1)}{2}(m_c\cos\Omega t)^2 + \frac{r}{3!}\frac{(r/2-1)(r/2-2)}{2}(m_c\cos\Omega t)^3 + \cdots\right]$$

$$= \omega_0\left[1 + \frac{r}{2}m_c\cos\Omega t + \frac{1}{8}r\left(\frac{r}{2}-1\right)m_c^2 + \frac{1}{8}r\left(\frac{r}{2}-1\right)m_c^2\cos 2\Omega t\right] \tag{6.3.6}$$

由式(6.3.6)求得调频波的最大角频偏为

$$\Delta\omega_m \approx \frac{r}{2}m_c\omega_0 \tag{6.3.7}$$

二次谐波失真分量的最大角频偏为

$$\Delta\omega_{2m} \approx \frac{r}{8}\left(\frac{r}{2}-1\right)m_c^2\omega_0 \tag{6.3.8}$$

调制过程中，偏离中心角频率 ω_0 的数值为

$$\Delta\omega \approx \frac{r}{8}\left(\frac{r}{2}-1\right)m_{c}^{2}\omega_{0} \tag{6.3.9}$$

相应地，调频波的二次谐波失真系数为

$$k_{f2}=\left|\frac{\Delta\omega_{2m}}{\Delta\omega_{m}}\right|\approx\left|\frac{m_{c}^{2}}{4}\left(\frac{r}{2}-1\right)\right| \tag{6.3.10}$$

中心角频率的相对偏离值为

$$\frac{\Delta\omega}{\omega_{0}}\approx\frac{r}{8}\left(\frac{r}{2}-1\right)m_{c}^{2} \tag{6.3.11}$$

调制灵敏度为

$$S=\frac{\Delta\omega_{m}}{U_{\Omega m}}=\frac{m_{c}\omega_{c}}{U_{\Omega m}} \tag{6.3.12}$$

由式(6.3.10)和式(6.3.11)可知，当 r 一定时，增大 m_{c}，可以增大相对频偏 $\Delta\omega/\omega_{0}$，但同时也增大非线性失真系数 k_{f2} 和中心角频率相对偏离值 $\Delta\omega/\omega_{0}$。或者说，调频波能够达到的最大相对角频偏受非线性失真和中心频率相对偏离值的限制。调频波的相对角频偏值与 m_{c} 成正比(即与 $U_{\Omega m}$ 成正比)是直接调频电路的一个重要特性。当 m_{c} 选定，即调频波的相对角频偏值一定时，提高 ω_{0} 可以增大调频波的最大角频偏值 $\Delta\omega_{m}$。

上面的分析是在忽略高频振荡电压对变容二极管的影响下进行的。在电路设计时可采取两个变容二极管对接方式减小高频电压的影响，如图 6.3.2 所示。图中 L、C 为振荡回路，L_{1}、L_{2} 为高频扼流圈，C_{1}、C_{2}、C_{3} 为高频耦合电容和旁路电容。对于 U_{Q} 和 u_{Ω} 来讲，两个变容二极管是并联的；对于高频振荡电压

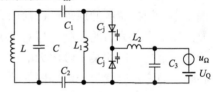

图 6.3.2　变容二极管对接方式

来说，两个变容二极管是串联的，这样在每只变容二极管上的高频电压幅度减半，并且两管高频电压相位相反，结电容因高频电压作用可相互抵消，变容二极管基本上不受高频电压影响。

变容二极管直接调频电路的优点是：电路简单，工作频率较高，容易获得较大的频偏，在频偏不需要很大的情况下，非线性失真可以做得很小。

缺点是变容二极管的一致性较差，大量生产时会给调试带来某些麻烦；另外偏置电压的漂移、温度的变化会引起中心频率漂移，因此调频波的载波频率稳定度不高。目前用得较广泛的是变容二极管与晶体串联的电路，它的稳定度比较好。

变容管调频电路常用于调频信号发生器等仪器中，也用于通信机的调频器和自动频率控制电路中。近年来，又广泛应用于电调谐与自动调谐电路中。

6.3.2　间接调频电路

间接调频是先将调制信号积分，然后对载波进行调相，从而得到调频信号。间接调频电路的核心是调相，因此，在调制时可以不在主振荡电路中进行，易于保持中心频率的稳

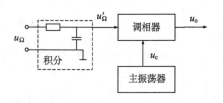

图 6.3.3　间接调频电路方框图

定，但不易获得大的频偏。间接调频电路方框图如图 6.3.3 所示。

设调制信号 $u_\Omega = U_{\Omega m} \cos \Omega t$ 经积分后得

$$u'_\Omega = k \int u_\Omega(t)\mathrm{d}t = k \frac{U_{\Omega m}}{\Omega} \sin \Omega t \qquad (6.3.13)$$

对载波 $u_c(t) = U_{cm} \cos \omega_c t$ 进行调相，则得

$$
\begin{aligned}
u_o(t) &= U_{cm} \cos \left[\omega_c t + k_p u'_\Omega \right] = U_{cm} \cos \left[\omega_c t + k_p k \int u_\Omega(t)\mathrm{d}t \right] \\
&= U_{cm} \cos \left(\omega_c t + k_p k \frac{U_{\Omega m}}{\Omega} \sin \Omega t \right) \\
&= U_{cm} \cos \left(\omega_c t + m_f \sin \Omega t \right)
\end{aligned}
\qquad (6.3.14)
$$

式中，$m_f = \dfrac{k_p k \cdot U_{\Omega m}}{\Omega} = \dfrac{\Delta \omega_m}{\Omega}$。

式 (6.3.14) 与调频波表示式完全相同。由此可见，实现间接调频的关键电路是调相。调相不仅是间接调频的基础，而且在现代无线电通信的遥测系统中得到广泛的应用。

在调频信号中心频率的稳定度要求较高的场合，可采用晶体振荡器的变容管直接调频电路。但是晶体振荡器直接调频的稳定度仍然比不上不调频的晶体振荡器，而且其相对频偏太小。间接调频的原理已在前面介绍过，就是借助调相来实现调频。具体地说，就是在放大器中用积分后的调制信号对主振荡器送来的载波振荡进行调相。调制不在主振器中进行，而是在其后的某一级放大器中进行。这种方法最后得到的就是调频波。显然，这时中心频率的稳定度就等于主振器的频率稳定度。因此，采用间接调频是提高中心频率稳定度的一种有效的方法。

间接调频的关键电路是调相，调相方法通常有三类：第一类是用调制信号控制谐振回路或移相网络的电抗或电阻元件以实现调相；第二类是矢量合成法调相；第三类是脉冲调相。

1. 用谐振回路调相实现间接调频

图 6.3.4(a) 所示电路是利用谐振回路调相实现间接调频。它是用一个变容二极管的调相电路构成的间接调频电路。其中的调相器是一级单调谐放大器。晶体管 T 的集电极连接单级回路变容二极管调相电路，该回路由电感 L、变容二极管 C_j、电容 C_4 构成一个并联谐振回路。晶体管 T 的集电极输出信号为放大后的高频载波信号 u'_c，高频载波信号角频率是固定的。高频载波电压经 R_1 后作为电流源输入 $i_c \approx \dfrac{u'_c}{R_1}$；调制信号 u_Ω 经耦合电路加至 $R_3 C_4$ 组成积分电路，在 $R_3 C_4$ 电路中产生电流 i_Ω，因此加在变容管上的调制信号是 u'_Ω，故输出调相波对 u_Ω 来说便是调频波了。图中元件，C_1 和 C_2 为隔直电容，对载波可视为短路；R_1 和 R_2 用来减轻前后级电路对回路的影响；R_5 和 R_4 为变容二极管提供偏压源，用作调制信号源与偏压源之间的隔离。单级回路变容二极管调相电路如图 6.3.4(b) 所示；高频通路如图 6.3.4(c) 所示。

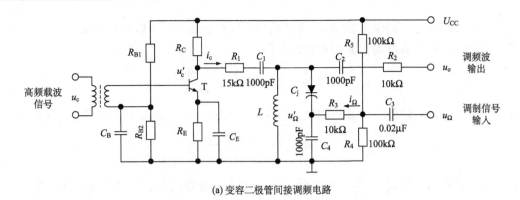

(a) 变容二极管间接调频电路

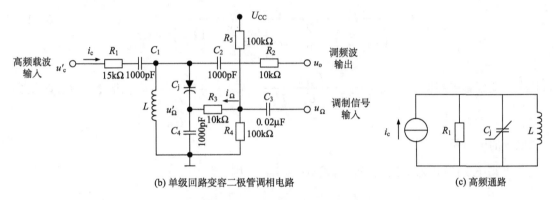

(b) 单级回路变容二极管调相电路　　　　　　　　　　(c) 高频通路

图 6.3.4　单级回路变容二极管调相电路

　　下面简要讨论采用变容二极管实现调相，间接实现调频的原理。

　　调制信号 u_Ω 在 R_3C_4 电路中产生的电流 $i_\Omega \approx u_\Omega/R_3$，该电流向电容 C_4 充电，因此，加到变容二极管上的调制信号电压 u'_Ω 为

$$u'_\Omega = \frac{1}{C_4}\int_0^t i_\Omega(t)\,\mathrm{d}t = \frac{1}{R_3C_4}\int_0^t u_\Omega\,\mathrm{d}t$$

　　由上式可见，R_3C_4 电路的作用可等效为一个积分电路，当调制信号为 $u_\Omega=U_{\Omega m}\cos\Omega t$ 时：

$$u'_\Omega = \frac{1}{C_4}\int_0^t i_\Omega(t)\,\mathrm{d}t = \frac{1}{R_3C_4}\int_0^t u_\Omega\,\mathrm{d}t = \frac{U_{\Omega m}}{\Omega R_3C_4}\sin\Omega t$$

　　在调制信号作用下，变容二极管的结电容发生变化，因而使并联回路自然谐振角频率 ω_0 发生变化。而当角频率为 ω_c 的载波电流流入回路时，在 $\omega_c \neq \omega_0$ 时，因为回路失谐，从回路两端输出的电压就会产生相移，从而实现了对输入载波的调相作用。

　　设输入载波电流为

$$i_c = I_{cm}\cos\omega_c t$$

则回路的输出电压为

$$u_o = I_{cm}Z(\omega_c)\cos[\omega_c t + \varphi(\omega_c)] \tag{6.3.15}$$

式中，$Z(\omega_c)$ 是谐振回路在频率 ω_c 上的阻抗幅值；$\varphi(\omega_c)$ 是谐振回路在频率 ω_c 上的相移。

由于并联谐振回路谐振频率 ω_0 是随调制信号而变化的，所以相移 $\varphi(\omega_c)$ 也是随调制信号而变化的。根据并联谐振回路的特性可得

$$\varphi(\omega_c) = -\arctan 2Q\frac{\omega-\omega_0}{\omega_0}$$

式中，Q 为并联回路的有载品质因数。当 $|\varphi(\omega_c)|<30°$、失谐量不大时，上式简化为

$$\varphi(\omega_c) \approx -2Q\frac{\omega-\omega_0}{\omega_0} \tag{6.3.16}$$

积分后的调制信号为 $u_\Omega' = \frac{U_{\Omega m}}{\Omega R_3 C_4}\sin\Omega t$，代入变容二极管结电容特性式(6.3.4)可得

$$C_j = \frac{C_{j0}}{\left(1+\dfrac{u}{U_D}\right)^r} = \frac{C_{j0}}{\left(1+\dfrac{U_Q+u_\Omega'}{U_D}\right)^r} = \frac{C_{jQ}}{(1+m_c\sin\Omega t)^r} \tag{6.3.17}$$

式中，变容管电容调制度 $m_c = \dfrac{U_{\Omega m}}{\Omega R_3 C_4(U_Q+U_D)}$；$C_{jQ} = \dfrac{C_{j0}}{\left(1+\dfrac{U_Q}{U_D}\right)^r}$ 为当偏置为 U_Q 时变容

二极管的电容量。

将式(6.3.17)代入谐振频率表达式 $\omega = \dfrac{1}{\sqrt{LC_j}}$，则有

$$\omega = \frac{1}{\sqrt{LC_j}} = \frac{1}{\sqrt{LC_{jQ}}}(1+m_c\sin\Omega t)^{\frac{r}{2}} = \omega_0(1+m_c\sin\Omega t)^{\frac{r}{2}}$$

式中，$\omega_0 = \dfrac{1}{\sqrt{LC_{jQ}}}$ 为偏离点下的中心频率。

略去二次方以上各项，将上式展开可得

$$\omega = \omega_0(1+m_c\sin\Omega t)^{\frac{r}{2}} \approx \omega_0\left(1+\frac{r}{2}m_c\sin\Omega t\right) \tag{6.3.18}$$

将式(6.3.18)代入式(6.3.16)，可得

$$\varphi(\omega_c) \approx -2Q\frac{\omega-\omega_0}{\omega_0} = rQm_c\sin\Omega t \tag{6.3.19}$$

将式(6.3.19)代入式(6.3.15)，可得

$$u_o = I_{cm}Z(\omega_c)\cos[\omega_c t + rQm_c\sin\Omega t] \tag{6.3.20}$$

令 $m_f = m_p = rm_cQ$ 为调频指数，$\Delta\omega_m = rm_cQ\Omega$ 为最大角频偏；对输入的调制信号来说，式(6.3.20)是一个不失真的调频波。

当采用高稳定晶体振荡器做载波源时，调相波的中心频率稳定度就会很高。由于并联回路的相频特性线性范围在 $\pm30°$ 以内，故这种电路可实现的线性调相范围比较窄。

为了增大频偏，可采用多级单回路构成的变容二极管调相电路，如图 6.3.5 所示。增大调频指数 m_p 和角频偏 $\Delta\omega$，可以采用多级单回路构成的变容管调相电路。图 6.3.5 是用三

级单回路构成的电路，电路中的 m_p 为单回路调相电路的三倍，电路总相移近似等于各回路的相移之和。

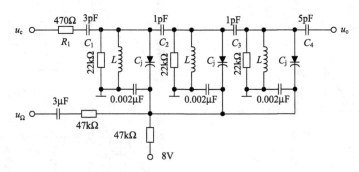

图 6.3.5　三级单回路变容管调相电路

2. 脉冲调相电路

脉冲调相电路的组成方框图如图 6.3.6 所示，各部分的波形如图 6.3.7 所示。

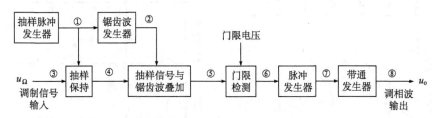

图 6.3.6　实现脉冲调相的方框图

将输入载波信号变换成窄脉冲，即抽样脉冲①，抽样脉冲周期为 T_c。在抽样脉冲控制下，锯齿波发生器产生一系列锯齿波，并在每个抽样脉冲到来时，锯齿波归零电平②。抽样保持电路对调制信号③进行抽样，抽样保持电压④。抽样保持电压与锯齿波叠加⑤，加到门限检测电路中，与预先设置的某一门限电压进行比较，比较的输出为窄脉冲⑥，它的每一脉冲的位置都受到调制信号的控制。窄脉冲⑥加至脉冲发生器（触发器），在每个上升沿时触发器翻转，触发器输出为脉冲序列⑦。脉冲序列⑦通过滤波器滤波，取出其基波或某次谐波分量，就可得到相移受调制信号控制的调相正弦波，即得到调相波⑧。

调相波⑧可以表示为

$$u_o = U_m \cos[\omega_c(t-\tau)] \tag{6.3.21}$$

式中，τ 受调制信号线性控制，即 $\tau = ku_\Omega = kU_{\Omega m}\cos\Omega t$ 代入式（6.3.21）：

$$u_o = U_m \cos[\omega_c(t-ku_\Omega)]$$
$$= U_m \cos(\omega_c t - \omega_c k u_\Omega) = U_m \cos(\omega_c t - m_p \cos\Omega t) \tag{6.3.22}$$

式中，$m_p = \omega_c k_d U_{\Omega m}$。

从图 6.3.7 中可以看出，脉冲发生器的输出脉冲就是受调制信号电压调变的调相脉冲，它和载波脉冲之间的时延差为

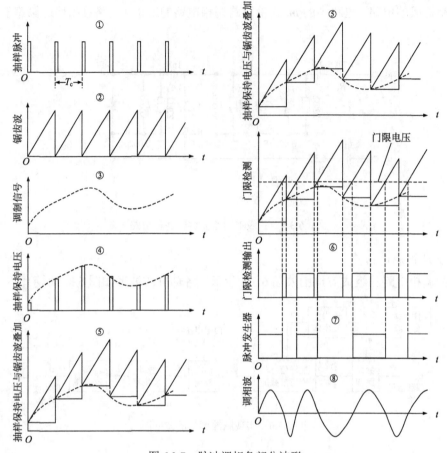

图 6.3.7　脉冲调相各部分波形

$$\Delta\tau = \tau - \tau_0 = -\frac{u_\Omega}{k}$$

式中，τ_0 等于锯齿波扫描周期 T_c 的一半，即 $\tau_0 = \dfrac{T_c}{2}$。

　　调相波的调相指数为

$$m_p = n\omega_c \Delta\tau_m$$

式中，n 为谐波次数；$\Delta\tau_m$ 为引起的最大时延差，理论上，其值可达到 T_c 的一半，实际上，考虑到锯齿波的回扫时间，一般时延差 $\Delta\tau$ 取 $0.4T_c$。因而 $|m_p| \leqslant n\dfrac{2\pi}{T_c}(0.4T_c) = 0.8n\pi$。

　　当 $n=1$ 时，取基波分量，得 $|m_p|$ 可达到 0.8π。可见，脉冲调相电路具有线性相移较大的优点，该调制器的线性度主要取决于锯齿波的线性度。

　　脉冲调相不仅具有稳定的中心频率，而且能够得到大的调制系数，因而得到广泛的应用。

6.4　角度调制信号的解调

调角波的解调电路的作用是从调频波和调相波中检出调制信号。调频波的解调电路称为频率检波器，简称鉴频器；调相波的解调电路称为相位检波器，简称鉴相器。本章重点讨论调频波的解调，在讨论中需要涉及调相波的解调时，进行概要的介绍。

6.4.1　调频波的解调电路

鉴频电路的功能是从输入调频波 $u_{FM}(t)$ 中检出反映在频率变化上的调制信号 u_Ω，即实现频率–电压的变化作用。

鉴频的方法很多，根据波形变换的不同特点可以分为微分鉴频器、斜率鉴频器、相位鉴频器、脉冲计数鉴频器、锁相鉴频器等。

1. 频率幅度变化网络实现调频波的解调

将输入等幅调频波 $u_{FM}(t)$ 通过频率幅度变化网络，实现调频波的幅度变化与频率变化成正比的调频调幅波 $u_{AF}(t)$，因为调频波的频率变化与调制信号成正比，所以变换后信号的幅度变化也与调制信号成正比。然后用包络检波器检出所需要的调制信号 $u_\Omega(t)$。实现模型如图 6.4.1 所示，各点波形如图 6.4.2 所示。通过频率幅度变化网络实现解调电路有微分鉴频器、斜率鉴频器等。

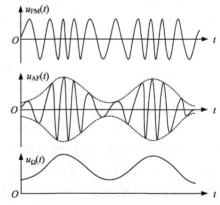

$u_{FM}(t)$ → 线性网络（频率-振幅）→ $u_{AF}(t)$ → 包络检波器 → $u_\Omega(t)$

图 6.4.1　频率幅度变化实现模型　　　图 6.4.2　调频波变化成调频调幅波的解调原理

1）微分鉴频器

为了实现调频调幅波 $u_{AF}(t)$，可以将频率幅度变化网络采用微分网络实现，如图 6.4.3（a）所示。输入的等幅调频波为

$$u_{FM} = U_{cm}\cos(\omega_c t + m_f \sin \Omega t)$$

通过变化网络后，输出的调频调幅波 $u_{AF}(t)$ 为

$$u_{AF} = A_0 U_{cm}\frac{\mathrm{d}}{\mathrm{d}t}\cos(\omega_c t + m_f \sin \Omega t)$$
$$= -u_{AFm}\cos\left(\omega_c t + m_f \sin \Omega t+\frac{\pi}{2}\right) \tag{6.4.1}$$

式(6.4.1)表明,等幅调频波对时间取微分后仍为调频波,其瞬时频率变化规律与原调频信号相同,只是初始相位要增加 $\pi/2$。但其幅度不再是等幅的,而是与调频波的瞬时频率成正比。因此,理想微分网络可以将输入调频信号的瞬时频率变化不失真地反映在输出调频信号的振幅上,即

$$u_{AFm} = A_0 U_{cm}(\omega_c + m_f \cos \Omega t) \tag{6.4.2}$$

然后将式(6.4.1)的信号通过二极管包络检波器,得到需要的调制信号 $u_\Omega(t)$。

微分鉴频原理电路如图 6.4.3(b)所示。图中虚线左边电容 C_D 和共基三极管放大器的输入阻抗 r_e 构成微分电路,由三极管放大器 T_2 组成的微分电路为平衡支路,微分电路输出调频调幅波 $u_{AF}(t)$。图中虚线右边 D、C_1、R_1 是二极管包络检波器,通过它检出调制信号 $u_\Omega(t)$。

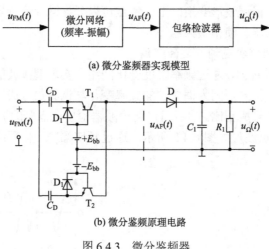

(a) 微分鉴频器实现模型

(b) 微分鉴频原理电路

图 6.4.3　微分鉴频器

2) 斜率鉴频器

图 6.4.1 中的频率幅度变化网络,采用线性网络实现调频调幅波 $u_{AF}(t)$。这个线性网络利用 LC 谐振回路的谐振特性曲线的线性特性,对输入等幅调频波 $u_{FM}(t)$ 进行频率幅度变换,然后进行包络检波,得到所需的调制信号 $u_\Omega(t)$。调频调幅特性取决于谐振特性曲线斜率,故称斜率鉴频器。实现斜率鉴频器的鉴频特性曲线如图 6.4.4 所示。

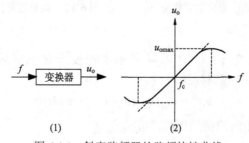

图 6.4.4　斜率鉴频器的鉴频特性曲线

斜率鉴频器可以分为单失谐回路斜率鉴频器和双失谐回路斜率鉴频器。与单失谐回路鉴频器相比,双失谐鉴频器灵敏度提高了,工作频带宽度增大,非线性失真减小。

2. 相位鉴频器

相位鉴频器实现模型见图 6.4.5，它由两部分组成，一是先将输入调频波通过线性网络（频率-相位），使输出的调频波的附加相移按照瞬时频率的规律变化，即变换成调频相波-调；二是利用相位检波器将它（调频-调相波）与输入调频波的瞬时相位进行比较，检出所需要的调制信号。相位鉴频器的关键是找到一个线性的频率-相位变换网络。

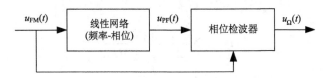

图 6.4.5　相位鉴频器实现模型

6.4.2　调相波的解调电路

鉴相电路的功能是从输入调相波中检出反映在相位变化上的调制信号，即实现相位-电压的变化作用。

鉴相器有多种电路，一般可分为双平衡鉴相器、模拟乘法器鉴相器、数字逻辑电路鉴相器等。下面重点讨论乘积型鉴相电路。

乘积型鉴相器组成方框图如图 6.4.6 所示。图 6.4.7 是实现乘积型鉴相器方框图的典型电路。图中，两个输入信号分别为调相波 $u_{PM}(t)$ 和本地参考信号 $u_L(t)$。输出经低通滤波电路滤除高频谐波后，得到两个输入信号相位差变化的调制信号 $u_\Omega(t)$。调相波和本地参考信号是两个同频率的高频信号。图 6.4.7 中 $T_1 \sim T_8$ 构成双差分对管模拟乘法器。

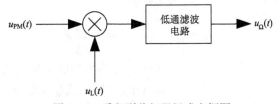

图 6.4.6　乘积型鉴相器组成方框图

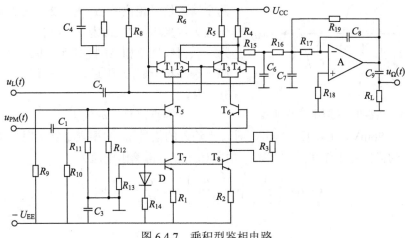

图 6.4.7　乘积型鉴相电路

乘法器两个输入信号分别为

$$u_1 = u_{\text{PM}}(t) = U_{1\text{cm}} \sin(\omega_c t + \Delta\varphi) \qquad 调相波$$
$$u_2 = u_{\text{L}} = U_{2\text{cm}} \cos\omega_c t \qquad\qquad 本地参考信号$$

式中，ω_c 为载波角频率。两式中有 $90°$ 固定相移，它们之间的相位差为 $\Delta\varphi$，称为调相波的相移。调相波的相移是按调制信号的规律变化的：$\Delta\varphi(t) = k_p u_\Omega(t)$。对于双差分对管输出差值电流为

$$i = I_0 \text{th}\left(\frac{u_1}{2U_T}\right)\text{th}\left(\frac{u_2}{2U_T}\right) \tag{6.4.3}$$

下面根据 u_1 和 u_2 大小的不同进行讨论。

1) u_1 和 u_2 均为小信号(频率相同，相位差为 $\Delta\varphi$)

当 $|U_{1\text{cm}}| \leqslant 26\text{mV}$、$|U_{2\text{cm}}| \leqslant 26\text{mV}$ 时，由式(6.4.3)可得输出电流为

$$i = I_0 \text{th}\left(\frac{u_1}{2U_T}\right)\text{th}\left(\frac{u_2}{2U_T}\right) = I_0 \frac{u_1}{2U_T}\frac{u_2}{2U_T}$$
$$= \frac{I_0}{4U_T^2} U_{1\text{cm}} U_{2\text{cm}} \sin(\omega_c t + \Delta\varphi)\cos\omega_c t$$
$$= \frac{1}{2}KU_{1\text{cm}}U_{2\text{cm}}\sin\Delta\varphi + \frac{1}{2}KU_{1\text{cm}}U_{2\text{cm}}\sin(2\omega_c t + \Delta\varphi) \tag{6.4.4}$$

式中，$K = \dfrac{I_0}{4U_T^2}$ 为乘法器的相乘增益因子。式中，第一项是按 $\Delta\varphi$ 的正弦规律变化的；第二项是在 2 倍载波频率 $2\omega_c$ 上按 $\Delta\varphi$ 的正弦规律变化的。

$$u_\Omega = \frac{1}{2}KU_{1\text{cm}}U_{2\text{cm}}R_L\sin\Delta\varphi \tag{6.4.5}$$

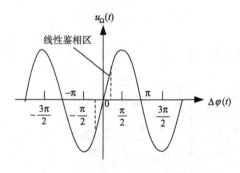

图 6.4.8　乘积型鉴相器的鉴相特性曲线

式中，R_L 为低通滤波器负载电阻，输出电压 u_Ω 与 $\sin\Delta\varphi$ 成正比。式(6.4.5)说明乘积型鉴相器的鉴相特性为正弦特性，如图 6.4.8 所示。由图可见，当两个输入信号相位差 $\Delta\varphi$ 为 $\pi/2$、$3\pi/2$ 时，输出电压最大；当相位差 $\Delta\varphi$ 为 0、π 时，输出电压为零。为了获得线性鉴相，在鉴相特性曲线上，相位差 $\Delta\varphi$ 应该选择在 0 或 π 附近。一般线性范围选为正负 $30°$ 内。

2) u_1 为小信号，u_2 为大信号

当 $|U_{1\text{cm}}| \leqslant 26\text{mV}$、$|U_{2\text{cm}}| \geqslant 260\text{mV}$ 时，当输入的信号 u_2 的振幅足够大时，乘法器中被大信号控制的器件将工作在开关状态。由式(6.4.3)可得输出电流为

$$i = I_0 \text{th}\left(\frac{u_1}{2U_T}\right)\text{th}\left(\frac{u_2}{2U_T}\right) = I_0\frac{u_1}{2U_T}K_2(\omega_c t) \tag{6.4.6}$$

式中，$K_2(\omega_c t) \approx \text{th}\dfrac{u_2}{2U_T}$ 为双向开关函数。将 K_2 用傅里叶展开为

$$i = I_0 \frac{u_1}{2U_T} K_2(\omega_c t) = \frac{I_0}{2U_T} U_{1cm} U_{2cm} \left[\frac{4}{\pi} \frac{1}{2} \sin \Delta\varphi + \frac{4}{\pi} \frac{1}{2} \sin(2\omega_c t + \Delta\varphi) + \cdots \right]$$

通过低通滤波器后，上式中 $2\omega_c$ 及其以上各次谐波项被滤除，于是可得有用的平均分量输出电压：

$$u_\Omega = \frac{I_0 R_L}{\pi U_T} U_{1cm} U_{2cm} \sin \Delta\varphi \tag{6.4.7}$$

由式(6.4.7)可得乘积型鉴相器的鉴相特性仍为正弦函数。

3）u_1 和 u_2 均为大信号

由于 u_1 和 u_2 均为大信号，当 $|U_{1cm}| \geqslant 260\text{mV}$、$|U_{2cm}| \geqslant 260\text{mV}$ 时，式(6.4.3)可用两个开关函数相乘表示，由式(6.4.3)可得输出电流为

$$i = I_0 \text{th}\left(\frac{u_1}{2U_T}\right) \text{th}\left(\frac{u_2}{2U_T}\right) = I_0 K_1\left(\omega_c t - \frac{\pi}{2} + \Delta\varphi\right) \cdot K_2(\omega_c t) \tag{6.4.8}$$

式中，$K_1\left(\omega_c t - \dfrac{\pi}{2} + \Delta\varphi\right) = \text{th}\dfrac{u_1}{2U_T}$ 和 $K_2(\omega_c t) \approx \text{th}\dfrac{u_2}{2U_T}$ 均为双向开关函数。将 K_1 和 K_2 分别用傅里叶展开，得两个开关函数相乘后的电流：

$$i = I_0 \text{th}\left(\frac{u_1}{2U_T}\right) \text{th}\left(\frac{u_2}{2U_T}\right) = I_0 K_1\left(\omega_c t - \frac{\pi}{2} + \Delta\varphi\right) \cdot K_2(\omega_c t)$$

$$= I_0 U_{1cm} U_{2cm} \frac{8}{\pi^2} \left[\cos\left(-\frac{\pi}{2} + \Delta\varphi\right) + \cos\left(2\omega_c t - \frac{\pi}{2} + \Delta\varphi\right) - \frac{1}{3}\cos\left(2\omega_c t - \frac{3\pi}{2} + 3\Delta\varphi\right) + \cdots \right]$$

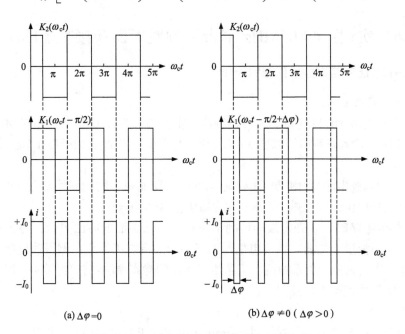

(a) $\Delta\varphi = 0$　　　　　　　　(b) $\Delta\varphi \neq 0$（$\Delta\varphi > 0$）

图 6.4.9　两个开关函数相乘后的电流波形

两个开关函数相乘后的电流波形见图 6.4.9。由图 6.4.9 (a) 可见，当 $\Delta\varphi = 0$ 时，相乘后的波形为上下等宽的双向脉冲，其频率加倍，相应的平均分量为零。由图 6.4.9 (b) 可见，当 $\Delta\varphi \neq 0$ 时，相乘后的波形为上下不等宽的双向脉冲。

在 $|\Delta\varphi| < \pi/2$ 时，通过低通滤波器后，可取出有用的平均分量，得到鉴相器输出电压为

$$u_\Omega = \frac{I_0}{\pi} R_\mathrm{L} \int_0^\pi \mathrm{d}\,\omega_c t = \frac{2I_0}{\pi} R_\mathrm{L} \Delta\varphi \tag{6.4.9}$$

在 $\pi/2 < \Delta\varphi < 3\pi/2$ 时，通过低通滤波器后，可求得输出电压为

$$u_\Omega = \frac{2I_0}{\pi} R_\mathrm{L} \left(\pi - \Delta\varphi \right) \tag{6.4.10}$$

由式 (6.4.9) 可画出，三角形鉴相特性曲线如图 6.4.10 所示。在 $|\Delta\varphi| < \pi/2$ 范围内，可实现线性鉴相，其线性范围比正弦鉴相特性大。

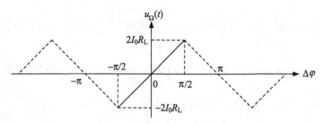

图 6.4.10 三角形鉴相特性曲线

以上分析表明，对乘积型鉴相器应尽量采用大信号工作状态，或将正弦信号先限幅放大变换成方波电压再加入鉴相器，这样可获得较宽的线性鉴相范围。

6.5 实训：49.67MHz 窄带调频发射器和接收器的制作

6.5.1 49.67MHz 窄带调频发射器的制作

1. 制作内容及要求

(1) 用集成电路 MC2833 制作窄带调频器。主要指标为：工作频率 49.67MHz，最大频偏不小于 3kHz，输入音频电压幅度 3mV，电源电压 5V，天线有效长度 1.5m，发射距离大于 20m。

(2) 设计印刷板电路 (利用 Protel 绘制电路板)，印刷板上的元器件要合理安排，注意地线宽度和高频零电位点的安排，高频信号的走线要避免过长。

(3) 调整机电路时，要确定最佳调制工作点。可按下面的方法来做：将集成电路的 3 端上的固定电阻换成电位器。调节电位器选择不同的调制工作点，测得输出频率与调制工作点的关系，作出它们的关系曲线，即晶体调频器的静态调制特性曲线 (u-f 曲线)，从该特性曲线上确定最佳调制工作点。

2. 制作原理

(1) 49.67MHz 窄带调频发射器以 Motorola 公司推出的窄带调频发射集成电路 MC2833

为核心。该集成电路具有以下特点。

①工作电压范围为 2.8～9.0 V。

②低功耗，当 U_{CC}=4.0V 时，无信号调制时消耗的电流典型值为 2.9mA。

③外围元器件很少。

④具有 60MHz 的射频输出，典型运用频率为 49MHz 左右。

(2)MC2833 的引脚和内部功能框图如图 6.5.1 所示。MC2833 的内部功能主要包括可压控的射频振荡器、音频电压放大器和辅助晶体管放大器等。

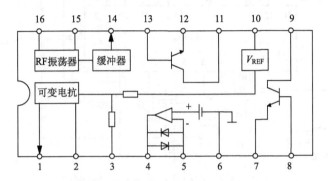

图 6.5.1　MC2833 的引脚和内部功能框图

射频振荡器是片内克拉泼型电路，在克拉泼型电路的基础上构成基音(或泛音)晶体压控振荡器。音频电压放大器为高增益运算放大电路，其频率响应为 35kHz 左右。

(3)输入信号从引脚 5 输入，经过高增益运算放大电路后从引脚 4 输出，再加到引脚 3，通过可变电抗控制振荡频率变化，在晶体直接调频工作方式下，产生 ±2.5kHz 左右的频偏。如果需要提高调制器输出的中心频率和频偏，可由缓放级进行二倍频或三倍频，再利用辅助晶体管放大射频功率，当 U_{CC}=8V 时，射频输出功率可达到+5～+10dBm。

3. 制作电路说明

(1)49.67MHz 窄带调频发射器的典型电路见图 6.5.2。图中电感可选 3.3～4.7μH 范围，晶体选用(16.5667MHz)基音晶体。其他元件参数可按照图中选用，要求误差在±5%左右，去耦电容可在几千皮法范围内选用。

(2)引脚 9 处接输出负载回路，49.67 MHz 窄带调频信号通过拉杆天线辐射。

(3)若要制作窄带调频接收可采用 MC3363 同类集成电路。

6.5.2　49.67MHz 窄带调频接收器的制作

1. 制作内容及要求

(1)用集成电路 MC3363 制作窄带调频接收器。主要指标为：工作频率 49.67MHz，电源电压 2～7V，调试好后可接收 6.5.1 节制作的窄带调频器发出的信号。

(2)设计印刷板电路(利用 Protel 绘制电路板)，印刷板上的元器件要合理安排，注意地线宽度，信号的走线要避免过长。

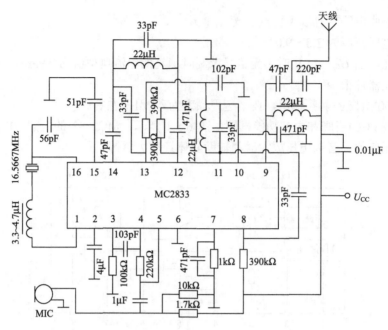

图 6.5.2　49.67MHz 窄带调频发射器

2. 制作原理

（1）49.67MHz 窄带调频接收器以 Motorola 公司推出的窄带调频接收集成电路 MC3363 为核心。该集成电路特点可查阅 Motorola 公司的通信器件手册。

（2）MC3363 的引脚如图 6.5.3 所示。MC3363 的内部功能主要包括第一混频、第二混频、第一本振、第二本振、限幅中放、正交检波电路等。

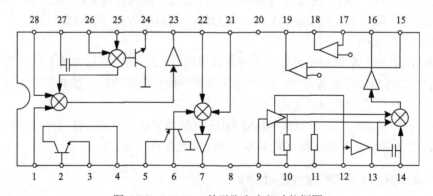

图 6.5.3　MC3363 的引脚和内部功能框图

（3）49.67MHz 窄带调频发射器的典型电路见图 6.5.4。输入到引脚 2 的窄带调频信号中心频率为 49.67MHz，经放大后从引脚 1 加到第一混频器，而 38.97MHz 的第一本振信号从内部注入。若要用外部振荡信号，需 100mV 电压从引脚 25 和 26 输入。第一中频信号为 10.7MHz，通过三端陶瓷滤波器从引脚 21 加到第二混频器。而 10.24MHz 的第二本振信号由另一块晶体生产。第二混频器输出 455MHz 中频信号，也经陶瓷滤波器从引脚 9 加到限幅中放，增益为 60dB，带宽较窄，约 3.5kHz。正交检波后从引脚 16 输出音频信号，后接一片放大器。

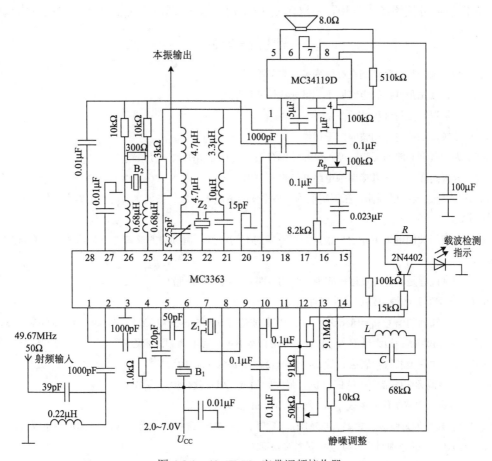

图 6.5.4　49.67MHz 窄带调频接收器

3. 制作电路说明

第一本振所用泛音晶体的串联谐振电阻应远小于 300Ω，与晶体并接的 300Ω 电阻限制其他振荡频率出现。而线圈两端并联的 68kΩ 电阻用来确定解调器的线性范围，较小的阻值可降低 Q 值，以改善频偏线性区大小，但却会影响音频信号电平幅度。对于 MC3363 集成电路来说，在信噪失真比（SINAD）为 12dB 时，具有优于 0.3μV 的灵敏度。

$$SINAD(dB) = \frac{S+N+D}{N+D}(dB)$$

式中，S 为信号电平；N 为噪声电平；D 为失真分量电平，通常指解调器输出有用信号的二次谐波电平。在规定的 12dB 信噪失真比下，窄带调频接收机输入所需要的最小信号电平，称 SINAD 灵敏度，可用 μV 或 dBμ 表示。

LC 为 455kHz 正交谐振回路；R_P 为音量控制电位器；B_1 为 10.245MHz 泛音晶体，负载电容 32pF；B_2 为 38.97Hz 泛音晶体，串联型晶体振荡器，调整线圈为 0.68mH；Z_1 为 455kHz 陶瓷滤波器，$R_{in}=R_{out}=(1.5\sim2.0)$kΩ；$Z_2$ 为 10.7MHz 陶瓷滤波器，$R_{in}=R_{out}=330$kΩ；若采用

晶体滤波器，可以更加改善邻频道干扰与第二镜像抑制，提高接收机选择性和灵敏度；R 用来调整发光二极管电流 $I_{LED} \cong (U_{CC} - U_{LED})/R$，$U_{LED}$ 一般为 1.7~2.2V。

　　元件参数可按照图中选用，要求误差在±5%左右，去耦电容可在几千皮法范围内选用。

思考题与习题

6.1　角度调制与幅度调制在频谱变换上有何不同？

6.2　为什么说角度调制电路属于频谱非线性变换电路？

6.3　分析调频波与调相波的关系。

6.4　比较调频波与调相波的抗干扰性。

6.5　为什么调频波的频带宽度不仅与频偏有关，而且与调制频率有关？

6.6　分析间接调频与直接调频电路性能上的差别。

6.7　为什么要扩展频偏？在调制信号保持不变的情况下，为了将调频波的频偏提高 5 倍，可以采用什么方法？

6.8　在调频波的解调电路中，根据波形变换的不同特点，调频波的解调电路有几种？简单分析它们的特点。

6.9　调制过程是非线性过程，实现调制的电路是非线性电路吗？

6.10　相乘器是线性电路还是非线性电路？为什么？

6.11　已知调制信号 $u_\Omega = (8\cos 2\pi \times 10^5 t)$ V，载波信号 $u_c = (5\cos 2\pi \times 10^6 t)$ V，$k_f = 2\pi \times 10^6$ rad/(s·V)。试求：调频波的调频指数 m_f、最大频偏 Δf_m 和有效频谱带宽 BW，写出调频波表达式。

6.12　已知调频波数学表达式为 $u_{FM} = 3\cos(2\pi \times 10^7 t + 5\sin 2\pi \times 10^2 t)$ V。

　　(1)求出该调频波的最大相位偏移 m_f、最大频偏 Δf_m 和有效频谱带宽 BW；

　　(2)写出载波和调制信号的表示式(令 $k_f = 10^5 \pi$ rad/(s·V))。

6.13　设载波为余弦波，频率 $f_c = 25$MHz，振幅 $U_{cm} = 4$V，调制信号为 $F = 400$Hz 的单频正弦波，最大频偏 $\Delta f_m = 10$kHz，试分别写出调频波和调相波表示式。

6.14　调频波的最大频偏为 75kHz。当调制信号频率分别为 100Hz、15kHz 时，试求调频波的调频指数 m_f 和有效频谱带宽 BW。

6.15　调制信号 $u_\Omega = \cos(2\pi \times 400t)$ V 对载波 $u_c = 4\cos(2\pi \times 25 \times 10^6 t)$ V 进行角度调制。若最大频偏为 $\Delta f_m = 15$kHz，试求：

　　(1)写出已调波为调频波时的数学表示式；

　　(2)写出已调波为调相波时的数学表示式。

6.16　某调频振荡器调制信号为零时的输出电压表示式为 $u_c = 5\cos(20\pi \times 10^6 t)$ V，若调制信号为 $u_\Omega = 1.5\cos(30\pi \times 10^3 t)$ V，当 $k_f = 60\pi \times 10^3$ rad/(s·V) 时，写出调频波的瞬时频率和瞬时相位的表示式，求调制指数 m_f 和频带宽度，并说明带内的旁频数。

6.17　用 PSpice 分析习题图 6.17 所示的直接调频电路，观察该电路的输出波形及其频谱。

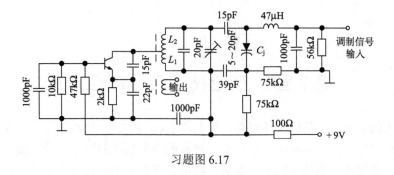

习题图 6.17

6.18　用 PSpice 分析习题图 6.18 所示的由模拟乘法器 MC1596 实现的调相电路，MC1596 用第 5 章给出的模拟乘法器实例的参数，试分析该调相电路的输入/输出信号波形、频谱及其相位。

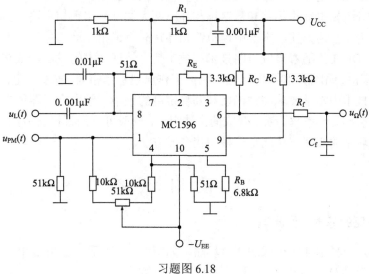

习题图 6.18

第7章 锁相技术及频率合成

锁相技术的关键技术是锁相环路(phase lock loop, PLL)。锁相环路是一个能够跟踪输入信号相位的闭环自动控制系统,它在电子技术的许多领域得到了广泛应用。锁相环路正朝着数字化、功能化、系列化的方向发展。目前已有各种不同性能、不同频段、通用或专用的单片集成锁相环路系列产品,其应用范围越来越宽。在模拟与数字通信中已成为不可缺少的基本部件,用于滤波、频率综合、调制与解调、信号检测等技术方面,同时在雷达、制导、导航、遥控、遥测、仪器、测量、计算机乃至一般工业领域都有不同程度的应用。

锁相环路分为模拟锁相环路和数字锁相环路两大类,数字锁相环路是指环路全部由数字电路组成。为了叙述方便,本书中模拟锁相环路简称锁相环路,并记为 PLL,将数字锁相环路简记为 DPLL。随着集成电路技术和数字信号处理技术的发展,数字锁相环路的应用日趋广泛。模拟锁相环路和数字锁相环路的工作原理基本相同。本书侧重讨论 PLL 电路。

现代电子技术中常常要求高精确度和高稳定度的频率,频率合成器能在很短时间内,由某一频率变换到另一频率。频率合成的方法很多,一般可分为直接合成法和间接合成法。其中利用锁相环路的实现方法就是一种间接合成方法。

7.1 锁 相 环 路

7.1.1 锁相环路的基本工作原理

锁相环路是由基本部件构成的闭合环路,如图 7.1.1 所示,鉴相器(PD)、环路滤波器(LF)和压控振荡器(VCO)称为锁相环路的三个基本部件。

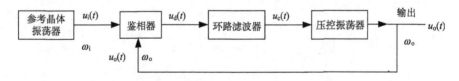

图 7.1.1 锁相环路基本组成框图

当压控振荡器的角频率 ω_o(或输入信号角频率 ω_i)发生变化时,输入鉴相器的电压 $u_o(t)$ 与 $u_i(t)$ 之间将产生相应的相位变化,鉴相器输出一个与相位误差成比例的误差电压 $u_d(t)$,经过环路滤波器取出缓慢变化的直流电压 $u_c(t)$,去控制压控振荡器输出信号的频率和相位,使 $u_o(t)$ 和 $u_i(t)$ 之间的频率和相位差减小,直到压控振荡器输出信号的频率等于输入信号频率即 $\omega_o=\omega_i$ 时,相位差等于常数,锁相环路进入锁定状态。

为了形象地说明频率和相位之间存在着确定的关系,将晶体振荡器输入信号电压 $u_i(t)$ 和压控振荡器电压 $u_o(t)$ 分别用旋转矢量表示,如图 7.1.2 所示。矢量的转动角速度和相应的角位移就是所示电压的角频率和相应的瞬时相位。

当两个振荡信号 $u_o(t)$ 和 $u_i(t)$ 角频率相同即 $\omega_o = \omega_i$ 时，这两个信号之间的相位差 $\varphi_o(t) - \varphi_i(t)$ = const 为不变的恒定值，如图 7.1.2(a) 所示。

当两个振荡信号 $u_o(t)$ 和 $u_i(t)$ 角频率不相同即 $\omega_o \neq \omega_i$ 时，这两个信号之间的相位差 $\varphi_o(t) - \varphi_i(t) \neq$ const 随时间变化而不断地变化，如图 7.1.2(b) 所示。

当两个振荡信号 $u_o(t)$ 和 $u_i(t)$ 相位差为恒定值时，它们的频率必定相等。

因此，当锁相环路的 $u_o(t)$ 和 $u_i(t)$ 的相位差等于某一较小的恒定值时，压控振荡器的振荡频率 ω_o 就等于输入信号频率 ω_i，即 $\omega_o = \omega_i$，我们称此时环路处于锁定状态。

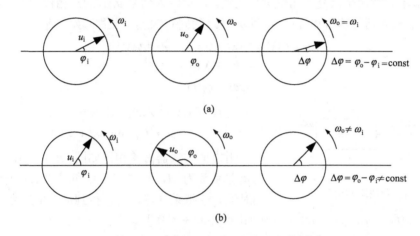

图 7.1.2 两个信号频率和相位之间的关系

当环路锁定后，VCO 振荡信号和输入信号的频率相等，二者存在恒定的相位差，称为稳态相位差或剩余相差。这个稳态相位差经鉴相器转变为直流误差电压，通过环路滤波器去控制 VCO，保证 ω_o 与 ω_i 同步。所以锁相环路存在剩余相差，但它不存在剩余频差，即输出信号频率等于输入信号频率。这表明，锁相环路通过相位来控制频率，可实现无误差的频率跟踪。

当锁相环路刚工作时，锁相环路由起始的失锁状态进入锁定状态的过程称为捕捉过程。不难理解，当环路锁定后，若由于某种原因引起输入信号频率 ω_i 或 VCO 的振荡频率 ω_o 发生变化，只要变化不太大，可使 VCO 的振荡频率 ω_o 跟踪 ω_i 而变化，从而维持环路的锁定，这个过程称为跟踪过程。可见，捕捉与跟踪是锁相环路两种不同的自动调节过程。

7.1.2 锁相环路的数学模型

为了建立锁相环路的数学模型，应先求出鉴相器、压控振荡器和环路滤波器的数学模型。

1. 鉴相器

在锁相环路中，鉴相器是一个相位比较装置，用来检测输入信号电压 $u_i(t)$ 和输出信号电压 $u_o(t)$ 之间的相位差，并产生相应的输出电压 $u_d(t)$。

鉴相特性可以是多种多样的，有正弦形特性、三角形特性、锯齿波特性等。常用的正弦鉴相器可用模拟相乘器与低通滤波器(LPF)的串接作为模型，如图7.1.3 所示。

设压控振荡器的输出电压 $u_o(t)$ 为

$$u_o(t) = U_{om} \cos[\omega_r t + \varphi_o(t)] \tag{7.1.1}$$

设环路输入电压 $u_i(t)$ 为

$$u_i(t) = U_{im} \sin[\omega_i t + \varphi_i(t)] \tag{7.1.2}$$

式(7.1.1)、式(7.1.2)中，ω_r 是压控振荡器未加控制电压时的固有振荡频率；$\varphi_o(t)$ 是以 ω_r 为参考的瞬时相位；$\varphi_i(t)$ 为输入信号以 ω_i 为参考的瞬时相位。

在同频率上对两个信号的相位进行比较。可得输入信号 $u_i(t)$ 的总相位如下，$\varphi_i(t)$ 是以 $\omega_r t$ 为参考的输入信号瞬时相位；$\Delta\omega_i$ 称为环路的固有频差，又称起始频差。

$$\begin{aligned}
\omega_i t + \varphi_i(t) &= \omega_r t + (\omega_i - \omega_r)t + \varphi_i(t) \\
&= \omega_r t + \Delta\omega_i t + \varphi_i(t) \\
&= \omega_r t + \varphi_i(t)
\end{aligned} \tag{7.1.3}$$

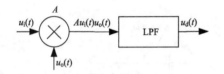

图 7.1.3　乘法器鉴相器

将式(7.1.3)代入式(7.1.2)中，得

$$u_i = U_{im} \sin[\omega_r t + \varphi_i(t)] \tag{7.1.4}$$

用模拟乘法器做鉴相器如图7.1.3 所示。设乘法器的增益系数为 A，将式(7.1.1)和式(7.1.4)所示两信号同时输入模拟乘法器，则可得到输出电压为

$$\begin{aligned}
Au_i(t)u_o(t) &= AU_{im}U_{om}\sin[\omega_r t + \varphi_i(t)] \cdot \cos[\omega_r t + \varphi_o(t)] \\
&= \frac{1}{2}AU_{im}U_{om}\sin[2\omega_r t + \varphi_i(t) + \varphi_o(t)] + \frac{1}{2}AU_{im}U_{om}\sin[\varphi_i(t) - \varphi_o(t)]
\end{aligned} \tag{7.1.5}$$

式中，第一项为高频分量，可用环路滤波器将其滤除；第二项为鉴相器输出的有效分量。$\varphi_i(t) - \varphi_o(t)$ 为 $u_i(t)$ 与 $u_o(t)$ 之间的瞬时相位差，可表示为 $\varphi_e(t) = \varphi_i(t) - \varphi_o(t)$。

经过低通滤波器滤除 $2\omega_r$ 成分之后，得到鉴相器输出的有效分量为

$$u_d(t) = \frac{1}{2}AU_{im}U_{om}\sin[\varphi_i(t) - \varphi_o(t)] = A_d\sin\varphi_e(t) \tag{7.1.6}$$

式中，$A_d = \frac{1}{2}AU_{im}U_{om}$ 为鉴相器最大输出电压。满足式(7.1.6)的鉴相特性称为正弦鉴相特性，如图7.1.4(a)所示。这种鉴相器称为正弦鉴相器，它的电路模型如图7.1.4(b)所示。

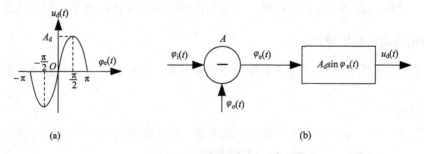

(a)　　　　　　　　　　　　　　　　(b)

图 7.1.4　正弦鉴相器的鉴相特性及其电路模型

2. 压控振荡器

压控振荡器是个电压-频率变换装置，在环路中作为被控振荡器，它的振荡频率应随输入控制电压 $u_c(t)$ 线性变化，可用线性方程来表示，即

$$\omega_o(t) = \omega_r + A_o u_c(t) \tag{7.1.7}$$

式中，ω_o 是压控振荡器输出的瞬时角频率；ω_r 是压控振荡器未加控制电压时的固有振荡频率；$A_o u_c(t)$ 是压控振荡器振荡频率随输入控制电压 $u_c(t)$ 的变化，A_o 为控制灵敏度或称增益系数，单位是 rad/(s·V)。

实际应用中的压控振荡器的控制特性只有有限的线性控制范围，超出这个范围之后控制灵敏度将会下降。图 7.1.5(a) 中的实线为一条实际压控振荡器的控制特性，虚线为符合式(7.1.7)的线性控制特性。由图可见，在以 ω_r 为中心的一个区域内，两者是吻合的，故在环路分析中我们用式(7.1.7)作为压控振荡器的控制特性。

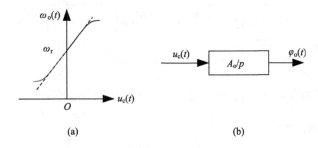

图 7.1.5　压控振荡器的控制特性及其电路相位模型

由于压控振荡器的输出反馈到鉴相器上，对鉴相器输出误差电压 $u_d(t)$ 起作用的不是其频率，而是其相位：

$$\varphi(t) = \int_0^t \omega_o(t)dt = \omega_r t + A_o \int_0^t u_c(t)dt = \omega_r t + \varphi_o(t) \tag{7.1.8}$$

式中

$$\varphi_o(t) = A_o \int_0^t u_c(t)dt \tag{7.1.9}$$

改写为算子形式为

$$\varphi_o(t) = A_o u_c(t)/p \tag{7.1.10}$$

由式(7.1.10)可得压控振荡器的模型，如图 7.1.5(b)所示。从模型上看，压控振荡器具有一个积分因子 $1/p$，这是相位与角频率之间的积分关系形成的。锁相环路要求压控振荡器输出的是相位，因此，这个积分作用是压控振荡器所固有的，在环路中起着相当重要的作用。

如上所述，压控振荡器应是一个具有线性控制特性的调频振荡器，对它的基本要求是：频率稳定度好(包括长期稳定度和短期稳定度)；控制灵敏度 A_o 要高；控制特性的线性度要好；线性区域要宽等。这些要求之间往往是矛盾的，在设计中要折中考虑。

压控振荡器电路的形式很多，常用的有 LC 压控振荡器、晶振压控振荡器、负阻压控

振荡器和 RC 压控振荡器等几种。前两种振荡器的频率控制都是用变容管来实现的。由于变容二极管结电容与控制电压之间具有非线性的关系，所以压控振荡器的控制特性肯定也是非线性的。为了改变压控特性的线性性能，在电路上要采取一些措施，如与线性电容串接或并接、以背对背或面对面方式连接等。在有的应用场合，如频率合成等，要求压控振荡器的开环噪声尽可能低，在这种情况下，设计电路时应注意提高有载品质因数和适当增加振荡器激励功率，降低激励级的内阻和振荡管的噪声系数。

　　3. 环路滤波器

　　环路滤波器具有低通特性，它的主要作用是滤除鉴相器输出电压中的无用组合频率分量及其他干扰分量，它对环路参数调整起着决定性的作用，可提高环路的稳定性。环路滤波器是一个线性电路，在时域分析中可用一个传输算子 $A_F(p)$ 来表示，其中 $p(=\mathrm{d}/\mathrm{d}t)$ 是微分算子；在频域分析中可用传递函数 $A_F(s)$ 表示，环路滤波器模型如图 7.1.6 所示。

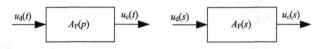

图 7.1.6　环路滤波器模型

　　常用的环路滤波器有 RC 积分滤波器、RC 比例积分滤波器和有源比例积分滤波器等。

7.1.3　锁相环路的捕捉特性

　　锁相环路具有两种主要工作形式，其一为锁定状态下的跟踪过程，其二为由失锁进入锁定的捕获过程。

　　锁相环路由起始的失锁状态进入锁定状态的过程，称为捕捉过程。相应地，能够由失锁进入锁定所允许的输入信号频率偏离 ω_r 的最大值 $|\Delta\omega_i|$（最大起始频差）称为捕捉带，用 $\Delta\omega_P$ 表示。捕捉过程所需要的时间称为捕捉时间，即环路由起始的失锁状态进入锁定状态所需要的时间，用 τ_P 表示。

　　当环路未加输入信号 $u_i(t)$ 时，VCO 上没有控制电压，它的振荡频率为 ω_r。若将频率 ω_i 恒定的输入信号加到环路中，固有频差（起始频差）$\Delta\omega_i=\omega_i-\omega_r$，因而在接入 $u_i(t)$ 的瞬间，加到鉴相器的两个信号的瞬时相位差为

$$\varphi_e(t) = \int_0^t \Delta\omega_i(t)\mathrm{d}t = \Delta\omega_i t$$

　　相应地，鉴相器输出的误差电压为 $u_d(t)=A_d \sin\Delta\omega_i t$。显然 $u_d(t)$ 是频率为 $\Delta\omega_i$ 的差拍电压。下面分三种情况进行讨论。

　　(1) $\Delta\omega_i(t)$ 较小，即 VCO 的固有振荡频率 ω_r 与输入信号频率 ω_i 相差较小。这时，由于 $\Delta\omega_i$ 在环路滤波器的通频带内，因而 $u_d(t)$ 的基波分量能通过环路滤波器加到 VCO 上，控制 VCO 的振荡频率 $\omega_o(t)$，使 $\omega_o(t)$ 在 ω_r 基础上近似按正弦规律变化，一旦 $\omega_o(t)$ 变化到等于 $\omega_i(t)$ 时，环路便趋于锁定。这时 $u_i(t)$ 与 $u_o(t)$ 的相位差为 $\varphi_e(\infty)$，鉴相器输出的误差电压 $u_d(t)$ 为与 $\varphi_e(\infty)$ 相对应的直流电压，以维持环路的锁定状态。

　　(2) $\Delta\omega_i$ 较大，即 ω_r 与 ω_i 相差较大，使 $\Delta\omega_i$ 超出环路滤波器的通频带，但仍小于捕捉

带 $\Delta\omega_P$。这时，鉴相器输出的差拍电压 $u_d(t)$ 通过环路滤波器时受到较大的衰减，则加到 VCO 上的控制电压 $u_c(t)$ 很小，VCO 振荡频率 $\omega_o(t)$ 在 ω_r 基础上的变化幅度也很小，使 $\omega_o(t)$ 不能立即变化到等于 ω_i。

但是，由于 $\omega_o(t)$ 在 ω_r 基础上变动，而 ω_i 又是恒定的，因而它们之间的差拍频率 $\omega_i-\omega_o$ 就在 $\Delta\omega_i$ 基础上变动。假设 $\omega_i>\omega_r$（$\omega_i<\omega_r$ 时可做类似的讨论），当 $\omega_o>\omega_r$ 时，$\omega_i-\omega_o<\Delta\omega_i$，相应地，$\varphi_e(t)=(\omega_i-\omega_o)t$ 随时间增长得较慢，即在图 7.1.7(a) 中，$0<\varphi_e(t)\leqslant\pi$ 所需的时间就较长；反之，当 $\omega_o<\omega_i$ 时，$\omega_i-\omega_o>\Delta\omega_i$，相应地，$\varphi_e(t)=(\omega_i-\omega_o)t$ 随时间增长得较快，即在图 7.1.7(a) 中，$\pi\leqslant\varphi_e(t)\leqslant2\pi$ 所需的时间较短。因此，鉴相器输出的误差电压 $u_d(t)=A_d\sin\varphi_e(t)$ 虽然对 $\varphi_e(t)$ 而言是正弦形状，但由于 $\varphi_e(t)$ 与 t 不是线性关系，因而 $u_d(t)$ 与 t 的关系就不再是正弦形状，而是正半周时间长、负半周时间短的不对称波形，如图 7.1.7(b) 所示。$u_d(t)$ 经过环路滤波器时，其谐波分量被滤除，而直流分量和部分基波分量通过滤波器后成为控制电压 $u_d(t)$ 加到 VCO 上。其中，直流分量的电压为正值，它使 VCO 振荡频率 $\omega_o(t)$ 的平均值由 ω_r 上升到 $\omega_{r(av)}$，如图 7.1.7(c) 所示。可见，通过这样一次反馈和控制的过程，$\omega_o(t)$ 的平均值向 ω_i 靠近，这个新的 ω_o 再与 ω_i 差拍，得到的差拍频率更低，相应地，$\varphi_e(t)$ 随时间增长得更慢，则鉴相器输出的上宽下窄的不对称误差电压波形的频率更低，且波形的不对称程度加大，如此循环下去，直到 $\omega_o(t)$ 等于 ω_i 为止。环路进入锁定状态，鉴相器输出一个由 $\varphi_e(\infty)$ 产生的直流电压，以维持环路的锁定。图 7.1.8 示出了上述捕捉过程中鉴相器输出的误差电压 $u_d(t)$ 的波形。

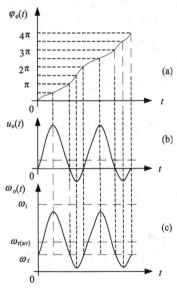

图 7.1.7　捕获过程示意图

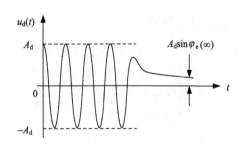

图 7.1.8　捕捉过程中 $u_d(t)$ 的波形

因此，当 $\Delta\omega_i$ 较大时，锁相环路需要经过多个差拍周期，才能使 VCO 振荡频率 $\omega_o(t)$ 的平均值逐步靠近 ω_i，直到 $\omega_o(t)=\omega_i$ 时环路才会锁定。显然，这时捕捉时间较长。通常将 $\omega_o(t)$ 的平均值靠近 ω_i 的现象称为频率牵引现象，它是使捕捉时间变长的主要原因。

(3) $\Delta\omega_i$ 很大，即 ω_r 与 ω_i 相差很大，使 $\Delta\omega_i$ 不但远大于环路滤波器的通频带，而且大

于捕捉带 $\Delta\omega_P$。这时鉴相器输出的差拍电压 $u_d(t)$ 不能通过环路滤波器，则 VCO 上没有控制电压 $u_c(t)$，环路处于失锁状态。应该指出，如果 $\Delta\omega_i$ 不是特别大，则环路尽管不能锁定，但也存在频率牵引现象，因此 VCO 振荡频率的平均值向着输入信号的标准频率 ω_i 靠近了。

综上所述，ω_r 与 ω_i 相差太大，环路失锁；而只有当 ω_r 与 ω_i 相差不太大时，环路才能锁定。显然，环路的捕捉带 $\Delta\omega_P$ 不但取决于 A_d 和 A_o，还取决于环路滤波器的频率特性。此外，捕捉带还与 VCO 的频率控制范围有关，只有当 VCO 的频率控制范围较大时，它对 $\Delta\omega_P$ 的影响才可忽略，否则 $\Delta\omega_P$ 将减小。A_d 和 A_o 越大，固有频差 $\Delta\omega_i$ 越小，环路滤波器的通频带越宽，则环路入锁越快，捕捉时间 τ_P 就越短。

7.1.4　锁相环路的跟踪特性

当环路锁定后，如果输入信号频率 ω_i 或 VCO 振荡频率 ω_o 发生变化，则 VCO 振荡频率 ω_o 跟踪 ω_i 而变化，维持 $\omega_o=\omega_i$ 的锁定状态，这个过程称为跟踪过程或同步过程。相应地，能够维持环路锁定所允许的最大固有频差 $|\Delta\omega_i|$ 称为锁相环路的同步带或跟踪带，用 $\Delta\omega_H$ 表示。

由于环路锁定后，ω_i 或 ω_o 的变化同样引起鉴相器的两个输入信号相位差的变化，因此，跟踪的基本原理与捕捉是类似的。在环路锁定的情况下，缓慢地增大固有频差 $|\Delta\omega_i|$（如改变 ω_i），会使鉴相器输出的误差电压 $u_d(t)$ 产生缓慢变化，这时环路滤波器对 $u_d(t)$ 的衰减很小，加到 VCO 的控制电压 $u_c(t)$ 几乎等于 $u_d(t)$，从而使跟踪过程中环路的控制能力强。我们知道，在捕捉过程中，固有频差 $|\Delta\omega_i|$ 较大时，鉴相器输出的误差电压 $u_d(t)$ 将受到环路滤波器的较大衰减，则此时环路的控制能力较差。因此，由于环路滤波器的存在，锁相环路的捕捉带小于同步带。不难理解，如果 A_d 和 A_o 越大，环路滤波器的直流增益越大（或通频带越宽），环路的同步带 $\Delta\omega_H$ 也越大。同样地，同步带还与 VCO 的频率控制范围有关，只有当 VCO 的频率控制范围较大时，它对 $\Delta\omega_H$ 的影响才可忽略，否则 $\Delta\omega_H$ 将减小。

7.2　集成锁相环路和锁相环路的应用

7.2.1　集成锁相环路

通用单片集成锁相环路是将鉴相器、压控振荡器以及某些辅助器件，集成在同一基片上。使用者可以根据需要在电路外部连接各种器件，以实现锁相环路的各种功能。

通用单片集成锁相环路的产品已经很多。它们所采用的集成工艺不同，使用的频率也不同。考虑到国内外已有产品及使用情况，本节主要介绍几种典型的单片集成锁相环路的组成与特性。

1. 高频单片集成锁相环

(1) NE560 集成锁相环路，其方框图如图 7.2.1 所示。它包括鉴相器、压控振荡器、环路滤波器、限幅器和两个缓冲放大器。鉴相器由双平衡模拟相乘器组成，输入信号加在 12、13 端。压控振荡器是一个射极定时多谐振荡器电路，定时电容 C_T 接在 2、3 端，振荡电压从 4、5 端输出。环路滤波器由 14、15 端接入，两个缓冲放大器则用于隔离放大、接去加重电路和 FM 解调输出，限幅器从 7 端注入电流以改变压控振荡器的跟踪范围。该电路的最高工作频率为 30MHz，可用作 FM 解调、数据同步、信号恢复和跟踪滤波等。

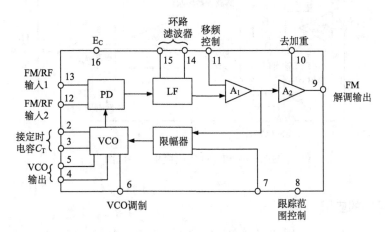

图 7.2.1 NE560 集成锁相环路组成方框

（2）NE561 集成锁相环路，其方框图如图 7.2.2 所示。NE561 的线路、性能和应用基本上与 NE560 相同，只是在电路中附加了一个由模拟相乘电路构成的正交检波器和缓冲放大器。这样 NE561 就可用于 AM 信号的同步检波，此时正交检波器与环路鉴相器的信号输入不同，两者应该相差 90°。同步检波信号由 1 端输出。

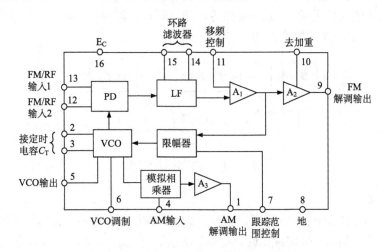

图 7.2.2 NE561 集成锁相环路组成方框

2. 超高频单片集成锁相环

L564（NE564）的组成方框图如图 7.2.3 所示。电路由输入限幅器、鉴相器、压控振荡器、放大器、直流恢复电路和施密特触发器等六大部分组成。L564 是 56 系列中工作频率高达 50MHz 的一块超高频通用单片集成锁相环路，最大锁定范围达 $\pm 12\% f$，输入阻抗大于 50kΩ，电源电压为 5～12V，典型工作电流为 60mA。该电路可用于高速调制解调、FSK 信号的接收与发射、频率合成等多种用途。

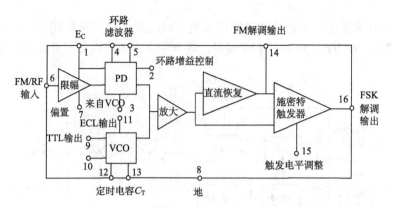

图 7.2.3　NE564 集成锁相环路框图

7.2.2　锁相环路的应用

通过前面的讨论已知，锁相环具有：①锁定时无剩余频差；②良好的窄带滤波特性；③良好的跟踪特性；④易于集成化等特性。由于锁相环具有上述一些优点，因而它获得了广泛应用。下面举一些例子简单说明。

1. 锁相倍频、分频和混频

1）锁相倍频

图 7.2.4 所示为锁相倍频方框图，它是在锁相环路方框中插入分频器组成的。环路锁定时，鉴相器的两输入信号频率 ω_i、ω_N 相等，即 $\omega_i = \omega_N$。其中 $\omega_N = \omega_V / N$，故有 $\omega_V = N\omega_i$。VCO 信号频率锁定在参考频率的 N 次倍频上。

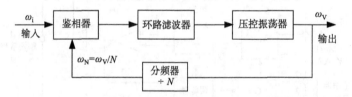

图 7.2.4　锁相倍频方框图

2）锁相分频

图 7.2.5 所示为锁相分频方框图，它是在锁相环路方框中插入倍频器组成的。将图 7.2.4 中的分频器改成倍频器。环路锁定时，$\omega_i = \omega_N = N\omega_V$，即 $\omega_V = \omega_N / N$，分频次数等于环路中倍频器的倍频次数。

3）锁相混频

锁相混频方框图如图 7.2.6 所示，它在反馈通道中插入混频器和中频滤波器。环路锁定时 $\omega_1 = \omega_V - \omega_2$ 或 $\omega_1 = \omega_2 - \omega_V$，即输出为 $\omega_V = \omega_1 + \omega_2$ 或 $\omega_V = \omega_2 - \omega_1$，这取决于图中 ω_V 是高于 ω_2 还是低于 ω_2。当两个信号角频率 $\omega_2 > \omega_1$ 时，由于其差频、和频与 ω_2 十分靠近，如果用普通混频器进行混频，要取出有用分量 $\omega_2 + \omega_1$ 或 $\omega_2 - \omega_1$，则对 LC 滤波器要求相当苛刻。而利用锁相混频电路进行混频则十分方便。

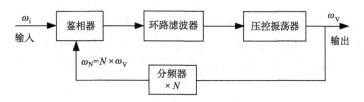

图 7.2.5 锁相分频方框图

2. 锁相解调电路

1) 调频信号的解调

采用锁相鉴频器,输入信噪比较低时,仍有较高的输出信噪比,即引起输出信噪比恶化的最低输入信噪比(门限值)比普通鉴频器低,如图 7.2.7 所示。门限效应是指,输入信噪比较高时,鉴频器输出信噪比将高于输入信噪比,且输出信噪比与输入信噪比呈线性关系。而当输入信噪比低到一定数值时,输出信噪比将急剧下降,不再遵循线性关系,这就是调频波解调时的门限效应,所对应的值称为门限值。

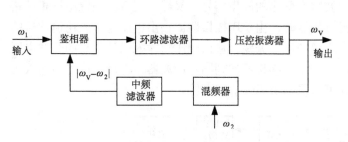

图 7.2.6 锁相混频方框图

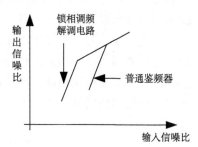

图 7.2.7 锁相解调器与普通鉴频器的门限性能比较示意图

调频波锁相解调电路的解调门限值比普通鉴频器低。用锁相环可以构成优良的角度调制波和振幅调制波的解调电路。图 7.2.8 示出了调频波锁相解调电路的组成方框图。

只要 VCO 的频率控制特性是线性的,VCO 的控制电压 $u_c(t)$ 就是所需的不失真解调输出电压。即 $u_c(t)$ 和输入调频信号中的瞬时频率变化成正比,$u_c(t)$ 为解调器输出。

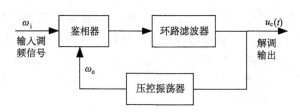

图 7.2.8 用锁相环解调调频信号方框图

2) 调相信号解调

图 7.2.9 所示为锁相环解调调相信号的组成方框图。鉴相器输出电压 u_d 作为解调器输出。这时环路的带宽应设计得足够窄,VCO 只能跟踪输入信号中的载波频率,而不能跟踪

输入信号频率的调制变化,我们把这种环路称为载波跟踪型锁相环路。VCO 的频率等于输入信号中的载波频率,相位差φ_e等于输入信号中的相位调制分量,鉴相器输出 u_d 正比于相位差φ_e,即和输入相位调制成正比,u_d 就是所需的调相解调信号。

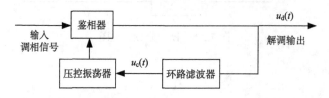

图 7.2.9　锁相环解调调相信号的组成方框图

3) 调幅波的同步检波

图 7.2.10 为调幅波的同步检波电路组成方框图。采用锁相环路可以从输入信号中提取同频同相的载波信号,作为同步检波器的同步信号。图中,输入电压为调幅信号或带有导频的单边带信号,环路滤波器的通频带很窄,使锁相环路锁定在调幅波的载频上,这样压控振荡器就可以跟踪调幅信号中载波频率变化的同步信号。显然,用载波跟踪型锁相环路就能得到同步信号。不过采用模拟鉴相器时,由于压控振荡器输出电压与输入已调信号的载波电压之间有 $\pi/2$ 的固定相移,为了使压控振荡器输出电压与输入已调信号的载波电压同相,必须将压控振荡器输出电压经 $\pi/2$ 的移相器加到同步检波器。将这个信号与输入已调信号共同加到同步检波器上,就可以得到所需的解调电压。

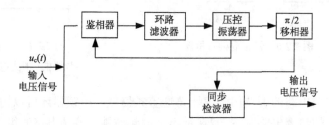

图 7.2.10　锁相环路的调幅波的同步检波电路框图

3. 锁相接收机

锁相接收机常用于接收空间信号,由于空间信号通常都较微弱,中心频率偏离大的信号(如卫星无线电信号),若采用普通接收机进行接收,势必要求接收机有足够大的带宽。这样,接收机的输出信噪比将严重降低,甚至远小于 1。在这种情况下,普通接收机无法检出有用信号。采用锁相接收机,利用环路具有的窄带跟踪特性,就可十分有效地提高输出信噪比,获得满意的接收效果。

图 7.2.11 是锁相接收机的原理方框图。经混频输出并经中频放大器放大后的中频信号与本地标准中频参考信号 ω_R 一起加到鉴相器输入端,如果它们之间有频差,环路的反馈控制作用将改变压控振荡器的频率,使混频器输出中频信号的频率与本地中频参考信号的频率相等。图 7.2.11 所示方框图中,鉴相器的工作条件与一般环路有区别。因鉴相器工作在中频信号频率,可大大低于输入信号的频率,因此,鉴相器比较容易制作。

图 7.2.11 中，环路输入信号频率为 $\omega_c\pm\omega_d$，其中 ω_d 是多普勒效应引起的角频移。在锁定状态下，环路内的中频信号角频率 ω_i 与参考信号角频率 ω_R 相等，即 $\omega_i=\omega_R$，此时 VCO 频率 $\omega_o=\omega_c\pm\omega_d+\omega_R$，它包含多普勒频移 ω_d 的信息。因此不论输入频率如何变化，混频器的输出中频总是自动地维持为恒值。这样，中频放大器通频带可以做得很窄，保证鉴相器输入端有足够的信噪比。同时，将 VCO 频率中的多普勒频移信息送到测速系统中，可用作测量卫星运动的数据。锁相接收机的环路带宽一般都做得很窄，相应环路的捕捉带也就很小，对于中心频率有较大变化的输入信号，单靠环路自身捕捉往往是困难的，所以要加扩捕电路帮助环路捕捉锁定。

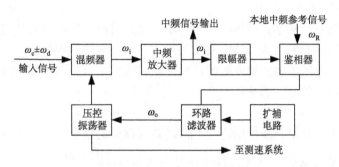

图 7.2.11 锁相接收机原理框图

7.3 频率合成原理

随着现代通信技术不断发展，人们对通信设备的频率准确度和稳定度提出了很高的要求。我们知道，石英晶体振荡频率虽具有很高的频率稳定度和准确度，但它只能产生一个稳定频率。然而，许多通信设备则要求在很宽的频段范围内有足够数量的稳定工作频率点。如短波单边带电台，通常要求在 2～30MHz 范围内，每间隔 1kHz 或 100Hz、10Hz、1Hz 有一个稳定频率点，共有 28000 个或 280000 个或更多个工作频率点。采用一块晶体稳定一个频率的方法显然是不可行的，这就需要采用频率合成技术。

所谓频率合成技术，就是将一个高稳定度和高精度的标准频率经过加、减、乘、除四则运算方法产生同样稳定度和精度的大量离散频率的技术。频率合成器中的标准频率是由一个高稳定晶体振荡器产生的，这个高稳定晶振常称为频率标准。由于频率标准决定了整个合成器的频率稳定度，因此总是尽可能地提高频率标准的稳定度和准确度。

从频率合成技术的发展过程来看，频率合成的方法可以分为三种：直接合成法、锁相环路法(也称间接合成法)和直接数字合成法。相应地，频率合成器可分为三类：直接式频率合成器(DS)、锁相式频率合成器(PLL)和直接数字式频率合成器(DDS)。

7.3.1 频率合成器的技术指标

由于频率合成器应用广泛，但在不同的使用场合，对它的要求不完全相同。大体来说，有如下几项主要技术指标，下面分别讨论。

1. 频率范围

频率范围是指频率合成器输出最低频率和输出最高频率之间的变化范围。通常要求在规定的频率范围内，在任何指定的频率点上，频率合成器都能工作，而且电性能都能满足质量指标。

2. 频率间隔

频率合成器的输出频谱是不连续的。两个相邻频率之间的间隔称为频率间隔，又称为分辨率，用 ΔF 表示。对短波单边带通信来说，现在多取频率间隔为 100Hz，有的甚至取为 10Hz 或 1Hz。对于超短波通信来说，频率间隔多取为 50kHz 或 10kHz。

3. 频率转换时间

频率转换时间是指频率合成器由一个频率转换到另一个频率，并达到稳定工作所需要的时间。它与采用的频率合成方法有密切关系。对于直接式频率合成器，转换时间取决于信号通过窄带滤波器所需要的建立时间，对于锁相式频率合成器，则取决于环路进入锁定所需要的暂态时间，即环路的捕捉时间。

4. 频率准确度

频率准确度表示频率合成器输出频率偏离其标称值的程度。若设频率合成器实际输出频率为 f_g，标称频率为 f，则频率准确度定义为 $A_f = \dfrac{f_g - f}{f} = \dfrac{\Delta f}{f}$。

应该指出，晶体振荡器在长期工作时，振荡频率会发生漂移，因此不同时刻的准确度是不同的，所以频率准确度，除应说出其大小和正负外，还需给出时间，说明是何时的准确度。

5. 频率稳定度

频率稳定度是指在一定的时间间隔内频率准确度的变化。对频率稳定度的描述应该引入时间概念，有长期、短期和瞬间稳定度之分。长期稳定度是指年或月范围内频率准确度的变化。短期稳定度是指日或小时内的频率变化。瞬时稳定度是指秒或毫秒内的随机频率变化，即频率的瞬间无规则变化。

事实上，稳定度与准确度有着密切关系，因为只有频率稳定，才谈得上频率的准确，通常认为频率误差已包括在频率不稳定的偏差之内，因此，一般只提频率稳定度。

6. 频谱纯度

频谱纯度是衡量频率合成器输出信号质量的一个重要指标。若用频谱分析仪观察频率合成器的输出频谱，就会发现在主信号两边出现了一些附加成分，如图 7.3.1 所示，除了有用频率外，其附近尚存在各种周期性干扰与随机干扰，以及有用信号的各次谐波成分。这里，周期性干扰多数来源于混频器的高次组合频率，它们以某些频差的形式，成对地分布在有用信号的两边。而随机干扰，则是由设备内部各种不规则的电扰动所产生的，并以相位噪声的形式分布于有用频谱的两侧。理想的频率合成器输出频谱应该是纯净的，即只有 f_0 处的一条谱线。

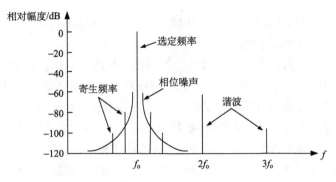

图 7.3.1　输出信号频率周围各干扰频率

7.3.2　直接频率合成法

直接频率合成法，是用晶体振荡器作为基准信号源，经过具有加、减、乘、除四则运算功能的混频器、倍频器、分频器和具有选频功能的滤波器的不同组合来实现频率合成的方法，利用不同组合的四则运算，即可产生大量的、频率间隔较小的离散频率系列。图 7.3.2 是直接式频率合成器的基本单元。

图中仅用一个石英晶体振荡器提供基准频率 f_i。M 表示倍频器的倍频次数，N 表示分频器的分频次数。频率相加器是由混频器和带通滤波器构成的，用以输出混频后的和频分量。当输入基准频率为 f_i 时，合成器的输出频率 f_o 将为

$$f_o = \frac{M_3}{N_3}\left(\frac{M_1}{N_1} + \frac{M_2}{N_2}\right)f_i \tag{7.3.1}$$

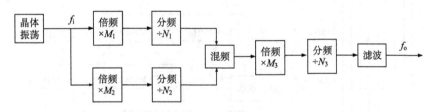

图 7.3.2　频率合成器的基本单元

式中，M_2/N_2 称为分频比的余数，代表该频率最低位，其值应为一个简单的整数比。式(7.3.1)说明，尽管合成器仅输入一个参考频率 f_i，但只需改变各倍频次数和分频器的分频数，即可获得一系列的离散频率。

例 7.3.1　图 7.3.2 所示的频率合成器，输出频率 f_o=5.2MHz，分辨力为 0.1MHz。若 f_i=2MHz，试用上述方法确定各 M、N 的数值。

解：总分频比 $n = \dfrac{f_o}{f_i} = \dfrac{5.2}{2} = 2.6$。根据式(7.3.1)，取 M_1=2，N_1=1，M_2=6，N_2=10，将 f_i=2MHz，M_1=2，N_1=1，M_2=6，N_2=10 代入式(7.3.1)，令 M_3=1，N_3=1 得输出频率为

$$f_o = \frac{M_3}{N_3}\left(\frac{M_1}{N_1} + \frac{M_2}{N_2}\right)f_i = \frac{1}{1}\left(\frac{2}{1} + \frac{6}{10}\right) \times 2\text{MHz} = 5.2\text{MHz}$$

从上式可以看出 M_2 取值在 1～9 范围内时，分辨力为 0.1MHz，频率间隔为 $\Delta f = 0.1$MHz，输出频率在 4.2～5.8 MHz 范围内。

例 7.3.2 图 7.3.3 为直接式频率合成器的原理方框图。本频率合成器是从高稳定晶体振荡器输出的 5MHz 信号中获得频率为 13.57MHz 的信号。分析该方框图的原理。

解： 若要从高稳定晶体振荡器输出的 5MHz 信号中获得频率为 13.57MHz 的信号，可以先将 5MHz 信号经 5 分频后，得到参考频率为 $f_R = 1$MHz 的信号。然后将 1MHz 信号输入谐波发生器中产生各次谐波，发生器引出 10 条谐波输出线，其频率分别为 0～9MHz。从谐波发生器中选出 7MHz 信号，经分频器除以 10 变成 0.7MHz 信号。从谐波发生器中再选出 5MHz 信号，使它与 0.7MHz 信号同时进入混频器进行混频，得到 5+0.7=5.7（MHz）、5-0.7=4.3（MHz）信号。经滤波器选出 5.7MHz 信号并除以 10 后，得到 0.57MHz 信号。再将它与谐波发生器选出的 3MHz 信号进行混频，得到 3.57MHz、2.43MHz 信号。经滤波器选出 3.57MHz 并除以 10 后，得到 0.357MHz 信号。再将它与谐波发生器选出的 1MHz 信号进行混频，得到 1.357MHz、0.643MHz 信号。信号进行混频，经滤波器选出 1.357MHz 信号再经过 10 次倍频后，得到所需的 13.57MHz 信号。

从图 7.3.3 可看出，为了得到 13.57MHz 的信号，只需把频率合成器的开关放在 1MHz、2MHz、5MHz、7MHz 位置上即可。

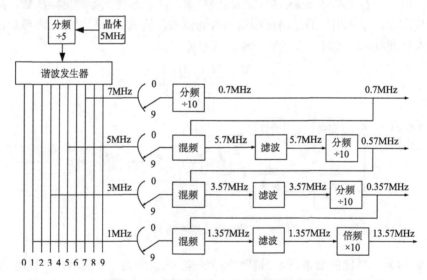

图 7.3.3　直接式频率合成器的原理方框图

直接式频率合成器的优点是频率转换时间短。它的缺点是频率范围受到限制（指上限），因为分频器的输入频率不能太高。这种合成器由于采用了大量的倍频、混频、分频、滤波等部件，不仅成本高、体积大，而且输出谐波、噪声及寄生调制都难以抑制，从而影响频率稳定度。

7.3.3　间接频率合成法（锁相频率合成法）

锁相频率合成器的基本构成方法主要有脉冲控制锁相法、模拟锁相合成法、数字锁相合成法。

图 7.3.4 为脉冲控制锁相频率合成器原理方框图。图中压控振荡器的输出信号与参考信号的谐波在鉴相器中进行相位比较。当振荡频率调整到接近参考信号的某次谐波频率时，环路就可能自动地把振荡频率锁定到这个谐波频率上。这种频率合成器的最大优点是结构简单，指标也可以做得较高。但是 VCO 的频偏必须限制在 $\pm 0.5\% f_{\mathrm{R}}$ 以内。超过这个范围就可能出现错锁现象，也就是可能锁定到邻近的谐波上，因而造成选择频道困难。谐波次数越高，对 VCO 的频率稳定度要求就越高，因此这种方法提供的频道数(也称波道数)是有限的。

图 7.3.5 为模拟锁相频率合成法的基本合成单元。由图可见，锁相环路中接入了一个由混频器和带通滤波器组成的频率减法器，当环路锁定时，可使 VCO 振荡频率 f_0 与外加控制频率 f_{L} 之差 (f_0-f_{L}) 等于参考频率 f_{r}，所以，VCO 的振荡频率 $f_0=f_{\mathrm{L}}+f_{\mathrm{r}}$。改变外加控制频率 f_{L} 的值，就可以获得不同频率信号输出。图 7.3.5 所示为模拟锁相频率合成器的一个基本单元，该单元所能提供的信道数不可能很多，而且频率间隔比较大。为了增加模拟锁相频率合成器的输出频率数和减小信道间的频率间隔，可采用由多个基本单元组成的多环路级联工作方式，也可以在基本单元环路中，串接多个由混频器和带通滤波器组成的频率减法器,把 VCO 的频率连续与特定的等差数列频率进行多次混频，逐步降低到鉴相器的工作频率上，通过单一的锁相环路，获得所需的输出频率，这称为单环工作方式。

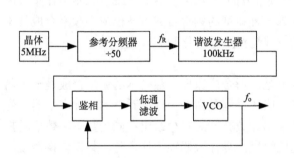

图 7.3.4　脉冲控制锁相频率合成器原理方框图

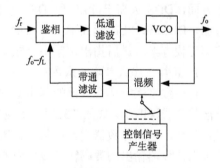

图 7.3.5　模拟锁相频率合成法的基本合成单元原理方框图

图 7.3.6 为数字式频率合成器的原理方框图。图中，输入参考信号由高稳定晶振输出经参考分频器分频后获得，VCO 输出信号在与参考信号进行相位比较之前先进行 N 次分频，VCO 输出频率由程序分频器(可变分频器)的分频比 N 来决定。当环路锁定时，程序分频器的输出频率 f_{N} 等于参考频率 f_{R}，而 $f_{\mathrm{R}}=f_0/N$，所以 VCO 输出频率 f_0 与参考频率 f_{R} 的关系是 $f_0=Nf_{\mathrm{R}}$。从这个关系式可以看出,数字式频率合成器是一个数字控制的锁相压控振荡器，其输出频率是参考频率的整数倍。通过程序分频器改变分频比，VCO 输出频率将被控制在不同的频道上。

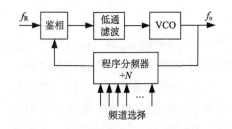

图 7.3.6　数字锁相频率合成器原理方框图

图 7.3.6 所示数字锁相频率合成器电路比较简单，构成比较方便。因它只含有一个锁相环路，故称为单环式电路，它是数字频率合成器的基本单元。

数字频率合成器的主要优点是环路相当于一个窄带跟踪滤波器，具有良好的窄带跟踪滤波特性和抑制寄生干扰的能力，节省了大量的滤波器，而且参考分频器和程序分频器可采用数字集成电路。

设计良好的压控振荡器具有较高的短期频率稳定度，而一个高精度标准晶体振荡器具有很高的长期频率稳定度，从而使数字式频率合成器能得到高质量的输出信号。由于这些优点，数字式频率合成器获得了越来越广泛的应用。

7.3.4　直接数字合成法（波形合成法）

直接数字式频率合成器是一种新型的频率合成方法，与直接频率合成和锁相式频率合成在原理上完全不同。DDS 的基本原理是建立在不同的相位给出不同的电压幅度基础上的，给出按一定电压幅度变化规律组成的输出波形。由于它不但给出了不同频率和不同相位，而且可以给出不同的波形，因此这种方法又称波形合成法。从 DDS、PLL 和 DS 三种频率合成器比较来看：在频率转换速度方面，DDS 和 DS 比 PLL 快得多；在频率分辨率方面，DDS 远高于 PLL 和 DS；在输出频带方面，DDS 远小于 PLL 和 DS；在集成度方面，DDS 和 PLL 远高于 DS。DDS 作为一种新型的频率合成方法已成为频率合成技术的第三代方案。最后指出，频率合成器的发展趋势是数字化和集成化。

1. 直接数字式频率合成器的基本原理

直接数字式频率合成器的基本原理也就是波形合成原理。最基本的波形合成是一个斜升波的合成，其方案如图 7.3.7 所示。波形合成的过程是由一个标准频率的时钟产生器产生时钟脉冲，送到计数器进行计数。计数器根据计数脉冲的多少给出不同的数码，数模转换器根据计数器输出的数码转换成相应的电压幅度。当计数器连续计数时，数模转换器就产生一个上升的阶梯波，阶梯波的上升包络即为一个斜升波。当计数器计满时，计数器复零又重新开始计数，阶梯波又从零开始。如此反复循环，阶梯波经平滑滤波器检出其包络，便成为斜升波。

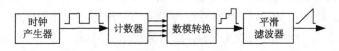

图 7.3.7　数字式频率合成器的方框图

就像数字式频率合成器中用可变分频器代替可变分频比的计数器一样，在直接数字式频率合成器中改变频率的方法是用一个累加器代替计数器。累加器的原理图如图 7.3.8 所示，它是由加法器和寄存器组成的，按照频率控制数据的不同给出不同的编码。

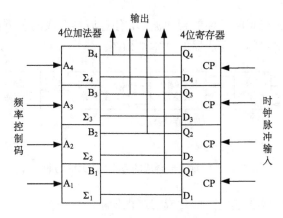

图 7.3.8　累加器的原理图

$$\sum_4 \sum_3 \sum_2 \sum_1 = (A_4 + B_4 + C_3)(A_3 + B_3 + C_2)(A_2 + B_2 + C_1)(A_1 + B_1)$$

式中，C_1、C_2、C_3 对应加法器 1、2、3 的进位端。设 $A_1 A_2 A_3 A_4$=0001，$Q_4 Q_3 Q_2 Q_1$=0000，则：

$$D_4 D_3 D_2 D_1 = \sum_4 \sum_3 \sum_2 \sum_1 = 0001$$

第一个时钟脉冲到来时，$Q_4 Q_3 Q_2 Q_1$=0001；第二个时钟脉冲到来时，$Q_4 Q_3 Q_2 Q_1$= 0010；…；随着时钟脉冲的到来，累加器输出按照 0000→0001→0010→ 0011→0100→…给出，每次增量为 0001(1_{10})。若频率控制数据为 0010，则累加器输出按 0000→0010→ 0100→0110→…步进，每次增量为 0010(2_{10})。如果计数器满量状态为 0000，显然当频率控制数据为 0001 时，要经过 16 个时钟脉冲计数器才满量；频率控制数据为 0010 时，需经过 8 个时钟脉冲满量。这样，频率控制数据为 0001 时完成一个周期动作所需的时间比频率控制数据为 0010 时多一倍，也就是说输出斜升波的频率的一半。这就表明通过改变频率控制数据，可以改变累加器输出状态增量，从而得到不同频率的斜升波输出。

可见，计数器或累加器的级数越多，得出的阶梯波越接近斜升波，控制斜升波的精度也就越高。数模转换器的分辨率与计数器或累加器位数 n 的关系为

$$分辨率 = \frac{1}{2^n} \quad (\%)$$

斜升波频率取决于频率控制数据，频率控制数据越大，斜升波频率越高，但数模转换器的分辨率越差。累加器的位数与数模转换器的位数相等。设累加器的位数为 n，频率控制数据为 $k(k=1,2,3,\cdots)$，那么所形成的阶梯数为 $2^n/k$。一个周期内阶梯数越多，越接近斜升波，非线性失真越小。因此，除要求累加器和数模转换器位数高以外，对于频率控制数据则应要求不能太高，一般应保证一个周期内至少有四个阶梯，所以最大的频率控制数据为 $k_{max} = 2^{n-2}$。

斜升波幅度变化与其相位变化成正比，故可以把相位数码直接转换成幅度数码。但是对于任意波形来说，相位和幅度的关系一般不是呈比例关系，如正弦波的相位和幅度的关系就是正弦关系。如果要合成任意波形，就应找出波形幅度和相位的关系，然后用一个相码／幅码转换器将相码转换成相应合成波形的幅码，再用数模转换器变换成阶梯波形，通

过平滑滤波器滤除谐波得到所需要的合成波形。任意波形合成的方框图如图 7.3.9 所示,该方框图也就是直接数字式频率合成器的基本结构图。

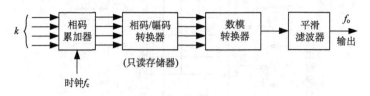

图 7.3.9　任意波形合成的方框图(DDS 方框图)

直接数字式频率合成器进行频率合成的过程如下。

给定输出频率范围,即 $f_o=f_{\min}\sim f_{\max}=(k_{\min}/2^n)f_c\sim(k_{\max}/2^n)f_c$;确定输入时钟频率 $f_c=4f_{omax}$,即时钟周期为 $T_c=1/f_c=1/(4f_{omax})$。因为 $k_{\max}=2^{n-2}$;确定累加器位数 n,n 越大,输出信噪比越高;确定幅度等分的间隔数 $B=2^m$。一般来说 $m<n$,若令 $2^m=A$,则 $B<A$;把 A 个相位点对应的幅度编码存入只读存储器(ROM)中;按时间顺序(即相位顺序),每个时钟周期 T_c 内取出一个相位编码,并由相码转换成它相应的幅码。取出相码的增量通过累加器用频率控制数据 k 来确定;输出幅码通过数模转换器(DAC)变为对应的阶梯波,这个阶梯波的包络恰好是对应所需合成频率的波形;经过平滑滤波器输出连续变化的所需的合成频率的波形。滤波器截止频率应为 $f_{omax}=f_c/4$。

值得注意的是,在图 7.3.9 中,若输出波形为一个具有正负极性的波形,如正弦波,则应考虑正负半周的幅度编码问题。这样,在 ROM 前后要加求补器(因为最高位是符号位,如正半周时最高位为 1,负半周时为 0)。

2. 直接数字式频率合成器的特点

与数字式频率合成器中通过改变可变分频器分频比来改变环路输出频率一样。在直接数字式频率合成器中合成信号频率为 $f_o=k\cdot(f_o/2^n)$,显然改变频率控制数据 k 便可以改变合成信号频率 f_o。

直接数字式频率合成器的主要优点是:具有高速的频率转换能力;具有高度的频率分辨率;能够合成多种波形;具有数字调制能力;具有集成度高、体积小、重量轻等优点。

直接数字式频率合成器的主要缺点是:①杂散成分复杂,在时钟频率低时主要由相位量化和幅度量化所引起,在时钟频率高时主要由 DAC 的非理想性所决定;②输出频率范围有限。理论上最高输出频率不超过 $0.5f_c$,通常限制在 $0.4f_c$ 以下。DDS 产品多工作在 80MHz 时钟以下,少数产品工作在 100MHz 甚至更高,伴随着时钟频率的上升,杂散成分增多,功耗和成本也随之增加。

7.4　实训:锁相环路性能测试

1. 实训目的

(1)通过实训可深入地了解锁相环路的电路结构和特点。

(2)掌握锁相环主要参数的测试方法。

2. 锁相环路性能参数及指标的测量

锁相环路是由鉴相器、环路滤波器和压控振荡器三个基本部件构成的,如图 7.4.1 所示。

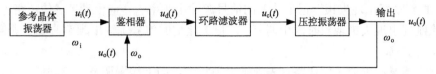

图 7.4.1 锁相环路基本组成

锁相环路各部件的传递函数分别为

PD:
$$u_d(t) = A_d \sin \varphi_e(t)$$
$$\varphi_e(t) = \varphi_i(t) - \varphi_o(t)$$

LF:
$$u_c(t) = A_c \sin \varphi_e(t)$$

VCO:
$$\varphi_o(t) = A_o \int_0^t u_c(t) \mathrm{d}t$$

1) VCO 压控灵敏度的测量

VCO 压控灵敏度的定义为

$$A_o = \frac{\Delta \omega_o}{\Delta U_c} \qquad (\mathrm{rad}/(\mathrm{s} \cdot \mathrm{V}))$$

式中,ΔU_c 为控制电压的单位变化量,它将引起的 VCO 振荡频率变化量为 Δf_o,实际上,压控灵敏度是压控特性曲线的斜率。

VCO 压控灵敏度的测量组成框图,如图 7.4.2 所示。

(鉴相灵敏度 A_d 的测量,在实际测量中是比较困难的,在这里不做测量要求。)

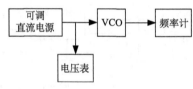

图 7.4.2 VCO 压控灵敏度的测量组成框图

2) 环路同步带 Δf_H 与捕捉带 Δf_P 的测量

同步带是指环路有能力维持锁定的最大起始频差。捕捉带是指环路起始于失锁状态,最终有能力自行锁定的最大起始频差。根据上述两个性能参数的定义,在测量中遇到的问题是,用什么手段来判断环路处于锁定还是失锁状态。最简单的实验方法就是用双踪示波器的两路探头分别接在鉴相器的两个输入端,当环路锁定时,两个鉴相信号频率严格相等,在示波器上可以看到两个清晰稳定的信号波形;若环路失锁,则两个鉴相信号间存在频差,此时不可能在示波器上看到清晰稳定的信号波形。

同步带和捕捉带的测量组成框图如图 7.4.3 所示,测试方法如下。

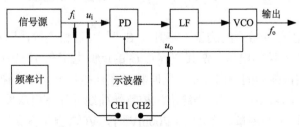

图 7.4.3 同步带和捕捉带的测量组成框图

同步带测量：按照图 7.4.3 接好测量电路。调节信号源使环路处于良好的锁定状态，在示波器上可以看到清晰稳定的 u_i 和 u_o 波形，要尽可能保持很小的相位差。然后，向下缓慢调节 f_i，直到刚好出现失锁，记下此刻的信号源输出频率 f_{ia}。向上调节 f_i 使环路重新锁定，直到再次刚好出现失锁现象时停止调节 f_i，记下此刻的信号源输出频率值 f_{ib}，则环路的同步带 $\Delta f_H = f_{ia} - f_{ib}$。

捕捉带测量：下调 f_i 使环路首先处于失锁状态，向上缓慢调节 f_i 直到环路刚好入锁，记下 f_{ic}；向上调节 f_i 使环路重新失锁，再下调 f_i 直到刚好入锁，记下 f_{id}，则捕捉带为 $\Delta f_P = f_{id} - f_{ic}$。

3. 电路说明

图 7.4.4 是用模拟乘法器 MC1596 及外围元件构成鉴相器。

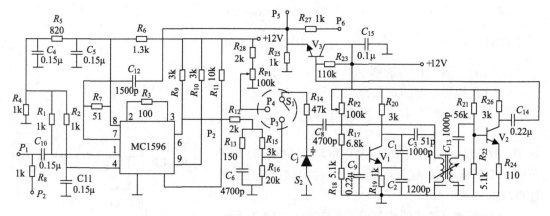

图 7.4.4　用模拟乘法器 MC1596 及外围元件构成鉴相器

端子 P_1 为环路的外信号输入端，P_2 端为频率计测量输入信号频率使用；MC1596 的 6 脚为鉴相器的输出端，R_{12}、R_{13}、C_6 组成无源比例积分器形成环路滤波器，输出端为 P_3；VCO 由变容二极管和其他元件组成电容三点式振荡器，当 S_1 接至 P_3 时，该电压发生变化时，振荡器频率将发生变化，从而完成压控振荡频率的功能。V_1 和 V_2 两级电路为 VCO 的缓冲输出电路，并闭环反馈到鉴相器的另一个输入端。电路中 C_1 和 C_2 较大，C_3 和 C_j 较小时，VCO 的自然振荡频率将主要由 C_3 和 C_j 确定，振荡频率为

$$f = \frac{1}{2\pi\sqrt{L(C_3 + C_j)}}$$

调整 R_{16} 的大小可以给 C_j 合适的反偏，使 VCO 的自然振荡频率为 800kHz 左右。

4. 实训内容

(1) 压控振荡器压控灵敏度的测量。将开关 S_1 与 P_4 端相连接，调整 R_{P1}，用示波器的其中一路 DC 挡观察 P_4 端的电压，使其变容管 C_j 的反偏电压在 0～10V 内变化。用另一路 AC 挡监测 P_5 端压控振荡器的输出波形，同时将频率计接在 P_6 端监测振荡频率的变化。采用逐点描迹法测量，测量 10 个点，描绘出压控特性曲线并计算出压控灵敏度 A_o。

(2) 同步带和捕捉带的测量。令 $U_{im} > 200\text{mV}$ 时，VCO 自然振荡频率为 700kHz 左右，

S_1 与 P_3 端相连，将双踪示波器两路探头分别接在 P_1 和 P_5 端，测出同步带和捕捉带的频率范围。

（3）观察频率牵引时环路滤波器输出的过渡变化波形。令 $U_{im} > 200\text{mV}$ 时，VCO 自然振荡频率为 700kHz 左右，S_1 与 P_3 端相连，保持环路起始频差 $\Delta f_o = f_i - f_o$ 较小的工作状态，以保证此时环路能处于频率牵引工作状态。双踪示波器探头分别接在 P_1 和 P_3 端，观察并记录 P_3 端(环路滤波器输出)电压的过渡变化波形(叶形波→直流)。

（4）观察频率牵引过程中 VCO 输出调频波形，条件同上。示波器探头接在 P_5 端上，观察并记录 P_5 端(VCO 输出)上瞬时电压变化的基本趋势，并示意性绘制该电压时域波形。

（5）环路锁定时，观察 u_i 与 u_o 之间的稳态相位差。

（6）在同步带范围内，测量控制电压的电压值。首先用示波器测量 P_3 端的电压值，再用数字万用表测量 P_3 端的电压值，比较测量结果，如果不一样，试分析其原因(选做)。

5. 使用仪器及设备

使用仪器及设备包括高频信号发生器、数字式频率计、直流稳压电源、双踪示波器、数字万用表。

思考题与习题

7.1　简述构建锁相环路的基本部件及各部件的作用。

7.2　PLL 的频率特性为什么不等于环路滤波器的频率特性？在 PLL 中低通滤波器的作用是什么？

7.3　如习题图 7.3 所示锁相环路，已知鉴相器具有线性鉴相特性，试分析用它实现调相波解调的原理。

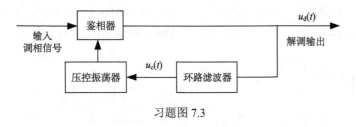

习题图 7.3

7.4　频率合成方法有哪几种？它们各有什么特点？如果需要几赫量级的分辨率，可采取哪些方案？

7.5　用直接式频率合成方案实现 21.9MHz 的频率信号。参考频率为 5kHz，画出合成器的原理方框图。

7.6　直接数字频率合成器的工作原理是什么？它与直接式频率合成器与锁相频率合成器有何区别？

7.7　如习题图 7.7 所示锁相环路，当将调制信号加入 VCO 时，就构成锁相直接调频电路。由于锁相环为无频差的自动控制系统，具有精确的频率跟踪特性，故它有很高的中心频率稳定度，试分析该电路的工作原理，并说明对环路滤波器的要求。

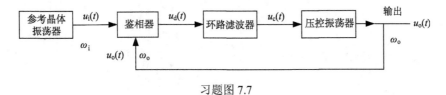

习题图 7.7

7.8　频率合成器如习题图 7.8 所示，N=760～960，试求输出频率范围和频率间隔。

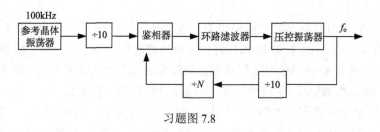

习题图 7.8

7.9　频率合成器如习题图 7.9 所示，N=200～300，试求输出频率范围和频率间隔。

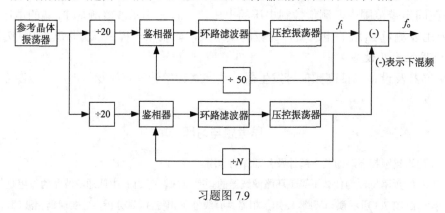

习题图 7.9

7.10　某频率合成器的输出频率 f_o=5.2MHz，分辨率为 0.1MHz。若 f_i＝2MHz，试用习题图 7.10 所示方法确定各 M、N 的数值。如果使分辨力提高为 0.01MHz，则该合成器是否也能应用？

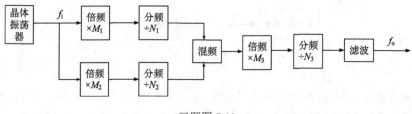

习题图 7.10

第 8 章　自动调节电路

自动调节电路是一种反馈控制电路，它的基本功能是稳定电路的输出。在各种电子系统和电子设备中，为了在不同工作条件下实现规定的技术性能指标，或者满足某些特定的要求，广泛采用自动调节电路。

自动调节系统由比较检测电路(反馈控制电路)和调节电路(对象)两部分组成，如图 8.0.1 所示。图中，x_i 和 x_o 分别为自动调节电路的输入量和输出量，根据预先的设定，输入量和输出量之间的关系为 $x_o=A(x_i)$。比较检测电路对输入量 x_i 和输出量 x_o 进行比较，检测出它们与预定关系之间的偏离程度，并产生相应的偏差量 x_e，加到调节电路上。调节电路根据偏差量 x_e 对输出量 x_o 进行调节。通过不断比较和调节，最后使 x_o 与 x_i 之间接近预定的关系，自动调节电路进入稳定状态。

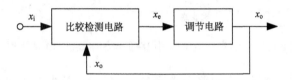

图 8.0.1　自动调节电路组成方框图

自动调节电路是依靠误差进行调节的，因而 x_o 与预期输出 $A(x_i)$ 之间只能接近，而不能恢复到预定关系，它是一种有误差的控制电路。

自动调节电路可分为以下三类：第一类，需要比较和调节的参量为电压或电流，则相应的 x_o 和 x_i 为电压或电流的自动调节电路，称为自动增益控制电路；第二类，需要比较和调节的参量为频率，则相应的 x_o 和 x_i 为频率的自动调节电路，称为自动频率控制电路；第三类，需要比较和调节的参量为相位，则相应的 x_o 和 x_i 为相位的自动调节电路，称为自动相位控制电路，自动相位控制电路又称为锁相环路。本章将着重介绍前两类自动调节电路。

8.1　自动增益控制

自动增益控制(automatic gain control，AGC)电路，这是一种反馈控制电路，是接收机的重要辅助电路，它的基本功能是稳定电路的输出电平。在这个控制电路中，要比较和调节的量为电压或电流，受控对象为放大器，因此，通常是通过对放大器的电压增益控制来进行电路内部自动调节的。

8.1.1　AGC 电路的作用及组成

对于无线电接收机而言，输出电平主要取决于所接收信号的强弱及接收机本身的电压增益。当外来信号较强时，接收机输出电压或功率较大；当外来信号较弱时，接收机输出电压或功率较小。由于各种原因，接收信号的起伏变化较大，信号微弱时仅只有几 μV 或几十 μV；而信号较强时可达几百 mV。也就是说，接收机所接收的信号有时会相差几十 dB。

为了保证接收机输出电平相对稳定，当接收的信号比较弱时，要求接收机的增益大；相反，当接收机信号较强时，则要求接收机的增益相应减小。为了实现这种要求，必须采用增益控制电路。

增益控制电路一般可分为手动及自动两种方式。手动增益控制电路，是根据需要靠人工调节增益，如收音机中的"音量控制"等。一般手动增益控制电路只适用于输入信号电平基本上与时间无关的情况。当输入信号电平与时间有关时，则必须采用自动增益控制电路进行调节。

带有自动增益控制电路的调幅接收机的组成方框图如图 8.1.1 所示。

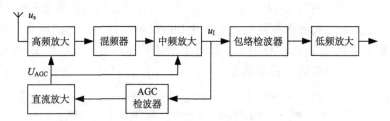

图 8.1.1　带有自动增益控制电路的调幅接收机的组成方框图

为了实现自动增益控制，在电路中必须有一个随输入信号改变的电压，称为 AGC 电压。AGC 电压可正可负，分别用 U_{AGC} 和 $-U_{AGC}$ 表示。利用这个电压去控制接收机的某些级的增益，达到自动增益控制的目的。

图 8.1.1 中，天线接收到的输入信号 u_s 经高频放大、混频器和中频放大器后得到中频调幅波 u_I，u_I 经 AGC 检波器后，得到反映输入信号大小的直流分量，再经直流放大后得到 AGC 电压 $|\pm U_{AGC}|$。当输入信号强时，$|\pm U_{AGC}|$ 大，当输入信号弱时，$|\pm U_{AGC}|$ 小。利用 $|\pm U_{AGC}|$ 去控制高频放大器或中频放大器的增益，使 $|\pm U_{AGC}|$ 大时增益低，$|\pm U_{AGC}|$ 小时增益高，最终达到自动增益控制的目的。

这里要注意的是，AGC 检波器不同于包络检波器，包络检波器输出反映包络变化的解调电压，而 AGC 检波器仅输出反映输入载波电压振幅的直流电压。

从以上分析可以看出，AGC 电路有两个作用：一是产生 AGC 电压 U_{AGC}；二是利用 AGC 电压去控制某些级的增益。下面介绍 AGC 电压的产生和实现 AGC 的方法。

8.1.2　AGC 电压的产生

接收机的 U_{AGC} 大都是利用它的中频输出信号经检波后产生的。按照 U_{AGC} 产生的方法不同而有各种电路形式，基本电路形式有平均值式 AGC 电路和延迟式 AGC 电路。在某些场合采用峰值式 AGC 电路及键控式 AGC 电路。

1. 平均值式 AGC 电路

平均值式 AGC 电路是利用检波器输出电压中的平均直流分量作为 AGC 电压的。图 8.1.2 所示为典型的平均值式 AGC 电路，常用于超外差收音机中。图中，D、C_1、R_1、

R_2 等元件组成包络检波器，C_2 为高频滤波电容。检波输出电压包含直流成分和音频信号，一路送往低频放大器；另一路送往由 R_3C_3 组成的低通滤波器后输出直流电压 U_{AGC}。由于 U_{AGC} 为检波输出电压中的平均值，所以称为平均值式 AGC 电路。

低通滤波器的时间常数 $\tau=R_3C_3$ 要正确选择，因为，若 τ 太大，则控制电压 U_{AGC} 跟不上外来信号电平的变化，接收机的电压增益得不到及时的调整，从而使 AGC 电路失去应有的控制作用。反之，如果时间常数 τ 选择过小，则 U_{AGC} 将随外来信号的包络变化，这样会使放大器产生额外的反馈作用，从而使调幅波受到反调制。一般选择 $R_3C_3=(5\sim10)/\Omega_{\min}$。

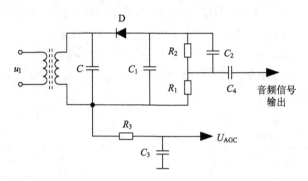

图 8.1.2　平均值式 AGC 电路

2. 延迟式 AGC 电路

平均值式 AGC 电路的主要缺点：一有外来信号，AGC 电路就立刻起作用，接收机的增益就因受控制而减小。这对提高接收机的灵敏度是不利的，这一点尤其是对微弱信号的接收是十分不利的。为了克服这个缺点，可采用延迟式 AGC 电路。

延迟式 AGC 电路如图 8.1.3 所示。图中，由二极管 D_1 等元件组成信号检波器；由二极管 D_2 等元件组成 AGC 检波器。在 AGC 检波器中加有固定偏压 U，U 称为延迟电平。只有当 L_2C_2 回路两端信号电平超过 U 时，AGC 检波器才开始工作。所以称为延迟式 AGC 电路。由于延迟电路的存在，信号检波器必然要与 AGC 检波器分开，否则延迟电压会加到信号检波器上，影响信号检波的质量。

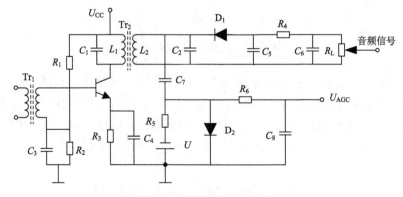

图 8.1.3　延迟式 AGC 电路

8.1.3　实现 AGC 的方法

实现自动增益控制的方法很多，这里仅介绍利用 U_{AGC} 控制晶体管 I_E 电流，最终达到对放大器的增益控制的方法。

1. 改变发射极电流 I_E

图 8.1.4(a)、(b) 为改变 I_E 的 AGC 电路。图中，所使用的晶体三极管具有图(c)所示的特性。当静态工作电流 I_E 在 AB 范围内时，有 $I_E\uparrow \to \beta\uparrow$ 的特性。图(a)所示为单调谐小信号放大器。由于 AGC 电压 U_{AGC} 通过 R_4 及 R_3 加到发射极，所以本电路可产生如下变化：

$$U_{AGC}\uparrow \to U_{BE}\downarrow \to I_B\downarrow \to I_C\downarrow \to I_E\downarrow \to A_{uo}\downarrow$$

或

$$U_{AGC}\downarrow \to U_{BE}\uparrow \to I_B\uparrow \to I_C\uparrow \to I_E\uparrow \to A_{uo}\uparrow$$

图(b)电路与图(a)电路基本相同，区别只是 U_{AGC} 以负电压形式加在晶体管基极上。其控制效果与图(a)完全一样。

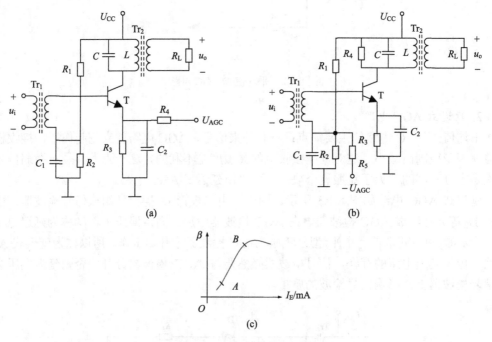

图 8.1.4　改变 I_E 的 AGC 电路

图 8.1.5(a)、(b) 为另一种改变 I_E 的 AGC 电路。图中，所使用的晶体三极管具有图(c)所示的特性。当静态工作电流 I_E 在 AB 范围内时，有 $I_E\uparrow \to \beta\downarrow$ 的特性。图(a)所示为单调谐小信号放大器。由于 AGC 电压 U_{AGC} 通过 R_4 加到基极，所以本电路可产生如下变化：

$$U_{AGC}\uparrow \to U_{BE}\uparrow \to I_B\uparrow \to I_C\uparrow \to I_E\uparrow \to A_{uo}\downarrow$$

或

$$U_{AGC}\downarrow \to U_{BE}\downarrow \to I_B\downarrow \to I_C\downarrow \to I_E\downarrow \to A_{uo}\uparrow$$

图(b)电路与图(a)电路基本相同，区别只是 U_{AGC} 以正电压形式加在晶体管基极上。其控制效果与图(a)完全一样。

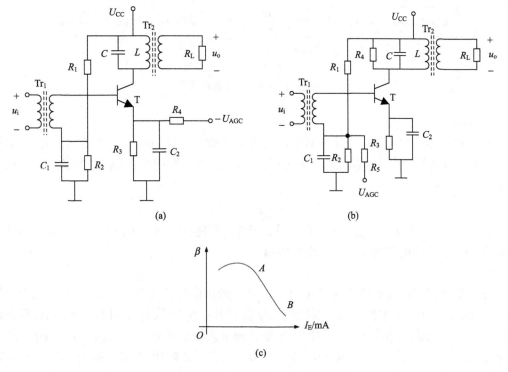

图 8.1.5　另一种改变 I_E 的 AGC 电路

2. 改变放大器的负载

由于放大器的增益与负载密切相关，因此也可以通过改变放大器的负载来控制放大器的增益，这是集成电路组成的接收机中常用的实现 AGC 的方法。在集成电路中的受控放大器的部分负载通常是三极管的射极输入电阻(发射结电阻)，若用 AGC 电压控制三极管的偏流，则该电阻也会随之改变，从而达到控制放大器增益的目的。

8.2　自动频率控制

自动频率控制(automatic frequency control，AFC)与锁相环路一样，都是一种反馈控制电路。它能自动调整振荡器的频率，使振荡器稳定在某一预期的标准频率附近。

自动频率控制与锁相环路所不同的是，锁相环路控制的是相位，而 AFC 电路控制的是频率。AFC 电路有较广泛的应用。在超外差式接收机中，经常应用 AFC 电路保持中频频率的稳定。利用 AFC 电路的跟踪特性，可以构成调频负反馈解调器，它比一般调频解调器具有更好的性能。

8.2.1　AFC 的原理

AFC 的原理框图如图 8.2.1 所示。

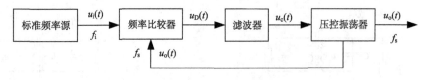

图 8.2.1　AFC 的原理框图

1. 频率比较器

频率比较器的输入信号是标准频率源信号 u_i 和输出反馈信号 u_o，其输出信号 u_D 为标准频率源频率 f_i 与输出反馈信号频率 f_s 进行比较，得出的与频率差 $f_s - f_i$ 有关的输出电压 u_D，并表示为

$$u_D = K_D(f_s - f_i)$$

式中，K_D 表示 u_D 与 $f_s - f_i$ 之间的函数关系。因此，凡能检测出两个信号的频差并将其转换为电压(或电流)的电路均可作为频率比较器。

2. 压控振荡器

压控振荡器可在控制信号 u_D 的作用下，改变输出信号的频率。当 $f_s = f_i$ 时，频率比较器无输出，$u_D = 0$，压控振荡器不受影响，振荡频率 f_s 不变。当 $f_s \neq f_i$ 时，频率比较器有输出电压 $u_D \neq 0$，压控振荡器在 u_D 的作用下使其输出频率 f_s 趋近于 f_i。经过多次循环，最后 f_s 与 f_i 的误差减小到某一最小值 Δf，Δf 称为剩余频差。这时压控振荡器将稳定在 $f_s \pm \Delta f$。在一定范围内，压控振荡器可近似表示为线性关系，即

$$f_s = K_C u_D + f_i$$

由于误差电压 u_D 是由频率比较器产生的，自动频率控制过程正是利用误差电压 u_D 的反馈作用来控制电路，使 f_s 与 f_i 的剩余频差最小，最终稳定在 $f_s \pm \Delta f$ 上。若 $\Delta f = 0$，即 $f_s = f_i$，则 $u_D = 0$，自动频率控制过程的作用就不存在了。所以说 f_s 与 f_i 不能完全相等，必须有剩余频差存在，这是 AFC 电路的一个重要特点。

3. 滤波器

与锁相环路类似，AFC 电路中所用的滤波器也为低通滤波器。从上述 AFC 电路的组成可以看出，它与锁相环路的区别只是将相位检测器换成了频率比较器。所以 AFC 电路的分析方法与锁相环路类似。

8.2.2　AFC 的应用

本节介绍几个实用 AFC 电路的例子，由于这些电路中所用的单元电路前面均有讨论，故这里仅用方框图说明它们的组成和所完成的功能。

1. 采用 AFC 的调频器

图 8.2.2 为采用 AFC 的调频器组成框图。

采用 AFC 的目的在于稳定调频振荡器的中心频率，即稳定调频信号输出电压 u_o 的中心频率。图中调频振荡器就是压控振荡器，它是由变容二极管和 L 组成的 LC 振荡器。由于石英晶体振荡器无法满足调频波频偏的要求，所以只能采用 LC 振荡器。但是 LC 振荡的频率稳定度差，因此用稳定度很高的石英晶体振荡器对调频振荡器的中心频率进行控制，

从而达到中心频率稳定，又有足够的频偏的调频信号 u_o。

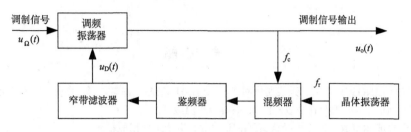

图 8.2.2　采用 AFC 的调频器组成框图

石英晶体振荡器其频率为 f_r；调频振荡器的中心频率为 f_c；将鉴频器的中心频率调整在 f_r-f_c 上。当调频振荡器中心频率发生漂移时，混频器的输出频差也跟随变化，这时鉴频器的输出电压也跟随变化。经过窄带低通滤波器将得到一个反映调频波中心频率漂移程度的缓慢变化的电压 u_D，u_D 加到调频振荡器上。调节调频振荡器的中心频率，使其漂移减小，稳定度提高。

2. 采用 AFC 的调幅接收机

图 8.2.3 为采用 AFC 电路的调幅接收机组成框图。

图 8.2.3 的调幅接收机比普通调幅接收机增加了鉴频器、低通滤波器和直流放大器，同时将本机振荡改为压控振荡器。鉴频器的中心频率为 f_I，鉴频器可将偏离于中频的频率误差变化成电压，该电压通过低通滤波器和直流放大器加到压控振荡器上，压控振荡器上的振荡频率发生变化，使偏离中频的频率误差减小。这样接收机的输入调幅信号的载波频率和压控振荡器频率之差接近于中频。因此采用 AFC 电路后中频放大器的带宽可以减小。

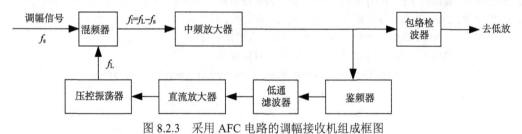

图 8.2.3　采用 AFC 电路的调幅接收机组成框图

思考题与习题

8.1　无线电接收机中为什么要设 AGC 电路？

8.2　AGC 的控制方法有哪几种？它们之间有何异同点？

8.3　接收机附设 AGC 电路后，中放末级输出电压是否能绝对保持不变，为什么？

8.4　对接收机的高放及中放进行调谐时，是否要将 AGC 电路去除？为什么？

8.5　为什么要在调幅接收机中采用 AFC 电路？

8.6　AFC 与 APC 的工作原理有何异同点？

8.7　环路滤波器在锁相环路中主要起什么作用？

8.8　鉴相器与鉴频器的主要异同点是什么？

参 考 文 献

BEARD C, STALLINGS W, 2017. 无线通信网络与系统[M]. 朱磊, 许魁, 译. 北京: 机械工业出版社.

董在望, 2002. 通信电路原理[M]. 2 版. 北京: 高等教育出版社.

杜树春, 2015. 集成运算放大器应用经典实例[M]. 北京: 电子工业出版社.

樊昌信, 曹丽娜, 2019. 通信原理[M]. 7 版. 北京: 国防工业出版社.

高吉祥, 2005. 高频电子线路学习辅导及习题详解[M]. 北京: 电子工业出版社.

古良玲, 王玉菡, 2015. 电子技术实验与 Multisim 12 仿真[M]. 北京: 机械工业出版社.

韩雪涛, 2017. 电子元器件识别检测与选用一本通[M]. 北京: 电子工业出版社.

廖惜春, 2017. 模拟电子技术基础[M]. 2 版. 北京: 科学出版社.

钮文良, 路铭, 罗映霞, 2015. 电子技术应用基础(模拟部分)[M]. 北京: 科学出版社.

钮文良, 肖琳, 2016. 高频电子线路[M]. 4 版. 西安: 西安电子科技大学出版社.

沈琴, 李长法, 2004. 非线性电子线路[M]. 北京: 高等教育出版社.

SMITH J R, 2006. 现代通信电路[M]. 庞坚清, 译. 北京: 人民邮电出版社.

市川裕一, 青木胜, 2018. 高频电路设计与制作[M]. 卓圣鹏, 译北京: 科学出版社.

王传新, 2011. 电子技术基础实验[M]. 北京: 高等教育出版社.

阳昌汉, 2018. 高频电子线路[M]. 2 版. 北京: 高等教育出版社.

杨霓清, 2016. 高频电子线路[M]. 2 版. 北京: 机械工业出版社.

杨霓清, 2009. 高频电子线路实验及综合设计[M]. 北京: 机械工业出版社.

张东辉, 毛鹏, 徐向宇, 2017. PSpice 元器件模型建立及应用[M]. 北京: 机械工业出版社.

张肃文, 2018. 高频电子线路[M]. 5 版. 北京: 高等教育出版社.

赵建勋, 邓军, 2018. 射频电路基础[M]. 2 版. 西安: 西安电子科技大学出版社.

赵玉刚, 张玉欣, 2015. 高频电子技术[M]. 北京: 北京大学出版社.

曾兴雯, 2010. 高频电子线路[M]. 2 版. 北京: 高等教育出版社.

HOROWITZ P, HILL W, 1989. The art of electronic[M]. New York: Cambridge University Press.

附录 余弦脉冲分解系数表

$\theta/(°)$	$\cos\theta$	α_0	α_1	α_2	g_1	$\theta/(°)$	$\cos\theta$	α_0	α_1	α_2	g_1
0	1.000	0.000	0.000	0.000	2.00	34	0.829	0.125	0.241	0.217	1.93
1	1.000	0.004	0.007	0.007	2.00	35	0.819	0.129	0.248	0.221	1.92
2	0.999	0.007	0.015	0.015	2.00	36	0.809	0.133	0.255	0.226	1.92
3	0.999	0.011	0.022	0.022	2.00	37	0.799	0.136	0.261	0.230	1.92
4	0.998	0.014	0.030	0.030	2.00	38	0.788	0.140	0.268	0.234	1.91
5	0.996	0.018	0.037	0.037	2.00	39	0.777	0.143	0.274	0.237	1.91
6	0.994	0.022	0.044	0.044	2.00	40	0.766	0.147	0.280	0.241	1.90
7	0.993	0.025	0.052	0.052	2.00	41	0.755	0.151	0.286	0.244	1.90
8	0.990	0.029	0.059	0.059	2.00	42	0.743	0.154	0.292	0.248	1.90
9	0.988	0.032	0.066	0.066	2.00	43	0.731	0.158	0.298	0.251	1.89
10	0.985	0.036	0.073	0.073	2.00	44	0.719	0.162	0.304	0.253	1.89
11	0.982	0.040	0.080	0.080	2.00	45	0.707	0.165	0.311	0.256	1.88
12	0.978	0.044	0.088	0.087	2.00	46	0.695	0.169	0.316	0.259	1.87
13	0.974	0.047	0.095	0.094	2.00	47	0.682	0.172	0.322	0.261	1.87
14	0.970	0.051	0.102	0.101	2.00	48	0.669	0.176	0.327	0.263	1.86
15	0.966	0.055	0.110	0.108	2.00	49	0.656	0.179	0.333	0.265	1.85
16	0.961	0.059	0.117	0.115	1.98	50	0.643	0.183	0.339	0.267	1.85
17	0.956	0.063	0.124	0.121	1.98	51	0.629	0.187	0.344	0.269	1.84
18	0.951	0.066	0.131	0.128	1.98	52	0.616	0.190	0.350	0.270	1.84
19	0.945	0.070	0.138	0.134	1.97	53	0.602	0.194	0.355	0.271	1.83
20	0.940	0.074	0.146	0.141	1.97	54	0.588	0.197	0.360	0.272	1.82
21	0.934	0.078	0.153	0.147	1.97	55	0.574	0.201	0.366	0.273	1.82
22	0.927	0.082	0.160	0.153	1.97	56	0.559	0.204	0.371	0.274	1.81
23	0.920	0.085	0.167	0.159	1.97	57	0.545	0.208	0.376	0.275	1.81
24	0.914	0.089	0.174	0.165	1.96	58	0.530	0.211	0.381	0.275	1.80
25	0.906	0.093	0.181	0.171	1.95	59	0.515	0.215	0.386	0.275	1.80
26	0.899	0.097	0.188	0.177	1.95	60	0.500	0.218	0.391	0.276	1.80
27	0.891	0.100	0.195	0.182	1.95	61	0.485	0.222	0.396	0.276	1.78
28	0.883	0.104	0.202	0.188	1.94	62	0.469	0.225	0.400	0.275	1.78
29	0.875	0.107	0.209	0.193	1.94	63	0.454	0.229	0.405	0.275	1.77
30	0.866	0.111	0.215	0.198	1.94	64	0.438	0.232	0.410	0.274	1.77
31	0.857	0.115	0.222	0.203	1.93	65	0.423	0.236	0.414	0.274	1.76
32	0.848	0.118	0.229	0.208	1.93	66	0.407	0.239	0.419	0.273	1.75
33	0.839	0.122	0.235	0.213	1.93	67	0.391	0.243	0.423	0.272	1.74

$\theta/(°)$	$\cos\theta$	α_0	α_1	α_2	g_1	$\theta/(°)$	$\cos\theta$	α_0	α_1	α_2	g_1
68	0.375	0.246	0.427	0.270	1.74	106	−0.276	0.366	0.527	0.147	1.44
69	0.358	0.249	0.432	0.269	1.74	107	−0.292	0.369	0.528	0.143	1.43
70	0.342	0.253	0.436	0.267	1.73	108	−0.309	0.373	0.529	0.139	1.42
71	0.326	0.256	0.440	0.266	1.72	109	−0.326	0.376	0.530	0.135	1.41
72	0.309	0.259	0.444	0.264	1.71	110	−0.342	0.379	0.531	0.131	1.40
73	0.292	0.263	0.448	0.262	1.70	111	−0.358	0.382	0.532	0.127	1.39
74	0.276	0.266	0.452	0.260	1.70	112	−0.375	0.384	0.532	0.123	1.38
75	0.259	0.269	0.455	0.258	1.69	113	−0.391	0.387	0.533	0.119	1.38
76	0.242	0.273	0.459	0.256	1.68	114	−0.407	0.390	0.534	0.115	1.37
77	0.225	0.276	0.463	0.253	1.68	115	−0.423	0.392	0.534	0.111	1.36
78	0.208	0.279	0.466	0.251	1.67	116	−0.438	0.395	0.535	0.107	1.35
79	0.191	0.283	0.469	0.248	1.66	117	−0.454	0.398	0.535	0.103	1.34
80	0.174	0.286	0.472	0.245	1.65	118	−0.469	0.401	0.535	0.099	1.33
81	0.156	0.289	0.475	0.242	1.64	119	−0.485	0.404	0.536	0.096	1.33
82	0.139	0.293	0.478	0.239	1.63	120	−0.500	0.406	0.536	0.092	1.32
83	0.122	0.296	0.481	0.236	1.62	121	−0.515	0.408	0.536	0.088	1.31
84	0.105	0.299	0.484	0.233	1.61	122	−0.530	0.411	0.536	0.084	1.30
85	0.087	0.302	0.487	0.230	1.61	123	−0.545	0.413	0.536	0.081	1.30
86	0.070	0.305	0.490	0.226	1.61	124	−0.559	0.416	0.536	0.078	1.29
87	0.052	0.308	0.493	0.223	1.60	125	−0.574	0.419	0.536	0.074	1.28
88	0.035	0.312	0.496	0.219	1.59	126	−0.588	0.422	0.536	0.071	1.27
89	0.017	0.315	0.498	0.216	1.58	127	−0.602	0.424	0.535	0.068	1.26
90	0.000	0.319	0.500	0.212	1.57	128	−0.616	0.426	0.535	0.064	1.25
91	−0.017	0.322	0.502	0.208	1.56	129	−0.629	0.428	0.535	0.061	1.25
92	−0.035	0.325	0.504	0.205	1.55	130	−0.643	0.431	0.534	0.058	1.24
93	−0.052	0.328	0.506	0.201	1.54	131	−0.656	0.433	0.534	0.055	1.23
94	−0.070	0.331	0.508	0.197	1.53	132	−0.669	0.436	0.533	0.052	1.22
95	−0.087	0.334	0.510	0.193	1.53	133	−0.682	0.438	0.533	0.049	1.22
96	−0.105	0.337	0.512	0.189	1.52	134	−0.695	0.440	0.532	0.047	1.21
97	−0.122	0.340	0.514	0.185	1.51	135	−0.707	0.443	0.532	0.044	1.20
98	−0.139	0.343	0.516	0.181	1.50	136	−0.719	0.445	0.531	0.041	1.19
99	−0.156	0.347	0.518	0.177	1.49	137	−0.731	0.447	0.530	0.039	1.19
100	−0.174	0.350	0.520	0.172	1.49	138	−0.743	0.449	0.530	0.037	1.18
101	−0.191	0.353	0.521	0.168	1.48	139	−0.755	0.451	0.529	0.034	1.17
102	−0.208	0.355	0.522	0.164	1.47	140	−0.766	0.453	0.528	0.032	1.17
103	−0.225	0.358	0.524	0.160	1.46	141	−0.777	0.455	0.527	0.030	1.16
104	−0.242	0.361	0.525	0.156	1.45	142	−0.788	0.457	0.527	0.028	1.15
105	−0.259	0.364	0.526	0.152	1.45	143	−0.799	0.459	0.526	0.026	1.15

续表

$\theta/(°)$	$\cos\theta$	α_0	α_1	α_2	g_1	$\theta/(°)$	$\cos\theta$	α_0	α_1	α_2	g_1
144	−0.809	0.461	0.526	0.024	1.14	163	−0.956	0.490	0.508	0.003	1.04
145	−0.819	0.463	0.525	0.022	1.13	164	−0.961	0.491	0.507	0.002	1.03
146	−0.829	0.465	0.524	0.020	1.13	165	−0.966	0.492	0.506	0.002	1.03
147	−0.839	0.467	0.523	0.019	1.12	166	−0.970	0.493	0.506	0.002	1.03
148	−0.848	0.468	0.522	0.017	1.12	167	−0.974	0.494	0.505	0.001	1.02
149	−0.857	0.470	0.521	0.015	1.11	168	−0.978	0.495	0.504	0.001	1.02
150	−0.866	0.472	0.520	0.014	1.10	169	−0.982	0.496	0.503	0.001	1.01
151	−0.875	0.474	0.519	0.013	1.09	170	−0.985	0.496	0.502	0.001	1.01
152	−0.883	0.475	0.517	0.012	1.09	171	−0.988	0.497	0.502	0.000	1.01
153	−0.891	0.477	0.517	0.010	1.08	172	−0.990	0.498	0.501	0.000	1.01
154	−0.899	0.479	0.516	0.009	1.08	173	−0.993	0.498	0.501	0.000	1.01
155	−0.906	0.480	0.515	0.008	1.07	174	−0.994	0.499	0.501	0.000	1.00
156	−0.914	0.481	0.514	0.007	1.07	175	−0.996	0.499	0.500	0.000	1.00
157	−0.920	0.483	0.513	0.007	1.07	176	−0.998	0.499	0.500	0.000	1.00
158	−0.927	0.485	0.512	0.006	1.06	177	−0.999	0.500	0.500	0.000	1.00
159	−0.934	0.486	0.511	0.005	1.05	178	−0.999	0.500	0.500	0.000	1.00
160	−0.940	0.487	0.510	0.004	1.05	179	−1.000	0.500	0.500	0.000	1.00
161	−0.945	0.488	0.509	0.004	1.04	180	−1.000	0.500	0.500	0.000	1.00
162	−0.951	0.489	0.509	0.003	1.04